塔里木盆地走滑断裂构造解析

杨海军　邬光辉　韩剑发　李国会　陈利新　等著

石油工业出版社

内 容 提 要

本书创新了基于板缘应力场研究、野外露头解剖、物模实验、数值模拟、三维地震解释等"三学五分"为核心的走滑断裂精细刻画技术；揭示了原特提斯洋闭合的斜向区域挤压作用，以及基底与构造岩相的分区差异影响等塔里木盆地克拉通内走滑断裂形成机制；指出连接生长是发育小位移、超长陆内走滑断裂带的关键地质要素，利用 U-Pb 测年等实验数据厘定走滑断裂形成年代；构建了调节走滑、单剪与纯剪共轭等板内走滑断裂动力学模型，实现了 70 条走滑断裂的分类评价与工业制图，推动了超深走滑断裂带油气重大发现与增储上产。

塔里木盆地克拉通内走滑断裂构造解析理论与技术创新成果具有重要学术价值和实践意义，可供相关专业专家学者参考使用。

图书在版编目（CIP）数据

塔里木盆地走滑断裂构造解析／杨海军
等著. — 北京：石油工业出版社，2022.1
ISBN 978-7-5183-4818-3

Ⅰ. ①塔… Ⅱ. ①杨… Ⅲ. ①塔里木
盆地-走滑断层-地质构造-研究 Ⅳ. ①P618.130.2

中国版本图书馆 CIP 数据核字（2022）第 072263 号

出版发行：石油工业出版社
　　　　　（北京安定门外安华里 2 区 1 号　　100011）
　　　　　网　　址：www. petropub. com
　　　　　编辑部：（010）64523708
　　　　　图书营销中心：（010）64523633
经　　销：全国新华书店
印　　刷：北京中石油彩色印刷有限责任公司

2022 年 1 月第 1 版　　2022 年 1 月第 1 次印刷
787×1092 毫米　开本：1/16　印张：17.75
字数：450 千字

定价：160.00 元
（如出现印装质量问题，我社图书营销中心负责调换）

《塔里木盆地走滑断裂构造解析》
编 写 组

组　　长：杨海军

副 组 长：邬光辉　韩剑发

编写成员：(按姓氏笔画排序)

马兵山　万效国　朱永峰　孙　冲　陈利新

李世银　李国会　张　韬　张银涛　苏　洲

杨　率　赵宽志　赵星星　袁敬一　谢　舟

前　言

塔里木盆地寒武系—奥陶系海相碳酸盐岩油气资源十分丰富，最新资源评价结果表明，塔里木盆地的油气资源约 80 亿吨。塔里木石油人历经 30 余年的艰辛探索，创新了古潜山岩溶油气地质理论认识，推动了轮南—塔河奥陶系碳酸盐岩大型油气田的发现探明；创建了台缘坡折带礁滩复合体岩溶地质模型，推动了塔中 I 号礁滩型大型凝析气田的发现、探明；同时，建立了巨厚碳酸盐岩内幕准层状油气藏地质模型，推动了塔中北斜坡鹰山组与哈拉哈塘大型油田的发现、探明。

随着油气勘探纵深发展，油气勘探主攻领域逐步由古隆起高部位及其斜坡的中浅层向古隆起周缘及坳陷区的深层、超深层转移。2003 年，塔中地区发现走滑断裂带，据此部署的塔中 82 井获得重大突破，勘探由"层控"向"断控"领域挺进的思路初步形成。

然而，由于缺少走滑断裂带油气勘探成熟理论与配套技术，且全球尚无成功勘探实例可借鉴，走滑断裂带油气勘探并未能针对性开展，主要问题如下：一是大型走滑断裂带主要分布于板块边缘，塔里木稳定克拉通板块是否存在大规模走滑断裂系统？塔里木盆地奥陶系超深走滑断裂位于大漠腹地，上覆二叠系火成岩速度影响大，走滑断裂地震成像效果差、地震响应特征不清，同时，塔里木盆地板内走滑断裂水平位移小、断裂特征复杂，地震解释多解性强。二是超深层走滑断裂带能否发育规模储层并形成大油气田；三是目前地震与钻井技术能否满足 7000m 以上断控油气规模效益勘探需求？

2010 年以来，针对面临的科学问题与技术挑战，塔里木油田公司充分依托国家、中国石油重大专项等项目开展联合攻关，创新了基于板缘应力场研究、野外露头解剖、模拟实验、三维地震解释等"三学五分"为核心的走滑断裂刻画技术；揭示了原特提斯洋闭合的斜向区域挤压作用，以及基底与构造岩相的分区差异影响等克拉通内走滑断裂形成机制；利用 U—Pb 测年等实验数据厘定走滑断裂形成年代；构建了调节走滑、单剪与纯剪共轭等板内走滑断裂动力学模型，实现了走滑断裂工业制图，推动了超深走滑断裂带油气重大发现与增储上产。

(1)利用三维地震资料，结合地震—地质模型，形成了走滑断层判识方法。基于高密度采集与处理技术，通过走滑断裂地震响应特征分析，优选相干、曲率识别大型走滑断裂带，利用基于构造导向滤波的地震属性与最大似然性识别微小走滑断裂，从而形成适用于塔里木盆地超深层走滑断裂识别的地震方法技术。

(2)提出了走滑断裂"三学五分"构造解析的方法，开展了塔中、阿满、塔北不同地区典型走滑断裂带的分段构造建模，建立了典型的走滑断裂构造模型，发现了 70 条大型走滑断裂带，查明了环阿满走滑断裂系统。

(3)划分了塔北、阿满与塔中三个分区与东西两大分带，明确了走滑断裂的类型与分布，界定了四级规模的走滑断层，查明寒武系—奥陶系、志留系—泥盆系、石炭系—二叠系、中生界—古近系等四大构造层的走滑断裂分布，建立了大型走滑断裂带的分段模式，并阐明了走滑断裂分区、分类、分级、分层与分段的差异性。

（4）提出断裂方解石 U-Pb 测年结合地震资料进行走滑断裂分期的方法，明确走滑断裂形成于中奥陶世末，存在加里东期末—早海西期、晚海西期和燕山期—喜马拉雅早期等多期继承性活动。走滑断裂在下古生界碳酸盐岩最为发育，以压扭断裂为主，上部发育多期的张扭断裂，具较强断裂发育的继承性与断裂结构叠加改造性。

（5）通过砂箱模拟实验，再现了走滑断裂形成演化过程，建立了单侧滑动与双侧滑动、纯剪三类走滑断裂发育模型，定量揭示了走滑断裂带从雁列断裂阶段—Y 断裂连接阶段—侧列叠覆阶段—辫状贯穿四阶段演化过程。探讨了底板材料、底板接触类型、运行速度、位移量、盖层厚度对走滑断裂构造特征和发育过程的作用。

（6）研究提出环阿满走滑断裂系统形成受控于原特提斯洋前展俯冲的动力学机制，基底结构与构造岩相差异等先存构造制约了走滑断裂的分布；在先期安德森破裂的基础上，走滑断裂以连接生长为主，并伴随断裂尾端扩张与相互作用等非安德森破裂机制生长。塔里木克拉通内走滑断裂通过连接生长为主的多种非安德森破裂机制形成不断连接加长的"小位移"长断裂带，并受控区域与局部应力场、先存基底构造与岩相差异，造成了走滑断裂的多样性。

超深走滑断裂构造解析技术与超深断控油气地质理论创新，高效建成了富满十亿吨级大油田，拓展了塔里木盆地复杂碳酸盐岩油气勘探领域，必将引领超深断控碳酸盐岩油气勘探开发纵深发展。

本书第一章由邬光辉、杨海军、韩剑发、陈利新等编写，第二章由杨海军、韩剑发、邬光辉、李世银、李国会等编写，第三章由马兵山、韩剑发、李世银、邬光辉、李国会等编写，第四章由邬光辉、韩剑发、杨海军、杨率、张韬等编写，第五章由邬光辉、马兵山、杨海军、韩剑发、李世银、李国会等编写，第六章由杨海军、李世银、韩剑发、陈利新等编写。

本书在编写过程中得到相关科研单位、高等院校与塔里木油田相关领导专家的关心和大力支持；得到中国石油塔里木油田公司总经理兼总地质师王清华教授等领导专家的指导与帮助，同时参考了诸多学者的论文著作，谨此表示衷心感谢！

由于笔者水平有限，本书难免存在不当之处，敬请读者批评指正。

目　　录

第一章 区域地质与断裂演化

塔里木盆地经历多旋回构造演化及十余期断裂活动，其中，走滑断裂是超深碳酸盐岩多源流体、多期溶蚀缝洞型储层形成及断裂破碎带油气差异聚集、复式成藏的关键（韩剑发等，2019），剖析盆地类型结构，厘清断裂系统形成演化，是断控油气地质理论发展与勘探纵深拓展的前提。

第一节 构造背景与盆地演化

一、构造地质背景

（一）板块构造背景

塔里木板块位于中国西北部（图 1-1），周边为天山、昆仑山、阿尔金山造山带围绕，中部塔里木盆地面积约为 $56×10^4km^2$（贾承造，1997）。其北部边界大致以南天山北部边界

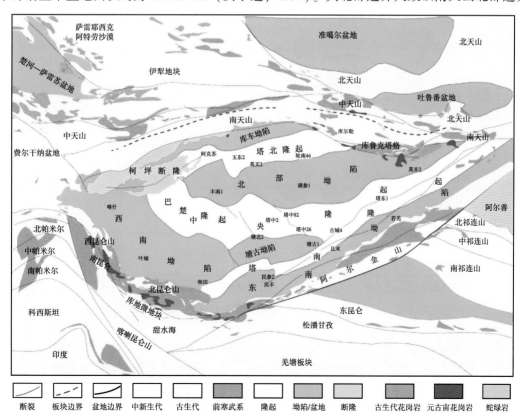

图 1-1 塔里木盆地及其周边构造区划图

断层为界，南部以西昆仑山南部边界为界，东部以阿尔金山主断裂带为界。塔里木板块东北部与敦煌盆地相邻，西部与中亚盆地接壤，其间的接触关系模糊不清。由于塔里木板块边缘构造活动强烈，很大部分卷入造山带，塔里木古板块与原型盆地远大于现今的塔里木盆地范围。

在太古宙—早新元古代的结晶基底基础上，塔里木板块发育南华系—第四系沉积盆地，经历了长期复杂的构造演化，记录了新元古代超大陆裂解，原特提斯洋—古特提斯洋早古生代—中生代的开启—闭合与南天山洋古生代的开启—闭合，以及新生代印度板块碰撞的远程效应（贾承造，1997；何登发等，2005；Li 等，2010；Zhang 等，2013；Li 等，2015；邬光辉等，2016；Li 等，2018；Dong 等，2018）。根据古地磁资料研究（图1-2），塔里木板块在从南华纪—震旦纪呈现从赤道向北漂移，至早寒武世又回归赤道附近的特征。寒武纪—奥陶纪塔里木板块长期位于赤道附近，在奥陶纪晚期向北半球快速回返，很可能与原特提斯洋的闭合及古特提斯洋的开启有关。随后至侏罗纪呈现缓慢向北纬30°漂移，在快速向南漂移至白垩纪后期开始向中—低纬度区漂移。寒武纪—中奥陶世塔里木板块位于赤道附近的稳定弱伸展背景可能控制了下古生界碳酸盐岩的广泛发育，而中—晚奥陶世板块南缘原特提斯洋的闭合不仅控制了构造—沉积从"东西分带"转向"南北分块"的演变，同时控制了板内走滑断裂的形成与分布（邬光辉等，2016，2021）。

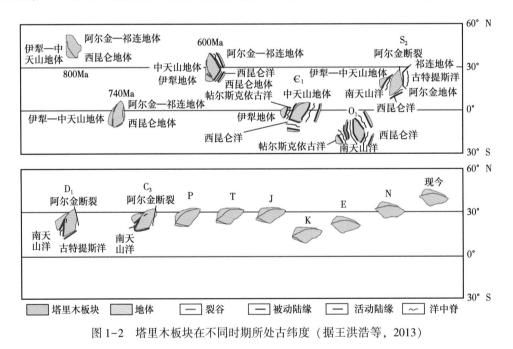

图 1-2　塔里木板块在不同时期所处古纬度（据王洪浩等，2013）

（二）盆地构造区划

由于受多期不同性质的构造作用，塔里木盆地被分割成很多不同特征的构造单元，不同地质单元具有分块展布的特点（贾承造，1997）。根据塔里木盆地基底的起伏形态与寒武系—奥陶系碳酸盐岩顶面构造特征，可划分为"四隆五坳"9个一级构造单元（图1-3），形成隆坳交错分布的构造格局。塔里木盆地"四隆"包括塔北隆起、塔中隆起、巴楚隆起与塔东隆起，"五坳"包括库车坳陷、北部坳陷、西南坳陷、塘古坳陷和东南坳陷。

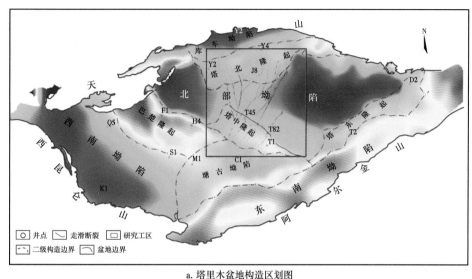

a. 塔里木盆地构造区划图

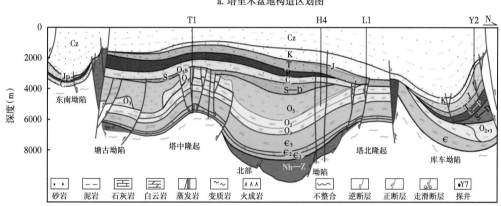

b. 塔里木盆地南北向地质大剖面

图 1-3　塔里木盆地构造区划图与南北向地质大剖面

　　塔北隆起东部与库鲁塔格断隆相接，西部温宿凸起也是其西延部分，南北呈斜坡与库车坳陷、北部坳陷过渡，面积约为 $4.5×10^4km^2$。塔北隆起整体呈北东东走向，温宿凸起、英买力低凸起、轮南低凸起等次级构造单元呈北东向斜列展布，除轮台断隆遭受剥蚀外，寒武系—奥陶系碳酸盐岩发育齐全，顶面埋深变化大，在 3000~7000m 之间。巴楚隆起呈北西走向，为受南北大型边界断裂控制的断隆，东部以玛北台缘带为界与塘古坳陷相邻。巴楚隆起呈西高东低的格局，奥陶系碳酸盐岩顶面埋深在 2000~4000m 之间，面积约为 $5.4×10^4km^2$。塔中隆起与巴楚隆起斜列展布，西宽东窄，奥陶系碳酸盐岩顶面向西北倾伏，埋深在 4000~7000m 之间，面积约为 $2.3×10^4km^2$。塔东隆起寒武系—下奥陶统碳酸盐岩呈大型背斜带，近北东向展布，碳酸盐岩厚度薄，埋深在 3000~7000m 之间，面积约为 $4.1×10^4km^2$。

　　东南坳陷呈北东向，与阿尔金山断隆走向一致，受长期复杂的构造作用，前石炭系为变质岩系，上覆石炭系—新近系，为中生界—新生界的山前坳陷。西北部受控车尔臣断裂带，构造抬升强烈，前石炭系埋深在 2000~5000m 之间，面积约为 $10.6×10^4km^2$。库车坳陷、西南坳陷下古生界碳酸盐岩快速向山前倾没，埋深达 10000m（贾承造，1997）。北部坳陷从西向东可以分为阿瓦提凹陷、阿满过渡带、满加尔凹陷三个次级单元，满加尔凹陷与阿瓦提凹陷下古生界碳酸盐岩顶面埋深逾 10000m；阿满过渡带埋深在 8500m 以浅，与塔中隆起、塔北隆起过渡相连。

（三）重磁基本特征

塔里木盆地总体呈现相对高值的重力场（贾承造，1997；Yang 等，2018）（图 1-4）。巴楚地区出现近东西向重力高值区，与现今的构造相态一致，是基底强烈隆升的响应。塔中地区为相对高值区，呈北西向向北部坳陷延伸。在塔中地区与巴楚地区之间有略微低值的鞍部，西宽东窄的特征与塔中基底构造系统大致相同。其北部古城鼻隆向西北也有一组近平行的北西向高值重力异常带。东部东南隆起与塔东隆起出现北东向重力高值带，并向南呈弧形突出。东北库鲁克塔格与西北柯坪断隆的重力高值与现今构造走向基本一致。塔北—库车地区总体为重力低值区，但胜利构造带、轮台断隆出现局部的重力高值，与基底的断隆构造有关。天然地震及地壳测深岩石圈剖面研究揭示，重力场区域背景与岩石圈底部莫霍面起伏密切相关，重力场起伏背景与深部壳层厚薄及壳层内物性变化有关（贾承造，1997）。在地幔上隆岩石圈相对较薄地区呈重力高值区，如巴楚隆起；而造山带周缘与深坳区则显示重力相对下降区，如西南坳陷和库车坳陷。塔里木盆地内部的莫霍界面与康氏界面有起伏变化，表明盆地内部有地幔上隆、相对较小的地壳厚度减薄。

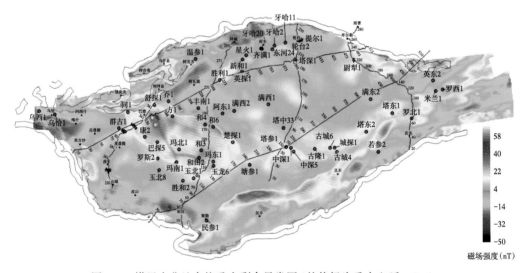

图 1-4　塔里木盆地布格重力剩余异常图（趋势场为重力上延 20km）

塔里木盆地最引人注目的是盆地中央沿北纬 40°东西向展布的磁力高异常带（图 1-5），它将塔里木板块南北两分，形成 3 个不同磁场特征的地区。高磁异常带宽 20~160km，延伸长度达 1500km。异常强度在 200~350nT 左右，最大可达 500nT。由于斜磁化的影响，中央纬向北纬 40°磁力高带异常轴偏在北纬 40°线之南。但经化极处理后，纬向中央磁力高带的轴部已北移到了北纬40°沿线。北部地区显示为平缓的低磁场区，包括北部坳陷北部—塔北隆起、库车坳陷及南天山构造带，这片低磁场区被解释为弱磁性中—新元古界阿克苏群片岩系基底构造区。盆地南部为北东走向条带排列的正异常与负异常分布区。

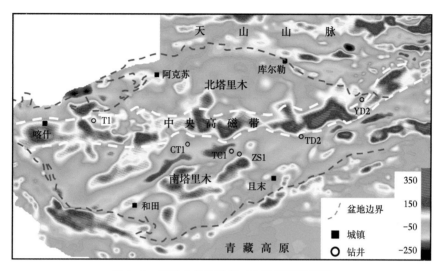

图1-5　塔里木盆地航磁 ΔT 等值线平面图

　　塔里木板块东北缘库鲁克塔格地区发育新元古代大陆裂谷（贾承造，1997；Lu 等，2008；Xu 等，2009），向西南延伸进入塔里木盆地内的满加尔凹陷。这条裂陷带内中基性岩浆火山岩系充注于裂谷底部并上溢于震旦系—寒武系内，在磁场图中对应中央纬向高磁异常带。东部库鲁克塔格地区与西部巴楚隆起埋深较浅的地区，检测到 600—900Ma 的火成岩。近期在井下检测到 1.9Ga（约）的变质花岗岩类，揭示古元古代哥伦比亚期的造山作用（Yang 等，2018；Wu 等，2020）。高磁异常带北部边界在塔北隆起带南缘，异常带两翼不对称，北翼平缓、南翼窄陡并呈线性展布。北翼宽缓区域对应北部坳陷，磁性基岩埋深达 10~16km。而南翼呈线性窄陡带，对应巴楚—塔中北部断裂带，并沿南华系裂陷延伸至东北部。北部地区显示为平缓的低磁场区，包括北部坳陷北部—塔北隆起、库车坳陷及南天山构造带，这片低磁场对应元古宇变质岩系基底构造区。塔里木盆地南部为北东走向条带排列的正异常与负异常间互分布区，此前推断是在依据阿尔金山北缘出露了深变质元古宇及新太古界古杂岩系等特征，被解释为新太古代—古元古代阿尔金群深变质杂岩基底构造区，但没有解释高磁异常的属性。根据新的测年资料（Yang 等，2018；Wu 等，2020）及周边露头地质资料分析，其中高磁异常可能为 1.9Ga（约）的岛弧岩浆侵入岩体或拼合岩浆带。

　　磁力和重力探测的结果表明，塔里木盆地具有古老陆壳基底（贾承造，1997），其地壳结构具有三分性：上地壳为花岗岩或花岗质变质岩，中地壳以花岗闪长岩为特征，下地壳物质是以安山玄武质成分为特征的岩体。

　　塔里木盆地另一显著特点是地温较低，磁性基岩向下消磁较慢，整个古陆块现今具有冷、硬、厚特征，平均地温度梯度仅为 2.0~2.3℃/km。

(四)结晶基底结构

塔里木板块具有太古宙—早新元古代的结晶基底,上覆巨厚的南华系—第四系沉积地层。前南华纪基底经历复杂演化过程,经历太古宙陆核形成期、古元古代早期岩石圈生长和陆内裂解(胡霭琴等,2001;Lu 等,2008)、哥伦比亚超大陆聚敛期南北塔里木地体拼合(Wu 等,2020)、古元古代晚期—中元古代的裂解与漂移、新元古代早期统一结晶基底形成等多期演化,构成复杂的基底结构(图1-6)。塔里木盆地结晶基底以前南华纪中浅变质岩系为主,在高磁异常带残余古元古代拼合变质岩浆岩系。

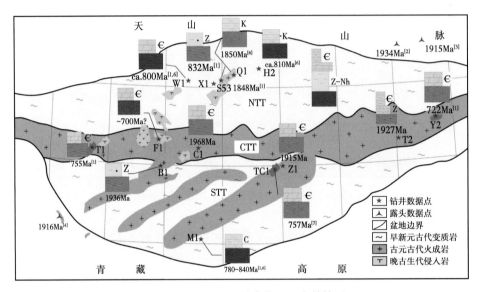

图1-6　塔里木盆地前南华纪基底结构图

[1]Xu 等,2013;[2]Lei 等,2012;[3]Long 等,2012;[4]Zhang 等,2007;[6]Wu 等,2021;[7]邬光辉等,2009

随着年代学数据的增加,塔东2井、中深1井、楚探1井钻探表明高磁异常为1.96—1.91Ga 火成岩岩体的响应(图1-6;Yang 等,2018;Wu 等,2020),中央高磁异常带可能以古元古代花岗岩为主体,是古元古代中期构造—热事件的产物,表明塔里木盆地内部具有古元古代的结晶基底。同时,可能预示中央航磁异常带并非新元古代的碰撞缝合带,南塔里木、北塔里木块体统一基底可能形成在古元古代中期,新元古代之前已进入相同的演化进程,南、北塔里木块体基底的差异性始于古元古代。塔东2井结晶基底上覆震旦系白云岩,其间存在逾1000Ma 地层缺失,在地震剖面上也有明显的响应,可见在南华纪沉积前存在大型的区域不整合与构造运动。结合深部构造研究分析,塔里木块体基底高磁异常可能代表古元古代岩浆岩体,并经历后期南华纪与二叠纪火成岩的改造,在哥伦比亚超大陆汇聚期1.9Ga(约)南北塔里木拼合形成长达1500km 的造山带(Wu 等,2020)。

塔里木盆地北部基底为广阔平缓的负磁场区,一般认为是弱磁性变质岩系(贾承造,1997)。塔里木盆地西北部阿克苏地区出露前南华纪基底阿克苏群变质岩,下部为中级区域变质作用的低压角闪岩相,岩性为片麻岩与麻粒岩;上部为低级区域变质的绿片岩相,岩性主要为片岩、千枚岩。在塔北基底隆起的轮台断隆、温宿凸起有钻井钻遇,其岩性组合特征与阿克苏群上部相同,表明塔北基底隆起以阿克苏群变质岩为主。东北部库鲁克塔格基底青白口纪帕尔岗塔格群由强烈褶皱变形和中深变质的泥砂质碎屑岩、中性—基性火山岩和碳酸盐岩组成，下部为石英片岩、千枚岩及石英岩等，上部为大理岩、石灰岩夹千枚岩。露头见南华系超覆其上，推断形成于南华纪之前。

阿克苏地区发育新元古代的蓝片岩，引起广泛关注。早期年代学分析认为可能是新元古代早期造山作用的结果，近期研究认为阿克苏蓝片岩时代形成时间晚于800Ma。目前存在两种不同的认识：一是阿克苏蓝片岩形成时间早于750Ma，约束其年龄下限的基性岩墙与罗迪尼亚超大陆裂解有关（Zhang 等，2009；张传林等，2012；张健等，2014）；二是阿克苏蓝片岩地体变质事件发生在750—700Ma，是冈瓦纳超大陆汇聚过程中的产物（Zhu 等，2011；Ge 等，2012）。笔者在阿克苏群露头与井下碎屑锆石测试获得850Ma（约）、800—820Ma的年龄峰值，张健等（2014）获得约820Ma的峰值，Zhu 等（2011）获得780—800Ma（约）的峰值。综合分析，阿克苏蓝片岩原岩沉积时代应该约在800Ma，蓝片岩相变质事件发生的时间晚于780Ma。Zhu 等（2011）以个别碎屑锆石最小年龄730Ma为上限在原理上是可能的，但极个别的碎屑锆石既受测试精度的影响，又受后期热事件作用的影响，不一定准确。同时，阿克苏地区确认有南华纪的冰碛岩与沉积地层，其中碎屑锆石检查到有南华纪约750Ma的与Rodinia超大陆解相关的年龄值（Wu 等，2019）。这与塔里木盆地内部及东北地区约750Ma的前裂谷期岩浆活动一致，而裂陷期形成阿克苏蓝片岩高压变质作用可能性极小。同时，阿克苏群与南华系巧恩布拉克群是同期异相（He 等，2014）的可能性也不大，一是阿克苏群以及紧邻的巧恩布拉克群的岩性、岩相差异甚远，沉积期间的构造环境也不同（Wu 等，2019）。同时，巧恩布拉克群是以约850Ma长英质火成岩为主要物源的断陷沉积，其底部也见到阿克苏群绿色泥砾，不同于阿克苏群以约800Ma铁镁质火成岩为主的低能大陆边缘沉积。此外，如果阿克苏群变质岩形成期间发生巧恩布拉克群裂陷沉积，也容易构成巧恩布拉克群的物源。张健等（2014）对阿克苏群中基性岩墙的锆石测试获得约760Ma的年龄，与Zhang 等（2009）得到的数据一致，其锆石具有明显的基性岩浆结晶形成的锆石特点，但二者采样点不同。侵入阿克苏群的基性岩墙的年龄（760Ma）和变质碎屑岩锆石U-Pb年龄对阿克苏群蓝片岩相变质作用发生的时间提供了良好的约束，综合分析，前南华纪780—750Ma发生强烈的造山作用，出现了阿克苏蓝片岩，形成了塔里木板块的统一变质基底。

综上所述，南、北塔里木块体基底拼合形成于约1.9Ga哥伦比亚超大陆聚敛期的大陆拼贴，塔里木统一变质基底形成于780—750Ma的造山作用。

二、盆地类型结构

在太古宙—早新元古代结晶基底基础上，塔里木板块发育南华系—震旦系裂谷盆地，随后形成广泛沉积的古生界克拉通盆地，后期叠加了中—新生界周缘前陆盆地，是多期多类型盆地叠加而成的叠合盆地（图1-3；贾承造，1997）。"叠合盆地"是指不同时间形成的不同类型的沉积盆地或沉积地层在同一地理位置上的叠加和复合，盆地之间在纵向上通过沉积间断或不整合面接触和关联（庞雄奇等，2002）。叠合盆地的概念是相对于同一构造—沉积旋回中形成的单型盆地而言，如果在同一地理位置上有三种或三种以上不同类型的沉积盆地的叠加和复合，也可以称为复杂叠合盆地（庞雄奇等，2012）。

塔里木盆地沉积厚度逾15000m的南华系—第四系沉积岩系，地层发育比较齐全。纵向上可分为五大构造层：前南华纪基底构造层、南华系—震旦系裂谷盆地构造层、寒武系—奥陶系海相碳酸盐岩构造层、志留系—白垩系振荡构造层、新生界前陆盆地构造层（图1-3、图1-7）。太古宇—新元古界变质基底结构复杂，经历多期构造演化与南北塔里木的拼合（邬光辉等，2012；Zhang等，2013），发育多种类型的构造—沉积组合，具有多种类型盆地的演化。由于前南华纪沉积盆地已变质并遭受强烈的破坏，其盆地类型与盆地原型有待研究。在塔里木盆地克拉通变质基底基础上，塔里木盆地经历十余期构造—沉积演化（图1-7），是多期多种类型盆地的叠加与复合形成的复杂叠合盆地。塔里木盆地具有叠合盆地的典型特征：（1）发育了南华纪—第四纪多期多类型的沉积地层，存在十余期区域不整合面；（2）不同时期的构造特征具有不连续性，形成多期构造—沉积演化过程。

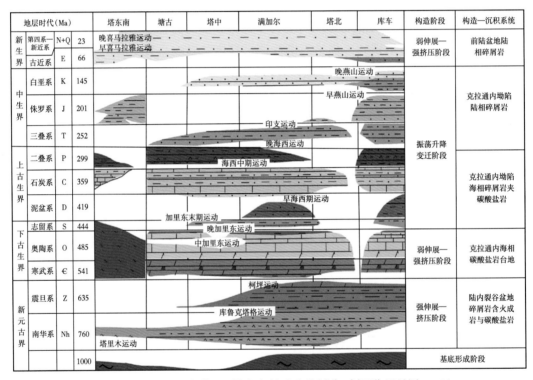

图1-7 塔里木盆地年代地层格架与构造阶段划分（剖面位置见图1-3b）

塔里木盆地底部构造层为南华系—震旦系裂谷盆地。在东北库鲁克塔格露头地区，南华系底部碎屑岩中发育大量的双峰火山岩，为裂陷期沉积（贾承造，1997；Xu等，2009）。在塔里木盆地内部，新的地震资料显示，晚新元古代裂谷坳陷厚度逾3000m，而且寒武系和前寒武系有广泛不整合（邬光辉等，2012，2016），北部坳陷裂谷系统分开塔中古隆起与塔北古隆起。塔里木盆地底部南华系—震旦系的研究为盆地超深层构造古地理研究与勘探提供了新资料，但南华系—震旦系的分布与沉积格局还有待深入研究。

寒武纪开始，塔里木板块进入克拉通内盆地发育阶段。寒武纪—中奥陶世发育稳定的海相碳酸盐岩台地，分布广泛，厚度逾3000m。海相碳酸盐岩发育阶段塔里木板块周边为古大洋，还没有形成盆地结构。由于碳酸盐岩台地东西分异，其间出现满加尔低能泥岩、泥质碳酸盐岩组成的盆地相，构成东西展布的台—盆结构，可称为克拉通内碳酸盐岩台盆区（或克拉通内坳陷盆地）。塔里木盆地寒武系—奥陶系下构造层表现为大隆大坳的构造格局，控制了塔里木盆地的"四隆五坳"构造分区，并形成多套碳酸盐岩油气层。志留系—白垩系振荡构造层构造—沉积纵向演化变化大，平面变迁大，具有多期构造运动与不整合。其中志留系—二叠系发育克拉通内坳陷盆地，以海相碎屑岩夹碳酸盐岩为主。中生界三叠系—白垩系为克拉通内坳陷盆地，发育陆相碎屑岩。中生界盆地出现分隔，发育多个周缘山前坳陷盆地与克拉通内坳陷盆地，残余地层分布局限，构造作用影响强烈。

新生代随着周缘造山带的发育，进入前陆盆地发育阶段（贾承造，1997）。新生界上构造层全盆地均有分布，地质结构特征明显不同于下伏地层（图1-3b）。随着库车前陆盆地、塔西南前陆盆地快速形成，发育前陆坳陷陆相碎屑岩沉积，形成了现今"四隆五坳"的构造格局（图1-3a）。

三、构造沉积演化

结合盆地内部构造解析与周边背景分析，塔里木盆地主要经历5个阶段14期构造运动（图1-7），形成多期多种类型的构造—沉积旋回。

（一）南华纪—震旦纪强伸展—挤压阶段

南华纪初期，塔里木盆地周缘发生广泛的同罗迪尼亚超大陆相关的裂解事件，开始发育大陆裂谷相沉积岩系（贾承造，1997；Xu等，2009），南华系碎屑岩不整合在不同时代变质基底之上。在强烈裂陷作用下，南华系发育巨厚的大陆裂谷沉积建造，局部发育冰碛岩。南华系受局部断陷控制，在库鲁克塔格、柯坪、西昆仑等地区分布与厚度都有较大变化，库鲁克塔格裂陷区厚度逾3000m。塔里木盆地内部也发育大型断陷（图1-8），可能存在大范围断隆沉积缺失区，裂陷强度比周边低很多。南华系与震旦系在库鲁克塔格地区与柯坪地区均为平行不整合，也称为库鲁克塔格运动（姜常义等，2001），其间可能有一期较弱的广泛存在的构造运动，或是有沉积间断的发育，构造—沉积体系也出现差异。

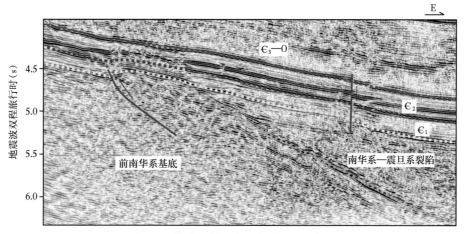

图1-8　塔中北斜坡中段南北向地震剖面

震旦系露头主要为一套裂陷作用形成的滨浅海相碎屑岩，夹火山岩与碳酸盐岩，为断陷—坳陷沉积系统，在塔里木盆地内部也广泛连片分布，形成统一的克拉通内坳陷。北部地区地震剖面可以连续追踪，厚度为500~2000m。震旦纪末期，塔里木盆地北部发生广泛的整体抬升，在柯坪地区、库鲁克塔格地区形成平行不整合，称为柯坪运动。在塔里木盆地内部构造作用更为强烈，温宿凸起寒武系直接超覆在前南华纪变质基底之上，尤其是巴楚—塔中地区及其南部震旦系几乎全被剥蚀。虽然前寒武纪的构造作用性质及其动力来源有待深入研究，但一系列新的地质与地震资料表明，南华纪—震旦纪经历强伸展—挤压的完整构造旋回（邬光辉等，2016）。综合近期资料分析，南部板块边缘可能存在强烈的构造俯冲或碰撞，值得进一步研究。

（二）寒武纪—奥陶纪弱伸展—挤压阶段

塔里木盆地内寒武系—中奥陶统碳酸盐岩广泛分布，东部罗西与西部塔西克拉通台地相碳酸盐岩发育，沉积厚度在2000~3000m之间。塔里木板块形成"两台一盆"的古地理格局（图1-9），西部为塔西克拉通内台地，中部发育满东克拉通内坳陷欠补偿泥页岩沉积，东部为罗西台地，沉积体系逐渐出现明显的东西分异（赵宗举等，2009；陈永权等，2015；邬光辉等，2016；田雷等，2018）。塔西碳酸盐岩台地面积逾 $30 \times 10^4 km^2$，厚度大

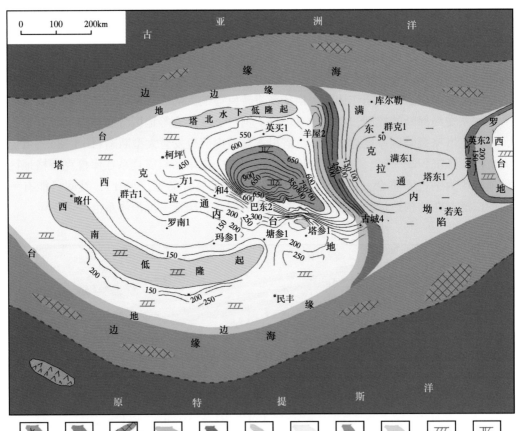

图1-9 塔里木盆地及周边早寒武世早期构造—古地理图

于 2000m。塔里木盆地原型整体处于克拉通内大型稳定的台地格局，板块内部为弱伸展构造背景，南北板块边缘部位的南天山、西昆仑地区出现克拉通边缘—盆地相深水沉积。

早奥陶世末期，南部古特提斯洋开始俯冲（Li 等，2018；Dong 等，2018），受南部区域挤压作用在塔里木盆地内形成近东西走向的古隆起，并在奥陶纪期末定型（邬光辉等，2016）。塔里木盆地寒武系—奥陶系下构造层表现为大隆大坳的构造格局，控制了塔里木盆地的"四隆五坳"构造分区，并形成多套碳酸盐岩油气层。受原特提斯洋俯冲闭合的影响（贾承造，1997；何碧竹等，2011；Zhu 等，2021），中奥陶世，塔里木板块南缘发育活动大陆边缘，塔里木盆地内部从东西伸展转向南北挤压，形成影响广泛的中加里东运动。中加里东运动期间逐渐形成宽缓的塔北水下古隆起，一间房组—良里塔格组碳酸盐岩台地沿古隆起近东西向发育（邬光辉等，2016）。塔西南地区以整体褶皱隆升为主，塔西南地区与塔中地区连为一体，形成塔中—塔西南弧后前缘隆起，呈近东西向展布，西宽东窄。

晚奥陶世良里塔格组沉积时期，塔里木盆地内部碳酸盐岩收缩发育，形成塔北、塔中—巴楚、塘南三个孤立台地（图 1-10），出现明显的南北分带的构造与沉积格局。随着板块东南缘的强烈弧陆碰撞，形成大量的含火山碎屑的陆源沉积。除塔中—巴楚、塔北南部发育一间房组—良里塔格组台地相碳酸盐岩外，中—上奥陶统为陆棚相巨厚碎屑岩沉

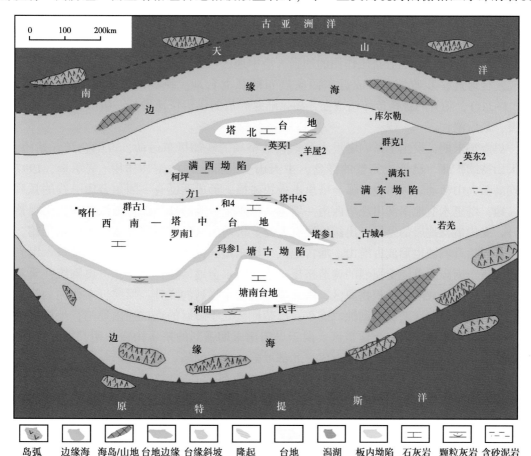

图 1-10 塔里木盆地及周边晚奥陶世良里塔格组沉积时期构造—古地理图

积，满东坳陷厚度达 4000~6000m。根据满东—塘古坳陷构造沉降分析，具有近南北向展布的类前陆盆地特征，向西地层厚度很快减薄，可能是受阿尔金洋闭合消减所形成的弧后挠曲前陆，构造挤压作用向东扩张。

结合塔里木地区区域构造背景，受控塔里木板块南缘古昆仑洋的扩张—闭合，塔里木盆地下古生界碳酸盐岩经历了从伸展到挤压过程阶段的碳酸盐岩台地发展—扩张—收缩—消亡的过程。

早寒武世，随着古昆仑洋的伸展扩张，塔里木板块在几近夷平的前寒武纪背景上发生广泛海侵，形成广阔陆表浅海，有利于碳酸盐岩台地的发育(图 1-11a)。寒武纪—早奥陶世，稳定发育东西展布的"两台一盆"构造古地理格局，碳酸盐岩台地不断生长，逐渐从缓坡台地发育为镶边的陡坡台地，满东坳陷在弱伸展构造背景下形成板内坳陷欠补偿泥岩相(图 1-11b)。

鹰山组沉积晚期，板块内部从伸展转向挤压，塘古—塔中—巴楚地区出现整体抬升，地貌出现微起伏，海水变浅，能量增高，形成塘古、玛南、塔中等大面积的台内滩发育(图 1-11c)。一间房组沉积前塔中—麦盖提地区前缘隆起形成，鹰山组遭受暴露淋滤，形成广泛的风化壳。一间房组沉积时期(图 1-11d)，塔里木板块内部出现南北分异，有别于早期东西分异的台地。但此期地貌平缓，塘古地区与塔北南部地区形成大型的缓坡台地。吐木休克组形成陆棚缓坡，发育泥灰岩夹泥晶灰岩沉积(杜金虎，2010)。良里塔格组沉积时期(图 1-11e)，随着挤压作用的加强，塔中地区与塘古地区发生分异，塘古坳陷开始形成，台地进一步收缩，形成近东西向展布的孤立台地。晚奥陶世桑塔木组沉积时期(图 1-11f)，随着周缘构造作用增强，岛弧陆缘碎屑的供给快速增长，碳酸盐岩台地全被淹没，最后消亡。

奥陶纪末期，发生了影响塔里木盆地构造格局的晚加里东运动，古昆仑洋开始闭合，南天山持续扩张，已形成完整的洋盆，中天山受北部大洋的俯冲作用(贾承造，1997)，出现岛弧火山活动。阿尔金岛弧与塔里木板块碰撞，形成西昆仑—阿尔金山一线的弧后前陆盆地。塔里木盆地南部出现塔西南—塘古—阿尔金一线的外凸弧形前缘隆起，出现整体抬升，受构造与地层的差异，出露地层有差异。塔西南区奥陶系碳酸盐岩大面积出露，塔中东部因抬升剥蚀也形成古潜山。塘古地区、塔东地区也出现大面积抬升，桑塔木组剥蚀严重。塔东南隆起可能受强烈的构造挤压，连同阿尔金地区整体隆升，下奥陶统甚至基底已暴露地表，形成陆相沉积物源区。塔北隆起也发生强烈的隆升，形成近东西向的隆升风化壳，奥陶纪地层普遍遭受剥蚀。满东—巴楚地区处于隆后的克拉通内坳陷，地层剥蚀量较小，为桑塔木组泥岩广泛覆盖区。由于奥陶纪末期强烈的挤压构造作用，塔北、塔中、塔西南、塔东南及塔东等古隆起形成，北部坳陷、塘古坳陷、西南坳陷与库车坳陷已呈现雏形，塔里木盆地"大隆大坳"的构造格局基本成型。

由此可见，寒武纪—奥陶纪经历了弱伸展—强挤压构造旋回，形成了塔里木盆地"大隆大坳"的基本构造格局。

(三)志留纪—白垩纪：振荡构造—沉积旋回

塔里木盆地自志留纪进入振荡沉降的陆内坳陷发育阶段，发育多期变迁的碎屑岩沉积体系，与早期的构造—沉积格局明显不同。

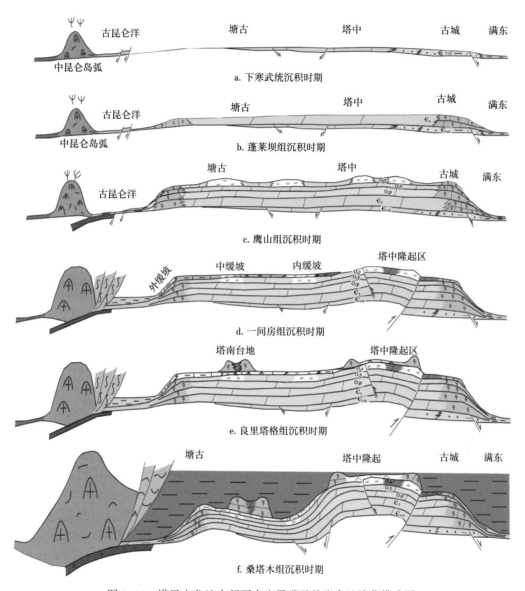

图 1-11 塔里木盆地南部下古生界碳酸盐岩台地演化模式图

1. 志留纪—早中泥盆世：碰撞继后的陆内坳陷

志留纪塔里木盆地南缘进入碰撞聚敛时期（图 1-12）（贾承造，2004；何登发等，2005；许志琴等，2011；Li 等，2018；Dong 等，2018），原特提斯洋（古昆仑洋—阿尔金洋）在志留纪闭合。尽管原昆仑洋闭合是向南还是向北尚有争议（Li 等，2018；Dong 等，2018），中昆仑岛弧与塔里木盆地板块发生碰撞拼贴形成西昆仑造山带，阿尔金洋闭合并形成大面积的阿尔金—塔东南造山带，同时伴随区域动力变质作用，塔里木盆地内部构造活动更为频繁（邬光辉等，2012）。北部准噶尔地块与中天山地块碰撞拼贴，南天山洋打开并扩张，发生俯冲作用与岩浆事件（Zhong 等，2019），在塔里木板块北缘可能形成弧后盆地与边缘海，其构造背景还有待进一步研究。

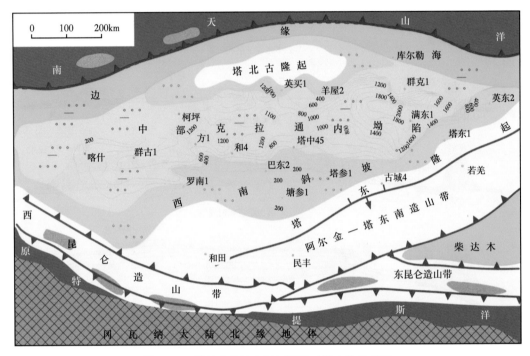

图 1-12　塔里木盆地志留纪沉积时期古构造格局

志留系主要分布在塔里木盆地中部满加尔—阿瓦提—塔西南一线，厚达 1500m，主要为滨浅海相—陆相的碎屑岩沉积，上下均为角度不整合接触。在塔里木盆地南缘与塔北隆升的背景上，志留系沉积时期总体表现为"中间低南北高、以宽缓斜坡过渡"的古地貌格局，志留系向南北方向逐渐超覆沉积在奥陶系不整合面上，隆起区的范围回缩到塔中地区以东，仅有塔东隆起为蚀源区，塔中主垒带等构造高部位有孤岛残留。不同地区沉积体系有差异（张惠良等，2006），塔东地区为辫状河三角洲—近物源滨岸沉积体系，以砂砾岩、中粗砂岩碎屑岩沉积为主；满加尔凹陷南坡及塔中地区志留系主体是无障壁的潮坪相砂泥互层沉积体系；塔北地区发育滨浅海碎屑岩沉积。

随着东部、南部周边构造挤压不断加强，东南部形成北东向的范围更大的东南隆起区。塔北受南部强烈碰撞的影响，古隆起初具规模，东部英吉苏凹陷也发生隆升，使塔北隆起与塔东隆起连为一体，形成从北—东—南三面连接的周缘环形隆起，并发生大面积的剥蚀。塔中地区走滑断裂发育，塘古坳陷多排冲断构造形成。塔中古隆起遭受来自西南方向的强烈构造作用，志留系整体抬升并在顶部遭受剥蚀，砂泥岩段保存不完整，形成从西北向东南底超顶削的特征。

在周边与塔里木盆地内部持续隆升的背景下，早—中泥盆世继承了志留纪围绕古隆起分布的克拉通内坳陷的构造特征，在盆地内部分布更局限，主要分布在北部坳陷、塔中—巴楚地区，为一套滨浅海厚层红色砂岩沉积，向塔北、塔中、塔西南、塔东等古隆起区超覆减薄。

晚泥盆世，东河砂岩段沉积前的早海西期运动是塔里木盆地构造格局转换的重要时期。阿尔金地区强烈隆升与南天山洋的闭合削减造成盆地内部大面积的抬升与剥蚀，在东南—北部形成环形的隆升剥蚀区（图1-13）。其构造格局和变形特征继承了加里东运动末期的隆坳格局，但在构造夷平的基础上呈现西低东高的古地貌背景。该期构造运动对不同地区作用影响差异大，东南隆起强烈隆升并基本定型，塔东—塘古地区形成平行于塔南隆起的北东向隆起斜坡区，塔中隆起东高西低，塔西南隆起在东部形成北东向的玛南风化壳与北东向的玛东冲断带连接形成隆升剥蚀区。受南天山洋闭合削减作用，塔北隆起东部构造活动强烈，轮南奥陶系潜山区大面积出露，孔雀河斜坡也发生强烈的反转隆升。早海西运动后，塔里木盆地的构造格局基本定型，并形成最广泛的不整合。

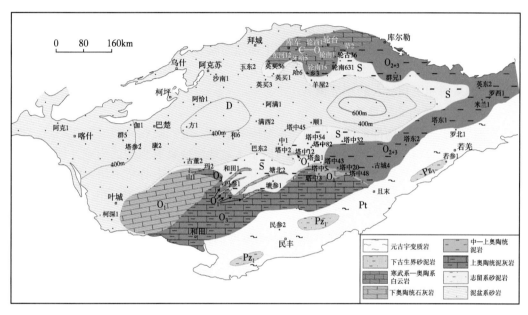

图1-13 塔里木盆地东河砂岩沉积前古地质图

2. 石炭纪—二叠纪：弱伸展克拉通内坳陷

晚泥盆世，随着塔里木板块南部的古特提斯洋扩张，塔里木盆地进入新一期的伸展构造环境（邬光辉等，2016）。西南向东北方向出现广泛海侵，塔里木盆地自西南向东北方向逐步沉入水下，东河砂岩段向东北超覆沉积，形成晚泥盆世—早石炭世异时同相的多期砂体连片叠置（马青等，2019），层位向东北变新。石炭系发育多旋回海陆交互—滨浅海砂泥岩与碳酸盐岩沉积，形成遍及全区的克拉通内坳陷。塔西南地区可能演变为被动大陆边缘，碳酸盐岩沉积增多。石炭系分布广，横向比较稳定，厚400~1000m。仅在塔东、塔东南等地区局部剥蚀缺失，根据地层接触关系推断也曾普遍接受沉积，因后期隆起剥蚀而缺失。

石炭纪末南天山洋闭合（Han等，2018），发生海西中期构造运动，产生来自北部的挤压作用。塔北隆起又开始抬升，塔东地区、塔南地区东部局部发生小规模的隆升。塔里木盆地内部除局部断裂活动发生剥蚀外，石炭系与二叠系连续沉积，局部具有沉积间断以平行不整合接触为主，构造影响微弱。

二叠纪继承了石炭纪大型陆内坳陷背景，塔里木盆地广泛发育早二叠世火成岩，塔北地区为中性酸性火山岩类，巴楚—塔中地区为基性火山岩类，以玄武岩居多（杨树锋等，1996；贾承造，1997）。二叠系火山岩测年数据大多集中在282—264Ma，其覆盖面积约为$30×10^4$km，形成和二叠纪大火成岩省密切相关（张传林等，2010；Xu 等，2014）。二叠纪末古特提斯洋海水逐渐退出，由碳酸盐岩和海陆交互相碎屑岩转化为褐色砂泥岩陆相沉积。二叠系在中西部分布广泛，自西南向东北方向削蚀尖灭，沉降中心迁移至阿瓦提—巴楚地区，厚达1200~2400m。

二叠纪末发生晚海西运动，中天山地体与塔里木板块拼合（贾承造，1997；李锦铁等，2006；Han 等，2018），塔里木盆地构造活动转向北部地区。库车前陆盆地形成，塔北前缘隆起的构造活动自东向西扩展，压扭性构造活动强烈，构造作用东强西弱。轮台断隆发生斜向冲断，强烈剥蚀，前寒武纪地层出露。西部英买力与温宿凸起基本定型，英买力北西向压扭背斜带形成。东部英吉苏地区也发生强烈的隆升，自西向东出现石炭系—奥陶系不同层位的暴露剥蚀。塔里木盆地内部二叠系分布广泛，周缘隆起强烈，海水基本退出塔里木盆地，从海相沉积转入陆相沉积。

3. 中生代：陆内分隔坳陷

中生代塔里木板块内部形成与周边大洋分隔的盆地，进入陆相碎屑岩沉积阶段。南部古特提斯洋的闭合与北部古亚洲洋的闭合对塔里木盆地演变具有强烈的影响，构造活动频繁，不整合发育。中生界沉积变迁显著，地层分布局限，纵向上分布不均、横向变化大。

三叠纪塔里木盆地内部广泛发育陆相河流—三角洲—滨浅湖陆相沉积，尽管残余地层分布局限（图1-14），但通过地震剖面的追索，发现在巴楚、塘古、塔东等地区三叠系普遍有被削截特征，尤其是塔东地区。根据剥蚀厚度的恢复（邬光辉等，2016），塔里木盆地南部普遍有三叠系超覆的特征，表明曾有广泛的三叠系沉积，当时的隆起主要在塔北中东部地区、塔东南地区。三叠系在库车发育最全，向北增厚超过1000m；台盆区分布在中部，阿满过渡带厚度达800m。

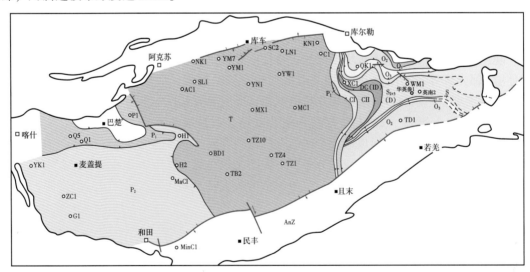

图1-14 塔里木盆地前侏罗纪古地质图

晚三叠世羌塘地块与塔里木板块碰撞拼合，古特提斯洋闭合（李朋武等，2009；刘亚雷等，2012；Li 等，2018；Dong 等，2018）。在喀喇昆仑山分布巨厚的上三叠统混杂堆积，西昆仑地区整体缺失三叠系。塔里木盆地周缘发生强烈的隆升，在盆地东南形成周缘隆起。塔西南—巴楚地区整体抬升导致三叠系被剥蚀，当时可能是由于羌塘地块的斜向碰撞造成南部地区整体抬升。塔东地区发生大规模的向东斜向抬升，奥陶系—三叠系与上覆侏罗系—白垩系呈较大的角度不整合接触。塔东地区构造形态变化大，地层剥蚀严重，而且侏罗系在基本夷平的背景上沉积，是三叠纪末期构造活动最强烈的区域（图1-15）。塔东地区，尤其是阿尔金地区，可能当时已发生大规模的走滑活动，塔东南隆起强烈隆升，造成古生界的广泛剥蚀缺失，除东南部局部有石炭系—二叠系分布外，大部分地区出露变质岩，而且东部的活动强于西部地区。台盆区中部三叠系呈北西向分布，形成东北与西南高、中部低的宽缓坳陷，可能存在北东—南西方向的构造挤压作用。从三叠系与塔东南隆起的角度接触分析，三叠系在塔东南隆起上也曾有广泛分布，后期的断裂活动造成剥蚀缺失。

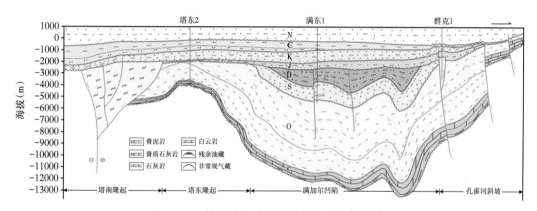

图1-15　塔里木盆地塔东地区东西向大剖面

随着新特提斯洋的扩张，侏罗纪早期整个西北地区处于伸展背景，塔里木盆地内部也基本夷平，形成宽缓的陆内坳陷。侏罗系断陷主要分布在板块边缘，塔里木盆地内中北部发育宽缓的坳陷，巴楚—塔西南地区可能发育广泛的隆起区。库车坳陷侏罗系发育齐全，向北厚度超过2000m。中—下侏罗统为砂泥岩夹煤层组成的煤系地层，上侏罗统为红色碎屑岩。由于侏罗纪末期拉萨地体向北的碰撞拼贴（许志琴等，2006），塔里木盆地中西部整体抬升，塔中—巴楚地区整体缺失侏罗系，塔北南部地区保留有较薄的下侏罗统。根据地震剖面的追踪对比，塔里木盆地内可能普遍发育侏罗系，由于后期抬升造成中西部大面积隆起剥蚀区。而塔里木盆地周缘的库车坳陷、塔东南坳陷、英吉苏凹陷、塔西南坳陷保留较多的侏罗系，形成周缘坳陷，揭示以盆地内部隆升为主。

白垩纪早期，受特提斯洋的广泛海侵（王成善等，2010；Kordi，2019）。塔里木盆地西南方向存在开口，并在西南坳陷出现海相沉积（任泓宇等，2017），盆地内部为分隔的塔西南坳陷、库车山前坳陷及中部克拉通内坳陷。下白垩统下部为陆相三角洲—滨浅湖砂泥岩，上部发育巨厚三角洲砂岩，厚达1200m。除塔西南发育上白垩统湖相碎屑岩和碳酸盐岩外，塔里木盆地内部整体缺失晚白垩世沉积地层。

白垩纪晚期受 Kohistan–Dras 岛弧与拉萨地体碰撞的影响（贾承造等，2003；刘海涛等，2012），塔里木盆地整体抬升，普遍缺失上白垩统（图 1-16）。东南隆起白垩系剥蚀殆尽，侏罗系残余分布不规则，表明在前古近纪也有强烈的活动，也是以挤压—走滑作用为主，对前新生界改造作用明显。塔里木盆地内部前新生界呈现东北与西南低、中部巴楚—塘古地区高的古地貌，与前侏罗纪走向一致，但特征相反，中生代的隆坳格局变化可能与南部特提斯洋块体拼贴作用的差异有关。

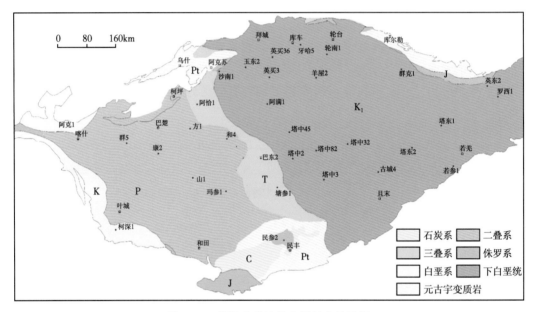

图 1-16　塔里木盆地前古近纪古地质图

中生代东南—塔东地区经历构造改造作用最强烈。通过塔东地区连片构造成图研究表明，塔东隆起区经历多期构造改造（图 1-15），多期的不同性质的构造活动形成了下厚上薄的三层结构：寒武系—奥陶系大型坳陷构造层、志留系—侏罗系振荡升降构造层、白垩系—第四系稳定沉降构造层，古生界与中生界—新生界构造格局差异明显。

（四）新生代—陆内前陆盆地构造—沉积旋回

受新特提斯洋扩张的影响，塔里木盆地古近系发育伸展背景下陆相湖盆，并有海侵，沉积厚度薄（任泓宇等，2017）。随着新特提斯洋的闭合，青藏高原及周边发生强烈的新构造运动。印度板块与亚洲板块碰撞后，产生多期幕式持续挤压。新近纪以来，受印度板块强烈碰撞的远程效应（李本亮等，2007），塔里木盆地周边天山、昆仑山相继快速隆升（图 1-17）。

新生界上构造层全盆地均有发育，地质结构特征明显不同于下伏地层（图 1-3b）。由于新构造运动强烈，西昆仑山与南天山山前剧烈沉降，喀什凹陷、拜城凹陷沉积厚度逾8000m，向台盆区中部巴楚—满东一线减薄至 2000m 以下，巴楚西北部因剥蚀厚度小于500m。西昆仑山与南天山山前剧烈沉降，喀什凹陷、拜城凹陷沉积厚度逾 8000m，向台盆区中部巴楚—满东一线减薄至 2000m 以下。新生界上构造层全盆地均有分布，地质结构特征明显不同于下伏地层（图 1-3b）。随着库车前陆盆地、塔西南前陆盆地的发育，塔里木盆地克拉通区整体进入快速深埋期，发育前陆坳陷陆相碎屑岩沉积。由于塔西南前陆沉降剧烈，塔西南古隆起发生强烈的南倾沉降成为西南坳陷的一部分，隆起向北迁移形成巴楚隆起。塔北沉降厚度达 4000~6000m，古隆起北斜坡丘里塔格一带已成为库车前陆坳陷的一部分。塔中地区成为库车前陆盆地的前缘隆起，沉降厚达 2000m。

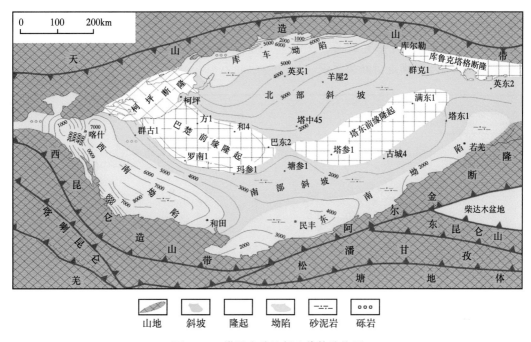

图 1-17 塔里木盆地新生代构造格局

由于喜马拉雅运动期构造活动剧烈，形成了现今"四隆五坳"的构造格局（图 1-3a），其中塔中古隆起、塔北古隆起稳定沉降，塔西南古隆起沉没并向北迁移形成巴楚隆起，东南隆起经历强烈的改造与变形。

第二节 断裂系统与分布演化

一、断裂系统分布

相对裂谷盆地与前陆盆地，克拉通盆地内部断裂较少发育，多为大隆大坳构造格局（Leighton 等，1990；Levorsen，2001）。随着地震资料品质的提高，发现塔里木克拉通内广大范围内分布多类、多期断裂系统，不同于典型克拉通盆地。塔里木盆地不仅在库车与塔西南山前发育大型的逆冲断裂系统（贾承造，1997），而且在克拉通内部发育逆冲断裂（贾承造，1997；邬光辉等，2016），近年来克拉通内部发现一系列走滑断裂（李明杰等，

2006；邬光辉等，2011，2012；Li 等，2013；Wu 等，2016，2018；Han 等，2017；Deng 等，2019），并对油气成藏与分布具有明显控制作用（邬光辉等，2012；Lan 等，2015；Wu 等，2016；焦方正，2017；Deng 等，2018）。塔里木板块较小，遭受多期周边板块的强烈作用，这些断裂复杂多样，形成演变各异。

（一）主要断裂系统划分成果

通过地震—地质解释与区域构造成图，塔里木盆地下古生界可以划分 7 套断裂系统（图 1-18、图 1-19，表 1-1）：库车—塔北扭压断裂系统、塔中逆冲—走滑断裂系统、塘古冲断系统、巴楚压扭—逆冲断裂系统、塔东走滑—压扭断裂系统、塔西南逆冲断裂系统与环阿满走滑断裂系统（邬光辉等，2016）。现简要概述塔中逆冲—走滑断裂系统、塔北扭压断裂系统与环阿满走滑断裂系统。

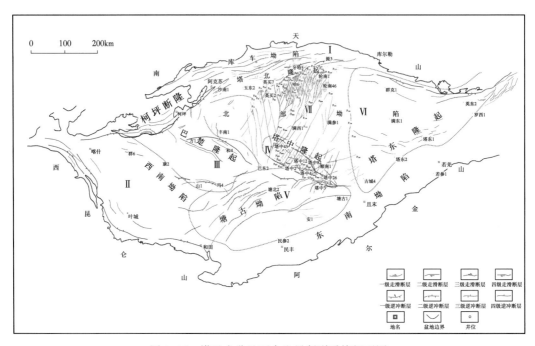

图 1-18　塔里木盆地下古生界断裂系统纲要图

Ⅰ—库车—塔北逆冲断裂系统；Ⅱ—塔西南逆冲断裂系统；Ⅲ—巴楚压扭—逆冲断裂系统；
Ⅳ—塔中逆冲—走滑断裂系统；Ⅴ—塘古冲断系统；Ⅵ—塔东走滑—压扭断裂系统；Ⅶ—环阿满走滑断裂系统

（二）塔中逆冲—走滑断裂系统

塔中隆起位于塔里木克拉通中部（图 1-20），前期研究表明为继承性发育的古隆起，发育多组方向断至基底的逆冲断层，形成于加里东运动末期—早海西运动期（贾承造，1997；吕修祥和胡轩，1997；张振生等，2002；李明杰等，2004）。近年来，随着大面积三维地震勘探的部署，塔中隆起下古生界碳酸盐岩油气勘探不断取得新发现，成为塔里木盆地油气勘探开发的重点领域。同时，通过新的三维地震勘探发现很多不同于二维地震资料显示的走滑断裂（图 1-20）（邬光辉等，2007，2012；李明杰等，2016），走滑断裂在海相碳酸盐岩油气储层与油气运聚成藏中的作用开始得到重视（罗春树等，2007；邬光辉等，2012）。

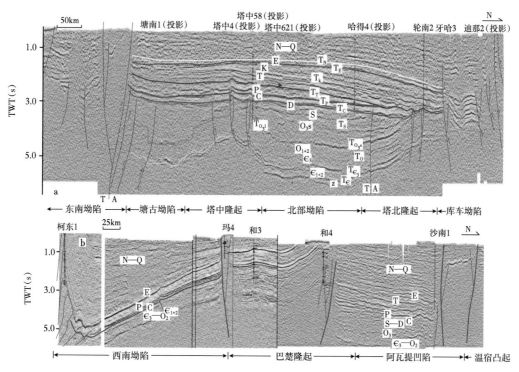

图 1-19 塔里木盆地典型地震大剖面

表 1-1 塔里木盆地台盆区断裂特征对比

地区	塔北	塔中	巴楚	塘古	塔东
走向	北东东向	北西向	北西向	北东向	北东向
类型	扭压、走滑、伸展	挤压、走滑	压扭、挤压	挤压	走滑、压扭
层位	∈—O、C—T、K—N	∈—O、S—D	∈—N	∈—S	∈—O、J—K、Cz
活动时期	加里东运动晚期、晚海西运动—燕山运动期、喜马拉雅运动早期	加里东运动中期、加里东运动晚期、早海西运动期	加里东运动期、印支运动—燕山运动期、喜马拉雅运动晚期	加里东运动晚期	加里东运动晚期、印支运动—燕山运动期、喜马拉雅运动晚期
挤压断裂特征	基底卷入型，具斜向扭压作用，Y字形构造、单冲型为主，向西散开，中部强、南北弱	盖层滑脱型，具斜向扭压作用，背冲型构造、单冲型，分带明显，东强西弱	基底卷入型，具有斜向扭压作用，单冲型构造、Y字形构造，活动强烈	盖层滑脱型，背冲型构造、单冲型构造、叠瓦型构造，活动强	基底卷入型，斜向扭压，单冲型构造、背冲型构造，分带不明显，断裂活动复杂
走滑断裂特征	剖面上部张扭、下部压扭，平面上X字形共轭断裂发育，规模、强度较小	剖面上部张扭、下部压扭，平面斜列、叠覆贯穿，规模、强度较大	剖面上压扭花状构造、半花状构造，平面呈斜列、叠覆，规模大、活动强	剖面直立断裂，平面线性断裂	剖面上压扭半花状构造、直立型构造，平面上斜列发育，活动强烈
断裂作用	控带明显，控储控藏作用明显	控隆控带明显，控储控藏作用明显	控隆控带明显，有控藏作用	控带明显，有控藏作用	控隆控带明显，油藏破坏作用明显

结合新三维地震勘探与区域地质资料研究，塔中隆起发育逆冲断裂与走滑断裂（图1-20），张性断裂欠发育。断裂系统主要分布在下古生界，断裂控制了塔中隆起纵向分层、南北分带、东西分块的构造格局。塔中断裂系统具有构造样式的多样性、形成演化的多期性、构造发育的继承性及平面展布的区段性（邬光辉等，2012，2016）。逆冲断裂呈北西向、北西西向分布，以盖层滑脱型为主，断裂纵向分层明显，主要位于石炭系以下。挤压断裂平面上分为北部斜坡带、中央主垒带和东南冲断带三个带，北带包括塔中Ⅰ号断裂带、塔中10井断裂带等，在东部收敛合并。走滑断裂主要分布在塔中北斜坡中西部，呈北东向展布，截切主体挤压断裂，将塔中北斜坡分为东西展布的不同区段。

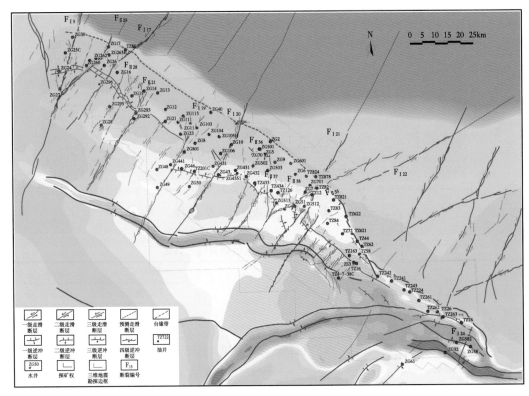

图1-20　塔中地区下古生界碳酸盐岩断裂系统纲要图

新三维地震勘探剖面显示，塔中地区中寒武统盐膏层广泛分布，基底与寒武系盐上盖层具有不同的构造变形特征（图1-21a），不同于早期二维地震资料解释的基底卷入构造模型。中寒武统盐上古生界块断作用显著，铲式逆冲断裂发育。除塔中Ⅰ号断裂带东段、西段外，挤压断裂大多未断至基底，在寒武系膏盐层中滑脱消失，为盖层滑脱型断裂。而盐下以褶皱作用为主，塔中地区出现整体隆升，断裂较少，断裂发育位置比盐上断裂根部位置靠前，未与盐上断裂重合（图1-21a），出现上下分层变形的特征。

结合区域构造成图分析，随着构造挤压作用的加强，塔中隆起相继出现单冲型、同向冲断型、Y字形、倒"八"字形等四种主要断裂组合样式。断裂活动较弱的地区，通常发育单向冲断的单条逆冲断裂，一般断距较小，断面上陡下缓呈铲式，多产生较平缓的断层传播褶皱，如塔中 10 井断裂带东部（图 1-21a）。在冲断作用的前展发育过程中，也可产生多条相同方向的逆冲断层，形成同向冲断系统，在塔中基底比较发育（图 1-21a）。随着构造活动的加强，单冲断裂带容易产生反向的次级背冲断层，形成 Y 字形断裂带，在中央断垒带、塔中 5 井断裂带发育，背冲断块多为复杂的狭长断垒带（图 1-21）。邻近的断裂带，在强烈的对冲作用下，可形成反向对冲断层，如塔中 5 井断裂带与塔中 25 井断裂带主断层形成反向对冲断层（图 1-21b），在对冲断块间形成下凹向斜过渡带。随着对冲断裂的发育，可能形成三角带。在单冲型断裂进一步发育过程中，可能伴有次生同向调节断裂，形成倒"入"字形构造。如塔中 I 号断裂带东段表现为大型基底卷入式逆冲断裂（图 1-21b），下盘地层产生牵引，地层发生挠曲，形成拖曳褶皱；上盘形成狭窄的断层传播褶皱，随着褶皱作用加强，出现同向调节断层。断裂活动强烈区段，也可形成多条同向冲断的叠瓦构造。

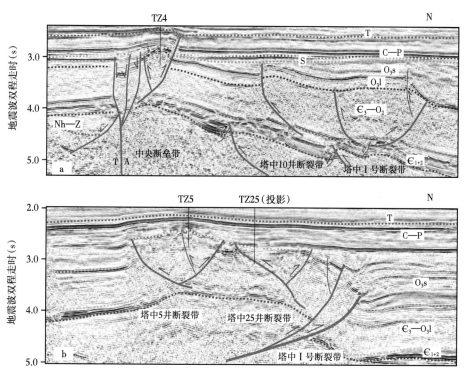

图 1-21　塔中隆起南北向地震剖面

前期二维地震资料难以识别走滑断裂，通过新三维地震资料发现塔中地区发育一系列北东向走滑断裂系统（图 1-20）。新三维地震资料分析，塔中隆起下古生界没有大规模的正断裂活动，仅在局部地区存在三种类型张性断裂：一是前寒武系可见大型铲式正断层（图 1-21a），形成小型箕状断陷，并可能为后期逆冲断裂改造或是形成反转；二是在中—下寒武统局部发育小型正断层，向上可断至下奥陶统，断距一般不过 50m，断面高陡平直，延伸长度一般在数千米内；三是在西部二叠系火成岩上部见少量正断层，为受控火成岩冷却收缩形成的局部拉张效应。

(三)塔北隆起逆冲断裂系统

塔北古隆起位于塔里木盆地北部(图1-20、图1-22),南面与北部坳陷渐变过渡,北部紧邻库车坳陷,走向近东西向,面积约为 $4.5×10^4km^2$。塔北古隆起构造复杂,不同区段差异大。塔北古隆起研究也很多,下构造层海相碳酸盐岩经历加里东运动期、海西运动期、印支运动—燕山运动期等多期构造作用的改造,也称为残余古隆起(贾承造,1997)。对比分析表明,塔北地区以古生界构造层进行划分,西部温宿凸起应属塔北古隆起的一部分,其下古生界沉积构造与塔北隆起相似,形成期也是加里东运动期。而东部库尔勒鼻状凸起、轮台凸起东部早古生代是满东盆地的一部分,隆起期发生在晚海西运动期以后。哈拉哈塘地区是位于轮南低凸起与英买力低凸起之间的过渡带,也是隆起的斜坡部位。库车坳陷的中南部也有很大范围属于塔北古隆起的一部分,只是在喜马拉雅运动晚期库车前陆盆地形成过程中,由于强烈沉降北倾成为前陆坳陷的斜坡,古隆起边界大致在丘里塔格构造带一线。

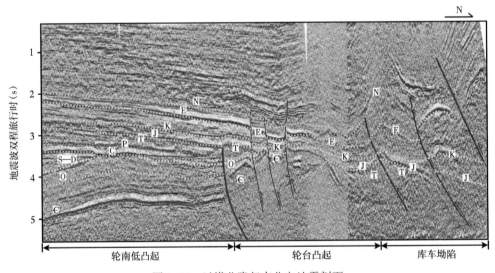

图1-22 过塔北隆起南北向地震剖面

塔北隆起发育以轮台断裂控制的走滑—逆冲断裂系统,具有多组方向、不同性质的断裂,主要发育北东向扭压断裂与两套走滑断裂体系(图1-22、图1-23)。北部丘里塔格断裂带、提北断裂带并未形成塔北古隆起的北部边界断层,晚古生代—中生代断裂系统向北延伸到库车坳陷内部。西部温宿凸起具有与轮台断裂带类似的构造背景,也发育北东向断裂。北西向喀拉玉尔衮断裂带是分隔东西构造单元的大型构造转换带,英买力低凸起向塔里木盆地内扩张,而温宿凸起应力释放在北部的大型断裂带,具有右旋扭动的特征。该构造变换带向北与西秋构造相连,也是拜城凹陷与乌什凹陷的分界转换带。

北部北东东向逆冲断裂多具有走滑—冲断的特征。西部冲断作用强烈,也具有走滑分量。南部发育加里东运动晚期走滑断裂系统,晚海西运动期—燕山运动期有继承性活动,大多呈北北东向与北北西向剪切组合。这套走滑断裂规模一般较小,但分布范围广,并向南延伸。西部发育晚海西运动期走滑断裂系统,受喀拉玉尔衮主走滑断裂带控制,北东向

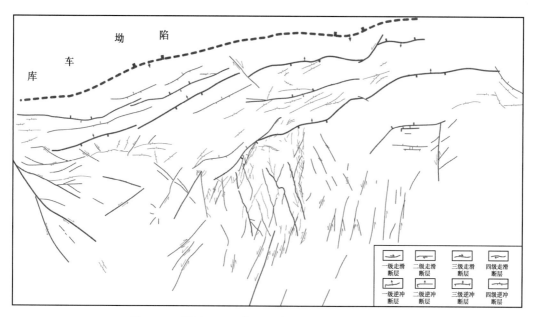

图1-23 塔北地区下古生界碳酸盐岩断裂系统纲要图

与北西向断裂向西南方向聚敛形成三角带。该区断裂横向变化大，延伸长度较短，但断距较大，发育伴生的短轴背斜。新的地震资料与地质资料研究表明，除逆冲断裂外，塔北隆起南部还发育一系列走滑断裂，统一并入环阿满走滑断裂系统。

（四）环阿满带走滑断裂系统

新的地震与地质资料研究，塔北南部—满西—塔中北部地区发育一系列走滑断裂（图1-24；邬光辉等，2011，2016；Wu等，2018；Deng等，2018；杨海军等，2020）。通过走滑断层构造建模与构造解释，塔北—阿满—塔中地区走滑断裂发育，识别出70条I级大型走滑断裂、Ⅱ级大型走滑断裂，总长度达4000km，形成面积达$9 \times 10^4 \text{km}^2$的环阿满走滑断裂系统。研究表明，环阿满走滑断层系统具有分区、分级、分层、分类与分段的差异性。东西方向上以F_{15}大断裂为界，分为东西两个带；南北方向上形成塔北、阿满与塔中3个分区。

前期研究建立了奥陶系碳酸盐岩风化壳与礁滩体的大型准层状油气藏模型，总结归纳了"古隆起控油、斜坡富集"的油气分布规律，并在潜山构造勘探阶段发现了轮南—塔河油田，在礁滩相控勘探阶段发现了塔中礁滩体油气田，在层间岩溶勘探阶段发现了塔中I号凝析气田与哈拉哈塘油田。研究表明，北部坳陷中部下寒武统烃源岩发育，形成强生烃中心，与环阿满走滑断裂配置良好（图1-25）。通过走滑断裂的沟通，形成下寒武统、上寒武统、下奥陶统蓬莱坝组与鹰山组、中奥陶统一间房组与上奥陶统良里塔格组等多套含油气层系，构成环阿满走滑断裂断控油气系统。通过地质认识的不断进步与关键技术的不断创新，碳酸盐岩油气藏勘探进入8000m以深的坳陷禁区，发现了地质储量规模达亿吨级的超深走滑断裂断控特大型油气田。

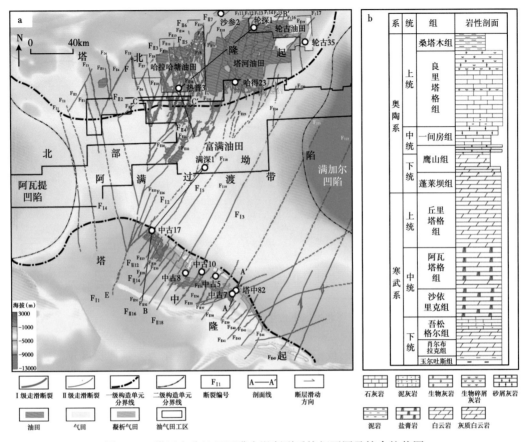

图 1-24 塔里木盆地环阿满走滑断裂系统纲要图及综合柱状图

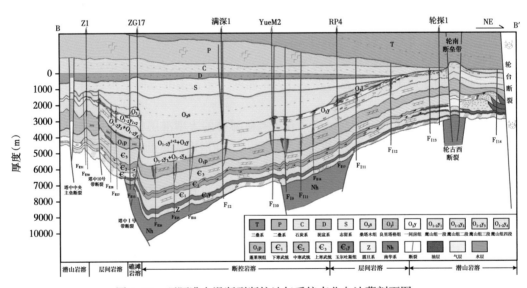

图 1-25 环阿满走滑断裂断控油气系统南北向油藏剖面图

二、断裂系统演化

塔里木盆地下古生界经历复杂的演化与变迁，结合区域地质与地震剖面分析，识别出 6 个阶段、15 期断裂演化过程（图 1-26），断裂形成与演化具有多期性、继承性与迁移性的特征。

（一）新元古代强伸展断裂—弱挤压断裂发育阶段

在前南华纪克拉通基底之上，塔里木盆地底部发育南华系—震旦系大陆裂谷沉积（贾承造，1997；Xu 等，2009；邬光辉等，2016），震旦纪末发生与俯冲作用有关构造隆升，形成强伸展—挤压的完整构造旋回。

1. 南华纪区域性伸展断裂发育阶段

南华纪初期，塔里木板块周缘发生广泛的与罗迪尼亚超大陆相关的裂解事件（Li 等，2008），受控板块边缘的俯冲作用（Ge 等，2014；Wu 等，2019），以及罗迪尼亚超级地幔柱的影响（Xu 等，2009；Zhang 等，2013），大约 750Ma 开始发育克拉通内大陆裂谷，可能形成大规模的裂谷伸展断裂系统。钻井发现南华纪火成岩，塔里木盆地内碎屑锆石测年也显示有此期构造—热事件，表明南华纪盆地内部具有广泛的强拉张活动。在塔东地区与塔中新三维地震勘探剖面上（图 1-8、图 1-27），发现有保存较好的南华系正断层，构成多米诺式断裂组合，断距逾 500m，形成规模不等的小型断陷。塔中Ⅰ号断裂带中部南华系—震旦系具有明显的自北向南超覆减薄的趋势，形成北断南超的大规模箕状断陷（图 1-8）。

受地震资料限制，台盆区二维地震资料不能清晰反映南华纪的断裂形迹，难以区域追踪，少量地震剖面显示推断存在近东西向—北东走向的断裂分布。由于后期构造挤压强烈，早期的断裂多被卷入冲断变形，特征不清楚，但残余箕状断陷的残存表明曾经有大规模的伸展断裂活动，塔里木稳定克拉通内部存在广泛的断陷发育（Wu 等，2021）。

2. 寒武纪—早奥陶世局部小型正断层发育

寒武纪—早奥陶世，塔里木地体已与罗迪尼亚超大陆分离，位于原特提斯洋北岸（Li 等，2008；Li 等，2018；Dong 等，2018）。寒武纪—早奥陶世塔里木板块内部是稳定的克拉通，没有大规模的裂谷作用，在周边大洋发展与扩张作用下，形成板内弱伸展的稳定构造背景，发育宽缓的板内坳陷，形成满东平底的碟状台盆。早寒武世塔里木板块内部进入稳定的弱伸展环境，发生广泛的海侵，下寒武统玉尔吐斯组向塔北与塔西南基底隆起区超覆沉积。在板块内部宽缓的地形基础上，受近东西向的弱伸展作用，海平面逐渐上升，形成宽广陆表浅海，开始发育克拉通内稳定的碳酸盐岩台地，克拉通内部具有稳定的弱伸展构造环境，塔里木板块形成"两台一盆"的古地理格局（图 1-9）。

寒武纪塔里木盆地周缘虽然发生较强烈的伸展，但板块边缘已裂开，是拉张的集中区，板内整体处于克拉通内弱伸展背景。早—中寒武世以局部小型的正断层为主，仅发现小型断裂在塔里木盆地内零星分布，缺少形成控制沉积与构造格局的大规模断裂。根据塔中地区、塔北地区三维地震的追索分析（图 1-8、图 1-21、图 1-22），寒武纪地层分布稳定、沉积稳定，缺少断陷活动。仅在局部地区早—中寒武世可能发育小型正断层，在塔东地区也存在一些正断层，规模比塔中地区更大，但延伸也不远，分布局限。

发育期		断裂模式	断裂特征	分布
新元古代	南华纪	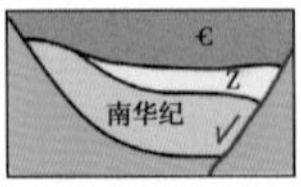	为裂陷正断裂系统，基底地层自北向南减薄，形成箕状断陷。顶部被寒武系削蚀夷平，盐下寒武系厚度较薄，自北向南超覆，形成明显的角度不整合	塔中85井区、盆地东部
	寒武纪沉积前	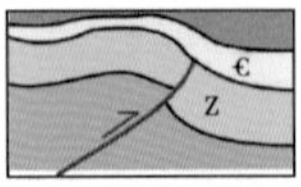	主要由伸展作用之后的挤压抬升作用形成的断裂系统，断裂伴随基底挤压隆升，形成于寒武系沉积前，规模不大，分布较局限，无继承性基底断裂	塔中
寒武纪—早奥陶世		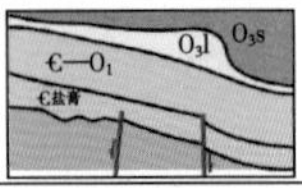	主要发育在弱伸展背景下形成的小规模正断层，断距一般不超过50m，断面高陡直立，向下断至基底、向上断至上寒武统，没有形成控制沉积与构造的规模	塔中地区、塔北地区
早奥陶世末—奥陶纪末	早奥陶世末	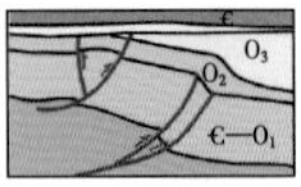	发育大规模挤压逆冲断裂系统，上奥陶统稳定，断裂较少；而内幕碳酸盐岩变形较强，断裂较多，有少数主断裂继承性发育至上奥陶统，寒武系—下奥陶统内部的断裂系统比奥陶系石灰岩顶面更为发育	塔中断裂带，塔北、塔西南部分地区
	桑塔木组沉积前	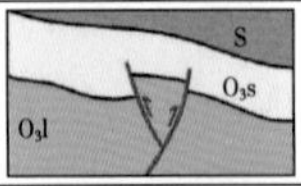	局部地区发育小型挤压断裂，无继承性断裂发育，断裂在台缘礁滩体中发生，向下消失在奥陶系内部，向上在桑塔木组底部停止活动	塔中Ⅰ号构造带
	奥陶纪晚期	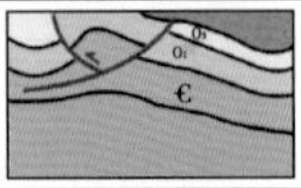	发育挤压逆冲断层，表现为向北逆冲的铲式冲断裂，上陡下缓，向上断至下奥陶统，向下断入基底，断裂带较宽，上盘地层发生褶皱，形成狭窄的断裂传播褶皱，下盘地层产生牵引，形成拖曳挠曲	塔中地区、塔北地区
志留纪—早中泥盆世	志留纪末	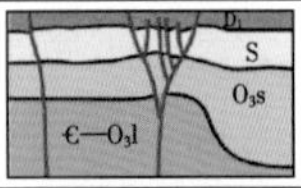	发育左旋走滑断裂系统，主断面陡立，断入基底，主干断裂在奥陶系碳酸盐岩形成两个分支断裂向上撒开，在碳酸盐岩顶部形成反向下掉的断堑，类似正断层，具有明显的负花状构造特征	塔中北斜坡
	早—中泥盆世		发育一系列北东向逆冲叠瓦断裂体系，形成一系列成排成带的冲断构造，断裂均发生在石炭系以下地层，奥陶系碳酸盐岩出露地表，遭受大量剥蚀	塔北南缘塘古坳陷
石炭纪—二叠纪末	石炭纪末	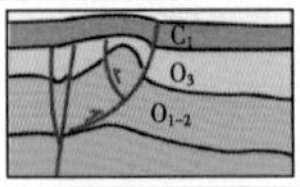	发育继承性挤压断裂，造成石炭系顶部小海子组石灰岩地层发育不全，横向变化大。但断层活动规模较小、影响范围有限，整体以受先期构造影响产生褶皱作用为主	塔中中部断垒带
	二叠纪末	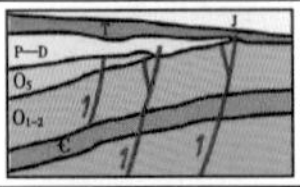	火成岩沿断至基底的走滑断裂带、逆冲断层产出，在火成岩周边形成小型断裂，先期走滑断裂再次活动，或改造前期断裂，在原有断裂的基础上继续发育	塔中地区、塔北地区
印支—燕山期	三叠纪末	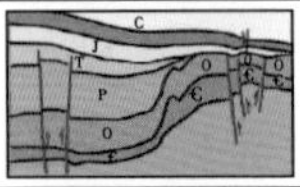	三叠纪之后塔中基本没有新的断裂活动，在火成岩发育区，可能有断裂活动至三叠，其规模很小，表现为走滑断裂、高角度逆冲断裂，具有继承性的特点	塔东地区、塔北地区
	侏罗纪末	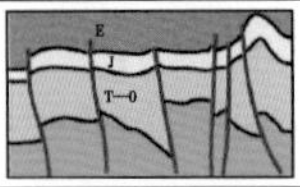	发育一系列由压扭作用形成的走滑断裂，断裂呈多组方向交错，是在晚侏罗世—早白垩世早期，受拉萨地体的碰撞作用所形成	塔东地区
	白垩纪晚期	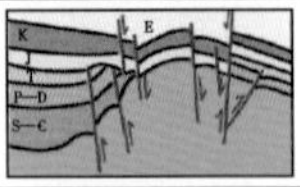	发育继承性断裂，同时有碰撞继后的局部伸展作用，形成一些断裂的反转，三叠系、侏罗系遭受剥蚀，形成白垩系与下古生界直接接触，出现断裂的继承性逆冲发育	塔北地区
喜马拉雅期	喜马拉雅运动Ⅰ幕	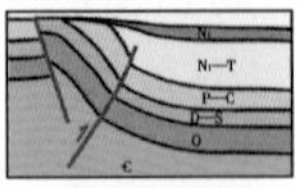	山前构造活动期次多、构造作用不断加强，冲断构造发育，同时发育走滑构造、盐构造、伸展构造，形成山前逆冲断裂系统，以及走滑—挤压断裂系统。下古生界碳酸盐岩的断裂系统以高陡的走滑断裂与扭压断裂发育为主，均为基底卷入	塔北地区、塔西南地区、塔南地区
	喜马拉雅运动Ⅱ幕	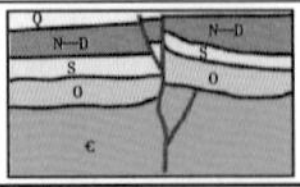	断裂的发生始自深部然后向上扩展，下部断裂收敛狭窄高陡，向上发散形成半花状构造，沿断裂走向出现断层转向，断面陡立、断入基底，在剖面上有贯穿整个构造带的走滑主断层	塔中地区、巴楚地区

图1-26 塔里木盆地台盆区断裂发育期次与特征

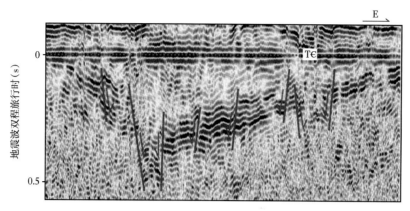

图 1-27 塔东地区剖面显示前寒武系断陷（拉平寒武系底界）

3. 寒武纪沉积前弱挤压断裂活动期

塔里木盆地周边与内部发现寒武系与震旦系之间普遍存在不整合（图 1-28；邬光辉等，2012），寒武系与震旦系之间发育与"泛非运动"相对应的区域构造挤压，可能是冈瓦纳超大陆汇聚期俯冲作用的结果。

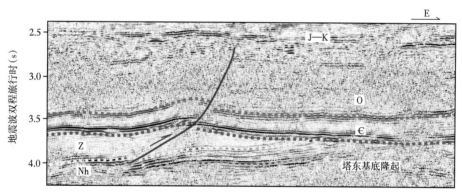

图 1-28 塔里木盆地塔东地区过基底隆起典型地震剖面

尽管很少识别出该期断裂，在塔中基底普遍发现有前寒武系挤压现象（图 1-21b），顶部被寒武系削蚀夷平，盐下寒武系厚度较薄，自北向南超覆，形成明显的角度不整合。寒武系沉积前具有复杂古地貌特征，寒武系超覆地层在塔中东部变化大，虽然受后期构造的强烈改造作用，但残存前寒武纪挤压断裂的形迹。寒武系沉积前断裂活动的证据有：一是寒武系盐下地层在塔中Ⅰ号断裂带附近具有明显的厚度变化，但没有正断层发育，存在基底挤压隆升，寒武系向上超覆；二是挤压断裂没有断至寒武系，在寒武纪生长地层发育期没有挤压背景，断裂仅局限在前寒武纪地层中；三是寒武系沉积后发生的挤压断裂一般断至寒武系盐膏层，但没有断至寒武系的基底断裂多位于基底局部高。

前寒武纪的构造活动主要发生的塔里木盆地南缘，推测断裂主要分布在塔中—巴楚隆起及其以南古隆起地区，以近东西走向为主。寒武纪沉积前的冲断作用强度可能较小，挤压断裂规模不大，局部地区见后期继承性的活动，对后期的基底卷入的逆冲断裂的发育有一定影响。

（二）寒武纪—奥陶纪弱伸展—强挤压断裂发育阶段

1. 中奥陶世大规模冲断系统发育期阶段

受原特提斯洋俯冲消减的作用（贾承造，2004；何碧竹等，2011；邬光辉等，2016；Dong 等，2018），中奥陶世末，塔里木盆地内部从东西伸展转向南北挤压，形成影响广泛的中加里东运动（邬光辉等，2016），开始发育大型的逆冲断裂带。塔中地区新三维地震勘探剖面显示上奥陶统良里塔格组碳酸盐岩与寒武系—中—下奥陶统碳酸盐岩具有不同的地震响应特征（图 1-21、图 1-29），上奥陶统地震波组连续平直，断裂较少；而内幕碳酸盐岩变形较强，波组杂乱，地层横向变化大，出现较多的逆冲断层，有少数主断层继承性发育至上奥陶统。由此可见，塔中冲断系统主要形成于中奥陶世末，寒武系—中—下奥陶统内部的断裂系统比上奥陶统顶面更为发育。塔中地区该期逆冲断裂主要呈北西走向分布，形成了塔中隆起的基本构造格局，控制了后期断裂带的继承性发育。由于地震资料品质较差，在广大台盆区难以识别该期的断裂形迹，预测在塔西南地区、塔北地区也有该期逆冲断裂的活动与分布。值得注意的是，研究认为走滑断裂系统也形成于该时期，并调节塔里木盆地内的走滑变形。

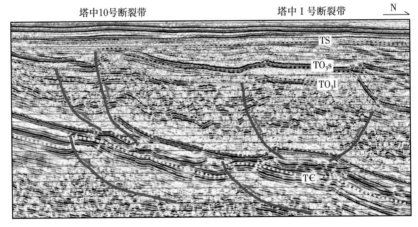

图 1-29　塔里木盆地中加里东运动期断裂分布图（T 代表地震反射层位）

2. 桑塔木组沉积前弱挤压断裂发育阶段

良里塔格组碳酸盐岩沉积后转向桑塔木组碎屑岩沉积，标志塔里木盆地下古生界海相碳酸盐岩沉积的结束，这期大型的沉积转换面也有伴生断裂活动。塔中地区晚奥陶世良里塔格组沉积后出现短暂的暴露剥蚀，塔中Ⅰ号构造带东部发生抬升，在局部地区发生小型的挤压断裂活动（图 1-30），以调节Ⅰ号构造带不均匀的挤压构造变形。本期断裂没有继承Ⅰ号断裂向上发育，而是派生次级断裂，向下消失在奥陶系内部或塔中Ⅰ号断裂带之上，向上在桑塔木组底部停止活动，可能发生应力场的转变。

此期先存断裂也有继承性活动，塔中中央断垒带北翼出现桑塔木组明显的上超，形成同沉积断裂，断裂活动的规模相对较小。塔北南缘哈拉哈塘地区三维地震剖面解释表明，

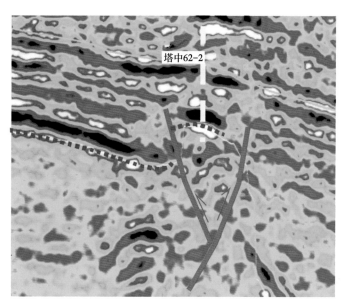

图 1-30　桑塔木组沉积前弱挤压断层

走滑断裂主要分布在下伏的中—上奥陶统碳酸盐岩中，在上奥陶统桑塔木组碎屑岩沉积前断裂已开始活动，但规模较小，强度较低。

3. 晚奥陶世晚期继承性挤压断裂发育期

奥陶纪末期塔里木盆地发生大规模的构造隆升，下古生界海相碳酸盐岩的构造格局基本形成，塔中—塔北的逆冲—走滑断裂系统基本定型（图 1-18）。

塘古坳陷地震剖面见志留系向奥陶系断裂带上超覆（图 1-31），构造古地理研究也认为东南方向在志留纪沉积前已抬升（图 1-29）。结合志留系碎屑锆石测年对比分析（邬光辉等，2016），奥陶纪晚期塔中隆起东南部北东向断裂带与塘古坳陷冲断带已开始活动。奥陶纪末期塔中隆起大规模抬升，塔中主垒带、塔中 10 号断裂带构造抬升较大，断裂活动强烈，北西向断裂多产生斜向冲断。同时，一系列北东向走滑断层复活并调节冲断构造的位移与变形。

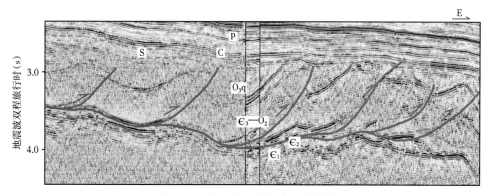

图 1-31　塘古地区东西向地震剖面

新的地震资料和地质资料表明，塔北隆起在奥陶纪末期也已形成。哈拉哈塘地区北部发现志留系覆盖在奥陶系碳酸盐岩之上，其间巨厚的桑塔木组遭受剥蚀。英买2井志留系碎屑锆石测年表明有大量基底的物源，志留系沉积前已有基底隆升出露，已有断裂活动。斜坡区哈拉哈塘地震资料显示存在晚奥陶世的走滑断裂，预示塔北古隆起也伴随广泛的断裂活动。

由于当时构造作用东强西弱，构造挤压来自东南方向，挤压断裂多继承了早期的断裂走向，但具有一定的走滑作用，造成不同的断裂带都出现断裂的弯曲与分段，具有斜向冲断的特点。

(三)志留纪—中泥盆世北东向走滑冲断断裂发育阶段

1. 志留纪走滑断裂发育

志留纪中晚期，在来自东南方向的斜向构造挤压作用下，在塘古—塔中南部产生一系列北东向冲断叠瓦断裂（图1-18、图1-31）。塘古坳陷发育一系列北东向逆冲断裂体系，东南部形成一系列向北西向冲断的断裂系统，玛东地区则发育向西南方向冲断的反冲断裂系统，均位于石炭系以下地层。奥陶系碳酸盐岩出露地表，遭受大量剥蚀，为大规模板内应力作用的效应。

在塔中北斜坡区由于受北西向先期构造影响，与来自东南方向挤压应力呈斜交，产生北东向的走滑应力，形成左旋走滑断裂系统。塔中10井断裂带、中央断垒带产生斜向冲断。受北东向基底结构影响，以及先期的北西向逆冲作用，在塔中北斜坡产生北东向的走滑分量，发育一系列左旋走滑断裂带（图1-32）。地震剖面上，寒武系—奥陶系呈压扭特征，但志留系出现显著的张扭下掉，变形特征不同，志留系垂向断距出现突然增大。走滑带上奥陶系的变形范围较志留系窄，更为高陡狭长，志留纪中晚期发生了走滑断裂活动。

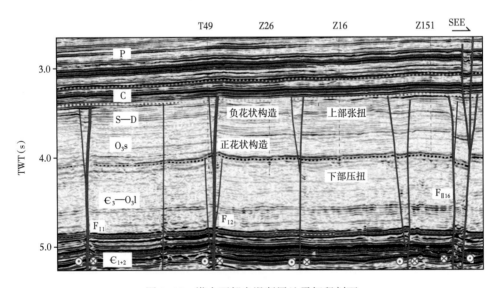

图1-32 塔中西部走滑断层地震解释剖面

2. 早—中泥盆世冲断—走滑断裂定型期

早海西运动期台盆区断裂系统继承性发育（图1-33）。塔中东部缺失中—下泥盆统，断裂一般向上主要发育在志留系，未断至上泥盆统东河砂岩段，塔北也可见一系列的断裂断至上泥盆统之下。断裂分析表明，志留系—中泥盆统一般具有相似的构造变形，志留系比中—下泥盆统的断距大，表明继承性断裂活动。

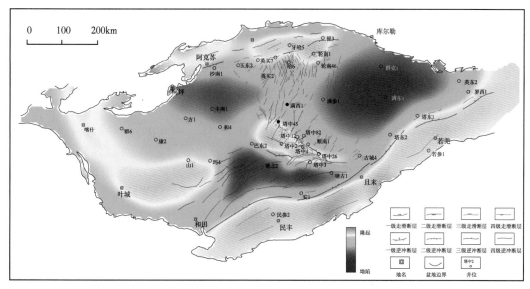

图1-33 塔里木盆地加里东运动末期—早海西运动期断裂分布图

中泥盆世，随着北西向的构造挤压作用，大型断裂带又有继承性活动。该期最典型的特征是发育北东向构造带，并可能发生北东向的新生断裂带与北东向的断裂复活。塔中断裂向上发散扩展发育至中—下泥盆统，并卷入了强烈的构造变形，断裂带宽、变形复杂，其变形特征与志留系相似。塔北隆起在强烈的隆升背景下，也发育一系列逆冲断裂，轮台断裂开始呈现控制南北分异的规模活动，北东向的轮南、英买力等构造带形成，轮南断裂带、桑塔木断裂带也开始活动。塔北南缘一系列走滑断裂也有活动，在地震剖面上可见断裂高陡，断距较小，没有塔中地区规模大，缺少伴生构造，断裂带狭窄平直，主要发育在石炭系以下的志留系—奥陶系。

(四)石炭纪—二叠纪末—塔北压扭断裂发育阶段

1. 石炭纪—早二叠世局部断裂继承性活动

晚泥盆世—石炭纪，伴随古特提斯洋的打开与扩张，塔里木盆地进入伸展构造背景（贾承造，1997；何登发等，2005）。石炭系沉积后塔中地区以整体升降为主，在石炭纪末期在塔中4、塔中5等中部断垒带的逆冲断裂又有继承性活动，造成石炭系顶部小海子组石灰岩地层发育不全，横向变化较大（图1-20）。但断层活动规模较小、影响范围有限。塔南隆起民丰凹陷钻探表明石炭系不全，为二叠系削蚀，可能存在该期的断裂活动。

塔里木盆地中西部广泛发育早二叠世火成岩，从塔中地区地震资料分析，火成岩多沿断至基底的走滑断裂、逆冲断裂产出，也有孤立点状突出的。断裂活动存在两种形式：一种类型是随着火成岩的发育，在火成岩周边可形成小型断裂，在火成岩形成后的区域构造活动中也有局部继承性活动；另一种表现形式是先期走滑断裂再次活动，或改造前期断裂，在原有断裂的基础上继承性发育。巴楚地区火成岩发育，多呈局部的点状喷发，奥陶系也存在侵入岩墙，可能存在火成岩相关断裂，以及控制火成岩喷发的早期断裂的复活。

2. 二叠纪末北部压扭断裂发育

二叠纪末发生晚海西运动（贾承造，1997；何登发等，2005；邬光辉等，2016），该起构造运动可能与南天山洋闭合后的隆升有关（Han等，2018），塔里木盆地周边已为造山带环绕。塔里木盆地构造活动转向北部地区，库车前陆盆地形成，塔北前缘隆起的构造活动自东向西扩展，压扭性构造活动强烈，断裂作用东强西弱。东北地区也发生强烈的隆升，自西向东出现石炭系—奥陶系不同层位的暴露剥蚀，发育大型的逆冲—走滑断裂系统。由于东北地区后期的强烈构造变动与剥蚀，该期断裂不易识别。

二叠纪断裂活动迁移到北部地区（图1-18、图1-34）。塔北古隆起遭受斜向强烈冲断作用，全区压扭性构造活动强烈，形成北东东向左行压扭断裂。由于强烈的走滑作用，造成轮台断隆强烈抬升剥蚀，前寒武系基底出露。西部英买力低凸起向南挤压隆升的过程中，在斜向冲断作用下，形成北西向喀拉玉尔衮走滑断裂带，调节其与温宿断隆的构造变形。孔雀河斜坡大型边界断裂开始发育，并造成古生代地层向北抬升，古生界遭受大量的剥蚀。

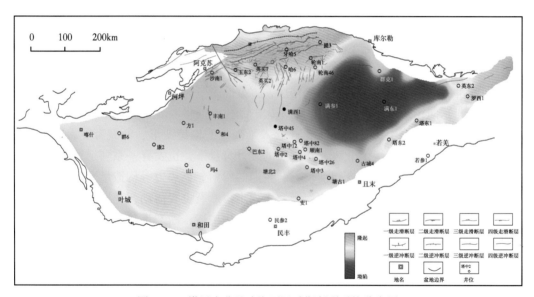

图1-34　塔里木盆地晚海西运动期断裂系统分布图

（五）印支—燕山期—塔东—塔北继承断裂活动阶段

中生代塔里木盆地周边为造山带环绕，形成与周边大洋分隔的陆内盆地，主要发育陆相碎屑岩沉积（贾承造，1997；何登发等，2005）。同时南部古特提斯洋的闭合与新特提斯洋的开启—闭合对塔里木盆地内部具有强烈的影响（王成善等，2010；许志琴等，2011），构造活动频繁，不整合发育，地层岩相变迁明显，纵向上分布不均、横向变化大。中生界以后，塔里木盆地进入陆内演化阶段，主要受远程挤压应力的影响，断裂活动主要集中在塔北地区、塔东—塔东南地区构成的向东北凸出的弧形带（图1-35）。

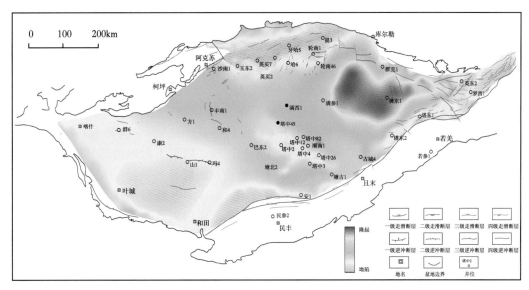

图1-35　塔里木盆地印支运动期断裂系统分布图

1. 三叠纪末走滑继承性发育期

晚三叠世，塔里木盆地发生强烈的印支运动（贾承造，1997），盆地南部—东部周缘造山带发生强烈的隆升，并大多缺失三叠系。印支运动期东南隆起发生强烈断裂活动，在有侏罗系覆盖的地区可见车尔臣断裂已形成，车尔臣断裂陡倾、错断了基底，并发生逾2000m的垂向断距；该断裂带缺失三叠系，造成塔东隆起与塔南隆起具有明显不同的构造特征。东南隆起上，侏罗系凹陷呈斜列的分布特征，可能反映三叠纪末期已有走滑活动。塔东地区孔雀河斜坡—库鲁克塔格地区断裂活动加剧，造成地层的强烈掀斜抬升与剥蚀。与车尔臣断裂伴生的次级断裂发育，多与车尔臣断裂斜交，具有压扭特征。

塔北隆起发生强烈隆升（图1-22），形成侏罗系与下伏石炭系—二叠系、奥陶系的不整合，构造特征继承了晚海西运动期的面貌，断裂继承性活动，英买力地区断裂活动较强。巴楚地区受资料限制，早期的断裂形迹不清。但三叠系自塔中向巴楚方向追踪为剥蚀缺失，可见在三叠纪后发生强烈的构造隆升，吐木休克断裂等可能已开始活动。

三叠纪之后，塔中地区基本没有新的断裂活动，在火成岩发育区，可能有断裂活动至三叠系，其规模很小，表现为走滑断裂、高角度逆冲断裂，具有继承性的特点。

2. 侏罗纪末塔东压扭—走滑断裂发育期

侏罗纪地层沉积曾广泛分布，受燕山早期运动作用造成整体抬升而大面积剥蚀殆尽。塔西南地区保留了侏罗系的深断陷，推断正断层发育，断距可逾1000m。由于侏罗纪末期拉萨地体向北的碰撞拼贴（许志琴等，2006），晚侏罗世—早白垩世早期，东南隆起断裂活动强烈，侏罗系剥蚀严重，残留局部断陷（吴国干等，2002；丁长辉伟等，2008）。塔东走滑断裂发育，是英吉苏凹陷压扭构造的主要形成期（邬光辉等，2016），发育有多组方向交错的断裂，断距变化大，断层在平面上呈右行雁列式分布，剖面上呈正花状构造，反映断层压扭应力分量的存在。断裂多终止于侏罗系，表明在侏罗纪晚期已有大规模的走滑构造活动。白垩系底部存在底超现象，局部地区有剥蚀现象，早白垩世早期是构造定形期，本区断裂未断穿白垩系。压扭构造圈闭发育，多为短轴背斜，构造带相互交错，走滑作用显著。在整体隆升的背景下，塔北地区的轮台断隆、温宿凸起可能有断裂的继承性活动，断裂带缺失侏罗系。

3. 白垩纪末塔东—塔北局部断裂继承性发育期

白垩纪晚期受 Kohistan-Dras 岛弧与古拉萨地体的碰撞（贾承造，2004；许志琴等，2011；Kordi，2019），塔里木盆地整体抬升（刘海涛等，2012）。东南隆起白垩系剥蚀殆尽，侏罗系残余分布不规则，可能存在走滑作用的影响。塔里木盆地内部呈现东北与西南低、中部巴楚—塘古地区高，与三叠系、侏罗系地貌及地层分布差异较大。塔北地区出现继承性断裂活动，同时有碰撞继后的局部伸展作用，形成一些断裂的反转。沿在轮台断垒带—温宿凸起一线，三叠系、侏罗系遭受大量剥蚀，形成白垩系与下古生界直接接触，出现断裂的继承性逆冲发育。温宿凸起上古木别兹等断裂带活动强烈，形成巨大隆升的断隆，北部基底断至地表，与南部阿瓦提凹陷的地层落差大于 3000m。

柯坪—巴楚地区缺失白垩系，从阿瓦提白垩系向西逐层削截分析，可能是古近纪前剥蚀的结果。麦盖提斜坡的巴什托普构造带形成于中生代，新生界披覆在该断背斜之上，北西西向断裂可能还有分布，推断巴楚地区北西西向断裂开始出现雏形。东南隆起断裂发生继承性活动，车尔臣断裂西部仍有明显断裂隆升，断裂带附近二叠系—白垩系因剥蚀缺失。

（六）喜马拉雅运动晚期——周边与巴楚地区断裂发育期

印度板块与亚洲板块碰撞后，产生多期幕式持续挤压。新近纪以来，受印度板块强烈碰撞的远程效应（贾承造，2004；许志琴等，2006，2011；李本亮等，2007），塔里木盆地周边天山、昆仑山相继快速隆升，进入前陆盆地发育阶段。

喜马拉雅运动晚期，塔里木盆地周缘以陆内造山运动与山前冲断带发育为特征，山前断裂活动期次多（贾承造，2004），在南天山山前、西昆仑山前形成一系列向盆地推进的前展式冲断系统。新构造运动造成冲断构造发育，同时发育走滑构造、盐构造、伸展构造等，形成塔西南山前、南天山山前逆冲断裂系统，以及塔东南冲断—走滑断裂系统、巴楚走滑—挤压断裂系统（图1-36）。断裂主要围绕塔里木盆地边缘分布，塔里木盆地内部下古生界碳酸盐岩的断裂系统主要发生在巴楚地区，以高陡的走滑断裂与扭压断裂发育为主，是该区断裂活动的关键时期，均为基底卷入的断裂。

综合分析，喜马拉雅运动期断裂活动主要表现为三类大的区域（汤良杰等，2012）：

（1）盆缘造山带和周缘隆起带强烈的断裂活动和逆冲推覆作用。包括南天山和昆仑山造山带的强烈隆升、冲断和推覆，以及柯坪隆起、库鲁克塔格隆起、铁克里克隆起和阿尔金隆起的冲断作用与冲断—走滑作用。其中以昆仑山逆冲—推覆作用最为强烈，导致塔西南坳陷剧烈沉陷，沉积了厚达万米以上的新生界。

（2）山前陆内前陆盆地或走滑—前陆盆地强烈的断裂活动。在库车前陆地区，发育褶皱—冲断带、叠瓦状冲断带、断层相关褶皱、盐相关构造等。在塔西南前陆区，发育与走滑—冲断作用有关的叠瓦冲断带、堆垛构造、双重构造、断层相关褶皱等。在塔东南山前地区，发育与冲断—走滑作用有关的走滑断裂带、叠瓦状冲断带、断层相关褶皱等。

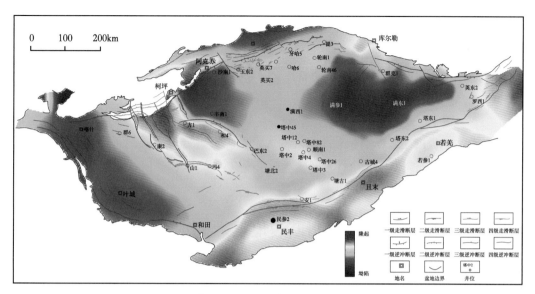

图 1-36 塔里木盆地喜马拉雅运动期断裂分布图

（3）盆内稳定区。大部地区断裂总体不太发育，活动性较弱，新生界展布平缓，地层连续性好。仅在巴楚地区发生了强烈的构造活动，表现为大型的压扭断裂带、逆冲断裂带，呈北西向弧形展布，分带和分段特征十分明显。

总之，塔里木盆地发育多种类型的断裂系统，以挤压断裂为主，同时发育走滑断裂，伸展断裂欠发育。塔里木盆地下古生界断裂经历新元古代强伸展断裂—弱挤压断裂发育阶段、寒武纪—奥陶纪局部弱伸展断裂发育阶段—强挤压逆冲断裂发育阶段、志留纪—中泥盆世北东向走滑断裂发育阶段、石炭纪—二叠纪末北部压扭断裂发育阶段、印支运动—燕山运动期塔东—塔北压扭断裂发育阶段、喜马拉雅运动期周边与巴楚地区断裂发育阶段等6个阶段、15期差异发育的演化史。断裂演化既有多期发育的继承性，又有断裂演化的改造作用，以及不同阶段断裂平面分布的迁移性。

第二章　走滑断裂识别与描述技术

塔里木盆地板内走滑断裂位移小、埋深大，地震资料分辨率低，而且存在地震—地质解释的多解性与解释"陷阱"，攻关创新发展了基于三维地震解释、区域应力场分析与野外露头解剖等板内弱小走滑断裂识别与描述技术。

第一节　走滑断裂地震采集处理技术

一、大漠区超深层地震采集技术

（一）问题及挑战

塔里木盆地环阿满走滑断裂系统主要位于塔克拉玛干大沙漠腹地，深层—超深层走滑断裂地震识别主要面临四方面的挑战：（1）表层巨厚沙漠的吸收衰减导致的深层奥陶系弱反射信号的问题；（2）沙丘鸣震、面波及其散射等干扰带来的低信噪比问题；（3）低级序、小位移走滑断裂难以成像的问题；（4）埋藏深（大于7000m）、上覆火成岩速度变化对断裂成像的影响问题。针对这些问题和挑战，通过多年地震采集、处理持续攻关，创新了大沙漠区高精度三维地震资料采集处理技术，形成了大沙漠区高密度三维地震采集处理一体化工程技术方案，解决了地表沙丘巨厚、火成岩发育等导致的断裂准确成像的难题，从根本上改善了地震资料品质，为超深走滑断裂识别与目标评价奠定了资料基础。

由于大沙漠地表覆盖松散的流动性沙丘和超深奥陶系弱信号，低炮道密度、低覆盖、窄方位观测的常规三维地震勘探无法满足超深走滑断裂识别与断控复杂碳酸盐岩油藏精细描述的需求。首先，部分区域对Ⅰ级走滑断裂的识别仍存在多解性，更难以准确识别Ⅱ级走滑断裂、Ⅲ级走滑断裂；其次，断裂破碎带内部结构复杂，常规三维地震资料分辨能力不足。

（二）技术对策

针对表层沙丘厚度大而疏松、地震波吸收衰减严重、碳酸盐岩内幕信噪比低导致常规三维地震资料难以有效刻画小位移走滑断裂及其相关的缝洞体储层的难题，开展了小面元、高覆盖、高密度三维地震采集处理攻关。通过深入开展了不同观测系统、不同激发与接收组合的实验，实现了地震采集设计由窄方位向宽方位、由低密度向高密度的转变（表2-1）。同时，完善并形成了碳酸盐岩缝洞叠前成像观测系统设计技术、宽方位+高密度采集系列技术，有效压制了干扰，大幅提高了地震资料的信噪比及分辨率。

表 2-1　塔中地区高密度采集参数表

三维地震勘探参数名称	中古 8 高密度	中古 43 高密度 Ⅰ 期	中古 43 高密度 Ⅱ 期
观测系统	44L8S352R 正交	36L5S480R 正交	48L4S480R 正交
面元	15m×15m	12.5m×25m	12.5m×25m
覆盖次数	484 次	432 次	576 次
接收线距	240m	250m	200m
炮线距	240m	250m	250m
最大非纵距	5265m	4475m	4775m
最大炮检距	7445.8m	7475m	7658.38m
横纵比	1	0.75	0.8
（万道/km²）	215.11	138.24	201
纵向排列方式	5265-15-30-15-5265	5987.5-12.5-25-12.5-5987.5	5987.5-12.5-25-12.5-5987.5
激发参数	高速顶下 5m×12kg	高速顶下 3m×8kg	高速顶下 5m×8kg、5m×12kg、5m×20kg
接收参数	2 串 20 个常规检波器	1 串 2 个宽频检波器	2 串 10 个宽频检波器

（三）资料品质

通过高密度地震资料采集，发现大量常规地震相干体上难以识别的微小断裂、主干断裂更加清晰，为刻画走滑断裂提供了资料基础。高密度地震资料相比常规地震资料，深层走滑断裂的地震成像更为清晰，断裂带缝洞体储层的识别数量大幅增加。2013 年实施的中古 8 井区高密度三维地震勘探取得了良好的效果，较好地解决了开发面临的问题。地震资料品质较以往有了质的提高，奥陶系信噪比大幅提高，断层、断点清晰，走滑断裂分段特征明显，尖灭点反射特征清晰，剥蚀现象明显，断溶体识别能力显著增强，缝洞体从无到有、由少到多，尤其是发现了更多的小规模"串珠"状缝洞体储层（图 2-1）。"串珠"状反射个数大幅增加，储层空间位置预测更加准确。应用高密度地震资料开展井位部署，高密度地震勘探区块部署井的数量增大，投产成功率大幅提高。塔中地区中古 8 井区高密度地震资料应用前部署井位 15 口（含探井和评价井 7 口），其中投产 9 口，投产成功率 60%。2014 年的高密度地震资料应用后部署井位 31 口，投产 29 口，投产成功率 93.5%。

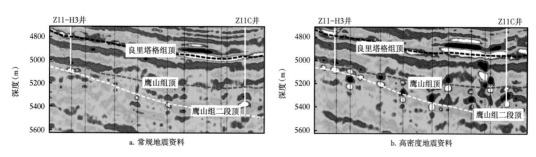

图 2-1　常规地震资料与高密度地震资料成像对比图

高密度地震资料采集的成功实施，提高了大沙漠区三维地震勘探的断裂识别精度，并通过定量分析大沙漠区奥陶系资料信噪比与不同观测、激发、接收方案的关系结合正演模拟，逐步创新形成了大沙漠区高密度三维地震采集技术，攻克了大沙漠区超深走滑断裂及其相关缝洞体储层成像的难题。

二、走滑断层相关地震处理技术

（一）"一宽+二保+三高"地震资料处理技术系列

通过地震处理技术的提升，形成"一宽"（即拓宽高频）、"二保"（保持振幅相对关系，保护反射波和绕射波波场）与"三高"（高精度浅表层建模、高精度火成岩建模、高精度井控约束建模）的处理技术系列。

1. K-L变换本征滤波自适应面波压制技术

地滚波是在地表附近传播的一类面波，又称瑞雷（Rayleigh）面波，是未经反射的直达波，通常它在地震记录上表现明显。相对于反射信号而言，地滚波是一种很强的规则干扰波，地滚波一般表现为频率范围低、视速度低、能量强、同相轴表现大致为直线状，并有频散现象。在总结不同地区瑞雷面波特点基础上，充分考虑瑞雷面波频率范围低、视速度低、能量强、同相轴表现大致为直线状等特征，利用频带分解、K-L变换本征滤波、自适应衰减三项关键技术，实现瑞雷面波模拟切除。实际资料应用表明，该方法不仅能消除瑞雷面波，还可以最大限度地保护有效信号。

2. 十字域锥体线性噪声压制技术

在三维地震数据中，把炮线及检波线重新排列之后做三维的傅里叶变换，然后进行频率—波数域的滤波，再把数据做傅里叶的反变换，这样得到的数据可以较好地压制面波及线性噪声，即十字排列滤波方法。由一条检波线和与它垂直的一条炮线的所有地震道组成一个十字排列的子集，一个正交子集是指抽取正交的三维地震数据中的沿某一条检波线和与它相垂直的炮线中的所有地震道，这些地震道组成了一个新的道集，也称为十字交叉排列。

通过交叉排列锥形滤波对高密度空间采样数据中的规则干扰在叠前进行压制。高密度空间采样数据具有时间和空间采样间隔小等特点，在很大程度上避免了因时间和空间采样不足带来的假频影响，提高了三维傅里叶变换域中信号与规则干扰（线性干扰和面波干扰）的可分离性。通过对三维高密度空间采样叠前数据体的炮集或者所形成的正交子集进行三维傅里叶变换，根据信号和规则干扰在三维傅里叶变换域可分离的特征，进行视速度滤波，达到叠前真三维压制规则干扰的效果。

3. OVT域tau-p体去噪技术

OVT域tau-p去噪技术是将宽方位矢量偏移距（Offset Vector Tile，OVT）域数据处理和τ-p变换各自的优势结合起来，形成了一种新的噪声压制方法。该方法充分利用了一个OVT子集是全工区的一个单次覆盖特性，对每片OVT数据进行τ-p变换，利用（τ, p）域中各地层反射双曲线变成了椭圆的叠加特点提取一致性属性和倾角属性，并在属性道信息对每片OVT数据里的信号进行加强。经过τ-p逆变换后，又变换回地震记录，将OVT数据重新分选到共中心点道集（Common Middle Point，CMP）域进行其他处理或直接在OVT数据上进行后续处理。结果表明，该方法提高资料信噪比的效果明显。

通过多域高维体去噪技术流程的应用，单炮上的噪声压制效果更好，有效信号更加突出，空间能量更加均衡（图2-2），为实现最终高精度成像奠定了道集数据基础。

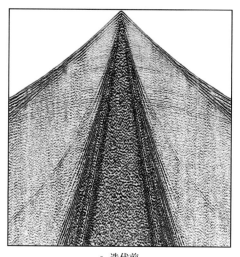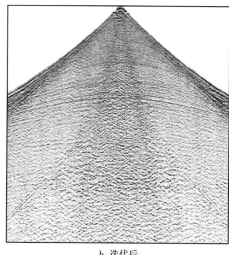

a. 迭代前   b. 迭代后

图2-2　叠前多域三维体去噪迭代前后单炮对比

通过高密度地震采集处理攻关，探索出炮道密度百万道以上、覆盖次数500次以上、纵横比0.7以上的经济性与技术性并举的采集技术，集成"一宽二保三高"为核心的全过程处理技术，大幅提高了地震资料信噪比及分辨率（图2-3）。在富满油田超深层的应用结

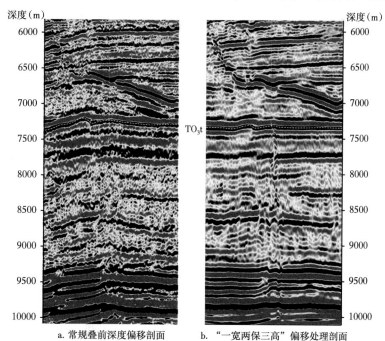

a. 常规叠前深度偏移剖面   b. "一宽两保三高" 偏移处理剖面

图2-3　富满油田常规叠前深度偏移剖面与"一宽两保三高"偏移处理剖面对比图

（TO₃t：上奥陶统底界面）

果表明，一级品率由 58% 提高到 81%，基本解决了地表巨厚沙丘、储层埋藏深、火成岩发育等导致的走滑断裂与缝洞体准确成像难题，为超深断控复杂碳酸盐岩勘探奠定了资料基础。

（二）"双重滤波+振幅变化率"为核心的处理技术

1. 走滑断裂解释性处理技术

在富满油田走滑断裂预测中，为了突出研究所需要的不连续性或起伏程度的几何信息，从而达到更好的预测效果，可以适当地牺牲地震资料的保真性。根据这条原则，预测所需的资料可以采用特殊的解释性处理，大幅压制干扰，提高地震资料的信噪比、分辨率。

解释性处理一般分为叠前解释性处理和叠后解释性处理两大类，因地质任务与研究对象不同采用不同解释性处理方案。叠前解释性处理是通过优化道集方法去除道资料中近道多次波、远道面波等异常，尽可能提高资料的信噪比、分辨率，达到叠加成果的目标可解释性。但是经过此处理的资料还不能满足小尺度断裂刻画精度的要求，还必须再进一步做叠后解释性处理。试验结果表明，应用效果较好的叠后解释性处理包括低通滤波、倾角导向滤波、分频处理等技术。

针对复杂缝洞型碳酸盐岩油气藏，地震采集方法从窄方位到全方位、低密度到高密度发展，处理技术从叠前深度偏移到 OVT 域处理，解释人员所获取的道集数据从共反射点（Common Reflection Point，CRP）道集到螺旋道集（五维道集）。目前 OVT 域偏移处理技术不断发展，并在塔里木探区广泛应用。由于 OVT 偏移处理充分考虑走时与方位角关系，开展多方位的网格层析，偏移速度精度更高，资料相比常规偏移方法处理数据更有优势：一是压噪效果好；二是资料更保幅保频；三是隐含各向异性信息丰富，更有利于开展各向异性裂缝分析。同时，基于 OVT 道集方位优化、偏移距优化后的叠加资料更利于断裂构造描述、叠后裂缝分析、储层预测、叠后流体分析。应用表明，各向异性校正后叠加成果更有利于小尺度储层预测（图 2-4），相比直接叠加成果，时差校正后的叠加成果的空间分辨率更高，小级别"串珠"状反射能量更聚焦。其次校正后叠加成果对构造、微小断裂的刻画更为清楚，更有利于断裂的解释与评价。

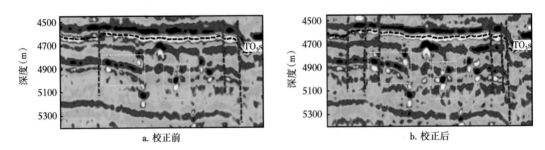

a. 校正前　　　　　　　　　　　　　　b. 校正后

图 2-4　各向异性时差校正前后叠加地震剖面效果对比

其次，基于 OVT 域道集优化偏移距参数指导微小断裂解释为例。通过应用 OVT 域处理道集开展偏移距参数优化叠加，进一步凸显微小断裂或小尺度缝洞体与主断裂的关系（图 2-5），更好地解决了Ⅱ级断裂、Ⅲ级断裂和小尺度缝洞体成像问题，分支断裂与主断裂的交切关系更清晰。

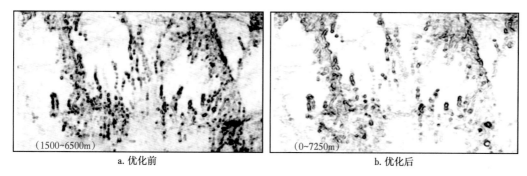

a. 优化前	b. 优化后
(1500~6500m)	(0~7250m)

图 2-5 基于 OVT 域处理道集偏移距参数优化前后数据的沿层切片效果对比

图 2-6 是解释性处理前后效果对比图，经解释性处理后反映断裂破碎的不连续性或起伏程度等几何信息更加清楚，次级断裂与主断裂之间的结构关系及纵向上的发育模式更清晰，为后续开展裂缝属性预测提供了良好的数据基础。分析表明，滤波后有效的高频成分得到了有效补偿。同时，对比滤波前后的相位谱发现其变化不大，保证了地震资料解释的可靠性。

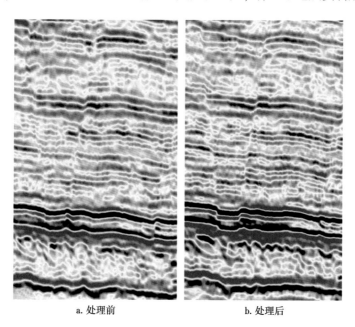

a. 处理前　　　　　　　　　b. 处理后

图 2-6 针对断裂解释的叠后目标解释性处理前后对比图

2. 双重滤波技术

通过平面相干属性分析，不连续信息被噪声压制，走滑断裂特征不清。为了凸显相邻道之间的不连续性，优选沿构造方向断裂增强滤波、基于扩散方程的构造滤波等多种滤波处理方法，对叠后地震数据开展解释性处理，在保持断点的非连续特征的基础上，降低噪声干扰，得到分辨率更高且更易于识别走滑断裂的相干、振幅变化率属性，达到"小断距、弱走滑"断裂的精准识别。构造导向滤波是针对叠后地震数据体的一种特殊去噪方法，该方法的实质是针对平行于地震同相轴信息的一种平滑操作，这种平滑操作不超出地震反射的终止形式（断层），其目的是沿着地震反射界面的倾向和走向，利用有效滤波方法去噪，增加同相轴的连续性，提高同相轴终止处（断层）的侧向分辨率，保存或改善断层的尖锐性。沿构造方向的断裂增强滤波，增强断裂的非连续性特征，降低地震数据噪声。构造导向滤波在提高地震资料信噪比的同时，还能使地震数据同相轴的连续性和间断特征更明显，提高层位自动追踪和断层解释的可靠性。基于扩散方程的构造滤波，在不改变地质构造复杂程度的前提下，保持断点的非连续特征，对数据沿构造平滑，有效地减少噪声。利用地层倾角和方位角沿地层进行定向性滤波，分析不连续性的意义，把没有意义的部分进行平滑，从而达到边缘保护性滤波的目的。进行基于倾角扫描的构造导向滤波后，地震数据同相轴的连续性或间断特征更突出，地震数据的信噪比有明显改善，走滑断层断点更加干脆。在构造导向滤波技术对地震数据进行预处理的基础上，应用相干技术计算三维相干数据体用于断层和地质异常的识别，走滑断裂展布特征更加清晰明了（图 2-7）。

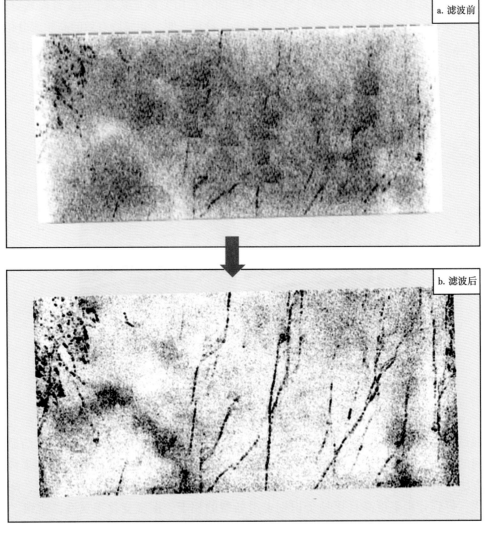

图 2-7　滤波前后相干属性对比图

第二节　走滑断裂地震识别关键技术

由于走滑断层位移小，而且成像效果差、断点不明显，通常难以通过地震剖面的反射同相轴错动识别走滑断层，需要优选不同方法技术组合。

一、相干数据体

相干体分析技术是大尺度断裂检测的常用方法，相干属性数值的大小不仅能定性反映断裂断距的大小和构造变形的强弱，还能定量反映断裂带在横向上的变形宽度（李海英等，2020）。常规相干属性可以定性地判断断层的展布，对断层破碎带的宽度及大型缝洞体的团块状、点状为地震"串珠"也有一定的响应（郭昆，2016），能刻画在地震剖面上断点干脆、清晰且易识别的走滑断裂（杨凤英等，2019）。该技术简单易行，在走滑断裂解释中得到广泛应用。

在哈拉哈塘地区奥陶系碳酸盐岩风化壳，由于碳酸盐岩顶面岩溶作用发育，同时地貌起伏变化大，走滑断层特征往往被屏蔽，造成碳酸盐岩顶面走滑断层在相干体上反映不明显（图2-8a）。通过对比分析，在鹰山组二段底界可以排除以上因素的影响，相干对断层的响应更好，通过新一代相干技术可以识别走滑断层的地震分布（图2-8b）。通过风化壳内幕层位与时窗的选取，相干技术在哈拉哈塘及其他风化壳地区取得了很好的应用效果，成为走滑断裂识别的常用方法。

二、曲率属性体

曲率属性也是识别断层是比较有效的方法。曲率属性代表了构造层面的二阶导数或地震倾角的一阶导数，与地震倾角属性不同，曲率属性能更好地描述断裂特征和垂向上的非连续性（郭昆，2016）。通过曲率属性的提取分析，发现最大曲率属性较好地反映了与走滑断层相关的裂缝带。微小断裂和裂缝带往往表现为线状构造特征（较大曲率值）。中小尺度断裂通常表现为地震同相轴明显褶曲，不同参数的曲率属性成为有效的识别预测手段（李海英等，2020）。曲率属性能刻画断距小、地震剖面表现为"扭而不断"、挠曲反射特征的走滑断裂（杨凤英等，2019），并对判断断层的平面组合也具有一定的指导作用（李婷婷等，2018）。

通过曲率的拾取，对常规相干难以识别的受褶皱作用与风化壳岩溶作用影响的大型走滑断裂带有较好的响应（图2-8a），与其他方法识别的走滑断裂位置基本一致。同时，曲率对地震分辨率较低的深层走滑断层也有较好的响应（图2-8b），识别出哈拉哈塘地区北东向与北西向两组断裂带，尤其是规模更大的北西向走滑断裂带的响应更显著。通过曲率的应用，可以判识环阿满走滑断裂系统的大型断裂带。

研究表明，曲面曲率相对于直接从地震数据体中提取的体曲率还存在着较大的局限性（李婷婷等，2018）：（1）曲面曲率是在插值后层位解释结果上提取的，容易受到人工解释及软件插值等因素的影响，在局部可能产生不闭合的现象，从而降低了断层识别的准确度；（2）地震资料并没有参与计算，因此曲面曲率上的断层响应不一定对应真实的断层构造，需要结合其他方法进行辨识。

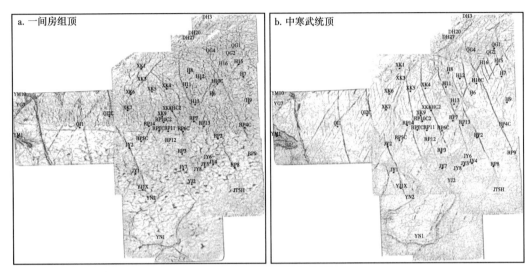

图 2-8　哈拉哈塘地区一间房组顶与中寒武统顶曲率

三、振幅变化率

振幅属性（包括均方根振幅、振幅变化率等）也是有效识别走滑断层的常用方法技术。振幅属性（包括均方根振幅、振幅变化率等）也是有效识别走滑断层的常用方法技术。振幅变化率属性能够很好地表征走滑断裂带的横向变化，预测走滑断裂的平面分布规律。振幅变化率实际上是反射波振幅沿空间的微分，即振幅沿空间变化的梯度，振幅变化率 A_{AVR} 的计算公式为：

$$A_{\mathrm{AVR}(x,\ y,\ t)} = \sqrt{\left[\frac{\mathrm{d}A(x,y,t)}{\mathrm{d}x}\right]^2 + \left[\frac{\mathrm{d}A(x,y,t)}{\mathrm{d}y}\right]^2} \qquad (2-1)$$

式中　$A(x, y, t)$——三维地震数据体中某一点 (x, y, t) 处的振幅值。

对地震数据体求取平均绝对振幅，再基于振幅进行倾角变换，最后对倾角变换的数据进行滤波去噪。振幅变化率与反射波振幅的绝对大小无关，但能将振幅沿空间的变化量级放大若干倍。振幅变化率重点突出振幅在平面上的变化特征，对走滑断层的平面分布具有较好的响应。一般而言，振幅变化率强的地方可能是裂缝、溶洞的发育带（图 2-9），利用振幅变化率属性可以提高断裂与断裂相关的缝洞储层的识别精度。

富满油田奥陶系埋深大，信噪比低，断裂相干特征不明显，在平面和剖面上很难有效刻画。但是储层沿断裂展布，与断裂相伴生特征明显，地震反射特征与围岩存在着明显差异，且断裂破碎带倾角与地震倾角差异较大。为了表征这种现象，优选振幅变化率属性。通过对叠后地震资料开展有针对性的解释性处理，达到走滑断裂精细识别的目的。沿构造方向的断裂增强滤波和基于扩散方程的构造滤波能够增强断裂成像，断点处更加清晰干脆。同时，根据缝洞型油藏断裂与储层伴生发育的特点，引入振幅变化率技术，强化断裂储层认识，大幅提高了断裂带识别精度，为塔河南井位部署、圈闭描述及储量研究提供了可行的技术手段，推进了富满油田碳酸盐岩油藏精细描述和规模效益建产。

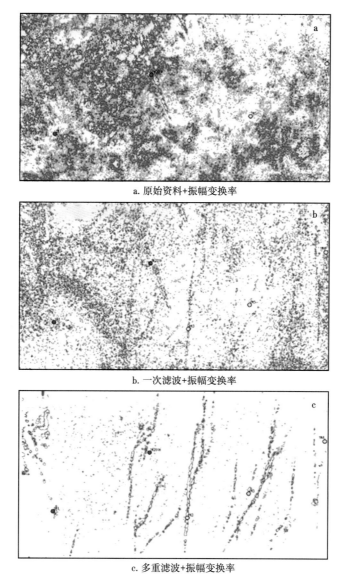

a. 原始资料+振幅变换率

b. 一次滤波+振幅变换率

c. 多重滤波+振幅变换率

图 2-9 基于倾角变换滤波处理后振幅变化率属性

四、最大似然性

最大似然属性（Likelihood）主要用于增强断裂的地震成像效果（Hale，2012），其关键技术环节主要包括最大似然（Likelihood）属性的计算与细化最大似然（Thin Likelihood）属性的计算（马德波等，2018）。

常规方差、相干属性在断层识别中具有很重要的作用，但在断层复杂时横向分辨能力较低，断层组合关系不清晰，且易受河道边界等因素干扰，不能完全满足复杂断层识别的需要。最大似然属性可以识别断层在剖面上的展布特征（甄宗玉等，2020），而且断层平面组合关系更加清晰，并可以压制岩性变化的干扰，更有利于复杂断裂发育区的断层识别，具有较好的应用效果。最大似然属性不仅能准确地反映大规模断裂带的特征，同时对小型断裂构造也具有较强的分辨能力（余攀等，2018），适用于分支断裂、断裂带结构和裂缝密集发育区。最大似然属性也可以刻画分支断裂及断裂带内部结构，并预测裂缝密集发育区（马德波等，2018）。最大似然属性解决了常规相干呈现杂乱模糊响应及断层、岩相变化无法区分的问题，同时提高了地震解释的精度及可信度（张璐等，2020）。

最大似然属性是通过对整个地震数据体扫描，计算数据样点之间的相似性，获得研究区内断裂最可能的发育位置及概率，提升断裂刻画精度。计算过程主要包括以下关键步骤：(1)断裂的地震反射特征分析；(2)倾角控制下断裂成像加强；(3)最大似然属性的提取。为突出刻画级别较大的走滑断裂，在最大似然属性体基础上求取非连续属性体，该属性体能较好地刻画断裂带平面和纵向上的分布特征，有利于开展断裂破碎带的地质解释。如图 2-10 所示，基于最大似然非连续属性体，可以清楚地反映断裂破碎带平面分布特征，该属性体与常规三维地震解释融合，可以分析断裂破碎带纵向上的生长及连通关系。

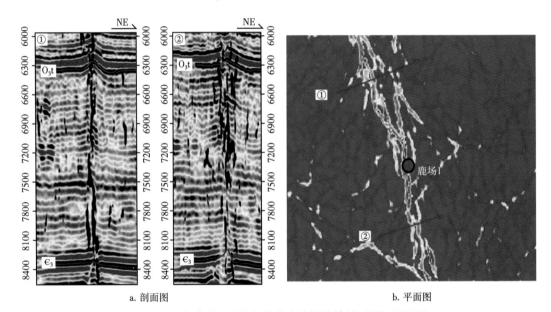

a. 剖面图　　　　　　　　　　　b. 平面图

图 2-10　富满油田最大似然非连续属性体剖面图与平面图

为进一步提升细化最大似然属性对走滑断裂刻画精度，在细化最大似然属性体基础上求取方差属性体，剖面上走滑断裂特征得到进一步增强（图 2-11c），从剖面上可以看出三条主干断裂特征清晰，但主干断裂之间同时也存在小断裂，需结合平面相干属性对主干断裂进行人机交互解释。基于细化最大似然属性求取的方差属性体结合相干属性，对走滑断裂进行人机交互的综合解释。解释断层的断点投影至各主要反射层，断点的平面分布与对应层的相干平面属性一致。地震剖面上解释的断层线位置与属性体相同位置剖面刻画的断层位置一致，剖面上断层的组合关系同平面组合关系保持一致，利用三维断层可视化形成断层面。然后检验断点，做到点、线、面的空间立体闭合，最终实现走滑断裂的解释。

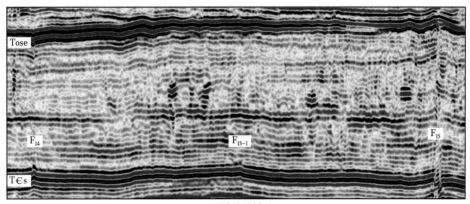

a. 原始地震剖面

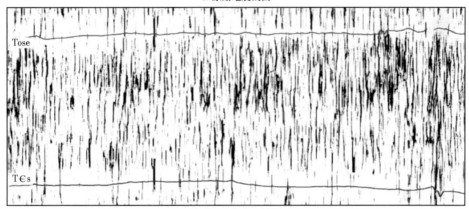

b. 细化最大似然属性剖面

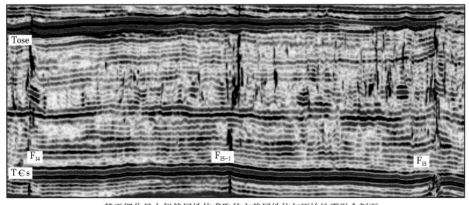

c. 基于细化最大似然属性体求取的方差属性体与原始地震融合剖面

图 2-11 富满油田鹿场区块原始地震剖面、细化最大似然属性剖面
与基于细化最大似然属性体求取的方差属性体与原始地震融合剖面

哈拉哈塘地区的研究表明（图 2-12；马德波等，2018），细化最大似然属性对于走滑断层的细节刻画精度高，甚至可以刻画裂缝密集发育区。在细化最大似然属性切片上，北西向断层的内部结构刻画得非常清楚，断层分段性更加明显，整条主干断层由多条小断层叠覆、斜列组成。主干断层旁侧发育多条分支断层。细化最大似然属性对于北东向断层的

刻画效果与细化最大似然属性基本一致。细化最大似然属性还刻画出了区内裂缝密集发育的部位。北东向断层、北西向断层交会部位发育裂缝密集区，这符合断层交会部位为裂缝密集发育区的地质认识。相干体对于主干断裂的刻画较为清楚，但是无法刻画分支断裂、断裂带内部结构及裂缝发育区。细化最大似然属性对于分支断裂及断裂带内部结构的刻画较为清楚，并对裂缝密集发育区的预测有一定的效果，但对主干断裂整体展布的刻画稍逊色。

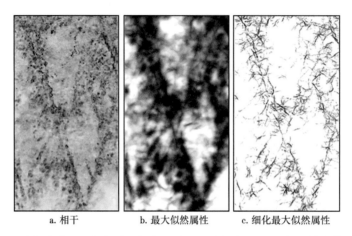

| a.相干 | b.最大似然属性 | c.细化最大似然属性 |

图2-12　哈拉哈塘地区奥陶系一间房组顶面沿层切片对比图（据马德波等，2018）

在地震资料品质较差时，最大似然属性技术难以排除噪声的影响，在大幅度的变换属性计算窗口时会导致计算结果差异较大，同时对主干断层展布的刻画稍差。

五、结构张量

结构张量是基于张量矩阵的一种特殊的图像处理技术，近几年广泛应用于油气勘探开发领域（王震等，2019；李海英等，2020）。其原理是将地震数据视为图像，通过识别地震图像中的不同结构特征或纹理单元（如层状纹理、杂乱纹理等），而图像中纹理变化实际上代表地质目标中的异常体，如断层、河流、"串珠"等，在碳酸盐岩油藏中则反映的是储层及断裂破碎带响应。结构张量属性在进行处理的时候可以保证地震数据垂向、横向分辨率及信噪比不受影响，能最大限度地反映断裂破碎带特征。通过对地震数据进行结构张量叠后解释性处理，得到一套新的可以压制围岩、突出断裂破碎带及储层的新资料。地震数据中的断裂破碎及储层响应被表征出来，再利用已钻井标定可以清晰地将围岩与储层区分开来。

常规断裂带描述方法直接对地震数据进行运算，主要有存在以下方面的问题：（1）所有地震数据参与运算处理，未考虑围岩与断裂破碎带及储层的差异，得到的成果信噪比、分辨率较低，难以准确表征断裂破碎带及储层特征；（2）未利用钻井成果信息（测井数据、钻时、岩性特征等），缺乏真正意义上的井—震结合，所得成果的地质意义不强；（3）表征断裂破碎带特征强弱信息不明确，难以有效地指导断裂带评价及潜力分析；（4）存在特殊地质特征时，断裂带信息会被地质现象淹没，难以清晰地表征断裂破碎带信息。

相比常规手段（图2-13），结构张量描述方法首先对地震资料进行结构张量算法进行叠后处理，将围岩与断裂破碎带及储层进行区分，再利用已钻井对结构张量数据进行标定，得到可以准确地描述断裂破碎带及储层信息的门槛值，对断裂带的刻画更加定量化。在断裂带描述中，采用厚度叠加算法，以已钻井标定信息为门槛值，可以准确地刻画断裂带特征。厚度叠加算法是将储层门限以内的储层进行厚度统计，断裂带纵向延伸深度越大，厚度越大，使断裂带活动强度直接用纵向厚度、横向宽度的方式呈现及描述，断裂带刻画更加具体化。再者，相比断裂破碎带，常见的地质现象（如明暗河、风化壳、储层等）纵向延伸距离短，利用厚度叠加算法可以很好地压制这些地质现象对断裂破碎带刻画带来的影响，更有利于断裂破碎的刻画，且可以保持更好的真实性与准确性。

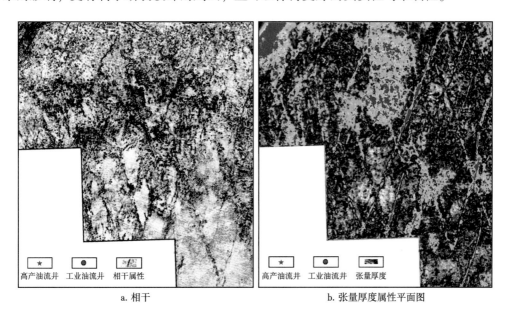

a. 相干   b. 张量厚度属性平面图

图2-13 哈拉哈塘地区奥陶系碳酸盐岩顶面相干与张量厚度属性平面图

六、其他方法

利用地震反射倾角和非连续性属性进行地震相分析，可以有效地从这些地震几何属性中提取出与微小断裂相关的共同特征，并对微小断裂进行识别和几何尺度意义上的分级。微小断裂通道会表现为大的地震倾角值、大的最大曲率值和小的地震相似性，地震相空间的分布可以作为断层破碎带划分与分级的依据。地震相分析结果与断层破碎带分布对应较好（图2-14；万效国等，2016），微小断裂沿断裂带密集分布，具有较强的地震相，在走滑断层的解释中得到应用。

趋势面分析是根据空间现象的抽样数据，拟和数学曲面，用该曲面来反映空间地质体分布特征的变化趋势。根据地震资料解释得到的一间房组顶面原始深度层位的分布特征，确定滑动范围的区域和平滑参数，通过滑动计算得到反映构造趋势变化的平滑深度层位。将构造界面的平滑层位减去原始层位的差值数据进行成图，得到反映反射界面残丘等低幅度地质现象的平面趋势分布图。正值代表地层凸起或背斜部位，负值代表地层下掉或向斜

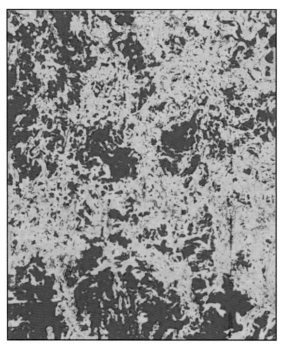

图 2-14　哈拉哈塘地区奥陶系地震相沿层切片图

红色、橘黄色代表了微断裂与大型裂缝带，黄色、绿色代表裂缝发育区，蓝色代表基质分布区

部位（刘军等，2017）。趋势面技术检测结果能够较好地反映大尺度断裂带的平面形态展布、断裂带形变幅度及走滑断裂带的分段性等，但对中小尺度断裂检测效果较差。通过哈拉哈塘地区走滑断层分析，发现一间房组顶面的趋势面可以表征走滑断裂变形强度、水平幅度及断裂分段性特征（图 2-15）。趋势面分析方法对大型走滑断裂带具有较好的响应，并能反映断层两盘构造的起伏与微地貌变化，为走滑断裂带的评价提供了有效方法。

图 2-15　哈拉哈塘地区一间房组趋势面图（图中线性沟谷对应走滑断裂带）

反射强度斜率即反射强度随时间的变化率。将每道的振幅计算为反射强度，在一个给定的视窗内用最小二乘法拟合反射强度值与反射时间的曲线关系。跃满地区反射强度斜率应用表明（图2-16）：（1）更清晰地识别断裂走向、构造组合等断裂平面几何学特征；（2）断裂延展特征更清晰，断层分组特征及平面规律性更强；（3）可更清晰地识别尾段散开的微小断裂；（4）南部识别延伸较长、较清晰的近南北向断层。反射强度斜率方法通过进一步的参数优化与显示提升，可以作为走滑断层识别的常用方法。

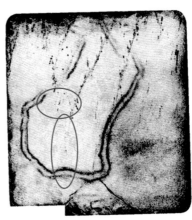

a. 反射强度斜率属性图　　　　　　　　　　b. 相干属性图

图2-16　反射强度斜率属性图与相干属性图对比

通过地震体进行切割，选取走滑断裂发育区域进行相似系数属性提取，结果表明（图2-17）：（1）整体上能看到多条明显的北西向断层；（2）可以看到低级次断裂之间的连接方式；（3）南部可见近南北向断裂。分析表明，相似系数属性提取方法在地震分辨率较低的部位可能识别出常规相干属性难以识别的走滑断层。

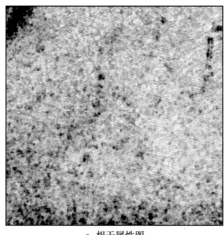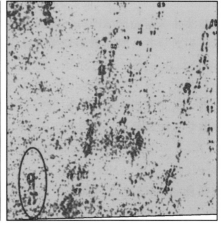

a. 相干属性图　　　　　　　　　　b. 相似系数属性图

图2-17　相干属性图与相似系数属性图对比

第三节　走滑断裂地震解释技术方法

一、走滑断层判识方法

（一）走滑断层识别难点

塔里木盆地走滑断层主要通过地震资料识别，受控地震资料的品质与多解性，而且走滑断层特征复杂，导致地震剖面解释与平面组合困难。目前对走滑断层的解释方案很多，但其中存在一系列不合理性（图2-18）。

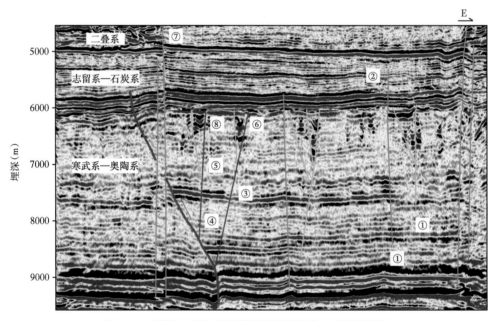

图 2-18　塔里木盆地走滑断层地震解释存在的问题图示
①断裂无根；②断裂笔直串轴明显；③缺少相对断距；④顶花发散与枝干合并处不清；⑤断裂期次划分缺乏标准；⑥花状构造却无明显堑垒；⑦火成岩影响；⑧岩溶风化壳影响

1. 断层无根

走滑断层通常断入基底，但由于深层地震资料分辨率低，走滑断层断距小，造成地震同向轴错断不明显。因此，有的将断层解释向下中止在沉积层内。这种解释虽然遵循地震波组错断的解释原则，但没有考虑走滑断层断至基底的地质特点，以及深部地震分辨率低的地震资料特点。

2. 笔直串轴

虽然很多走滑断层高陡直立，但也有很多走滑断裂带具有复杂的纵向结构，不一定具有平直的断面，从而造成上下地层中断点的位置不在同一直线上。因此，在地震剖面解释过程中，以直立断层解释通常会出现串轴现象。鉴于此，地震剖面解释时需要注意纵向上的断裂结构变化。

3. 缺少相对断距

由于走滑断层垂向位移小、地震响应不明显，很多断层在纵向上没有显示显著的错断同向轴的位移。因此，解释过程中通常会出现没有断距的断层。这样解释不仅影响断裂要素分析，而且制约了构造成图。对于这种情况，需要在断层解释时进行仔细分析，厘定好垂向断距，做好层位解释。

4. 顶花发散

基于花状构造是走滑断层的典型构造样式，地震剖面解释过程中容易过度应用花状构造，沿断裂带顶部解释过多的向上发散的花状断裂。由于地震剖面解释时，往往纵向放大、横向压缩，造成看似合理的"花状构造"。但是，将纵横比例尺设置为相同时，就可能形成很宽的"箩筐"结构。这种不合理的解释原因在于：一是有些是旁侧平行的次级走滑断层作为花状断裂断层；二是有些地貌陡坎或褶皱挠曲部位被当作断层解释；三是向下合并到主干断层的深度太小。

5. 上下不协调

由于多期断裂活动，以及不同层位的断裂组合方式与变形方式差异，走滑断裂带不同层位的构造通常会有较大的差异。而解释过程中可能出现上下层位的断裂特征一样，或是上下层位的断裂组合不协调，难以解释其运动学特征。尽管走滑断裂带的解释剖面很可能不符合平衡剖面的原则，但上下变形解释不协调，不符合走滑断层的运动学特征的解释很可能不合理。

6. 走滑断层终止于逆冲断层

由于深部地震资料分辨率低，塔北地区有的走滑断层看似中止于逆冲断层之上。由于塔北地区的逆冲断层的形成时间晚于走滑断层，逆冲断层下盘的断层反射特征可能比较模糊，从而导致逆冲断层下盘难以解释走滑断层。因此，根据逆冲断层的位移量判别其下盘走滑断层位置，可以进一步解释走滑断层。

7. 枝干合并处不清

在现有的地震资料中，深部次级断层与主干断层合并的部位大多缺少明显的地震响应，造成分支断层与主干断层合并的位置难以确定。这种情况下，需要仔细分析分支断层的类型与性质。

8. 平剖面不一致

由于走滑断裂的空间组合关系复杂，地震资料的识别精度有限，目前难以进行精细的地震剖面精细解释与闭合。在以平面属性为主、剖面解释为辅的地震解释过程中，微小断层的平面组合与地震剖面解释容易出现矛盾。由于地震剖面与平面属性差异大，平面解释与剖面解释出现较大差异的现象比较普遍。针对这种情况，需要在构造建模的基础上，通过平面资料与剖面资料结合解释。

9. 平面广泛弥散分布断层

有的地区开展走滑断层精细时，可能解释出很多断层，在整个工区弥散分布，这种现象在风化壳与缝洞体储层发育区比较普遍。受地形地貌影响，地震波组连续性差，风化壳地区可能过多地解释走滑断层。这种情况下，需要仔细厘定非走滑断层的假象。一般确定断至基底的有根的主干断层，围绕主干断层解释次级断层。

10. 平面组合无序

受地震资料的限制，走滑断层难以连续追踪，通常结合平面属性进行组合。由于走滑断裂组合复杂，平面地震属性资料识别的精度有限，可能造成平面断裂组合的多解性，形成复杂无序的断裂组合结果。尽管走滑断裂带的断裂组合复杂多样，但其空间分布往往有一定的规律，几何学与运动学特征保持一致。针对这种情况，在断裂解释完成后，需要进行平面组合的几何学与运动学是否一致的审校，完成有序的断裂组合。

11. 断裂期次划分欠妥

一般而言，断层形成的时期多位于断层向上中止的层位年代，因此很多走滑断层活动时期仅简单地以断裂分层的差异进行划分。但走滑断层活动期向上不一定断至地表，分层不一定代表分期。另外，有些分期仅局限在后期地层中的断裂，但是晚期新生断裂的同时，深部早期的主干断裂也是同时活动的。

12. 断裂无继承性

由于走滑断裂分层特征显著，而主要层段间的地层中断层响应不明显，有的仅解释主要层位的走滑断层，断层上下不连通。这种解释显然不符合走滑断层深入基底的特性，而且层内发生走滑断层也难以用力学机制解释。

13. 花状断裂却无明显堑（垒）构造

在走滑断裂精细解释过程中，存在很多花状断裂的解释，但没有地震层位的错动，以及张扭地堑与压扭地垒构造的显示，这显然也不符合花状构造的特征。

（二）走滑断层判识方法

Harding（1990）总结了走滑断层的 7 条识别标志：一是狭长、平直贯通的主断裂带；二是深部高陡的主断层；三是断至基底；四是沿主断层的走向相对上升盘、错动方向或断层倾向发生变化；五是主断层带出现正花状构造或负花状构造；六是断块上相对上升盘的方向和错动方式不同；七是出现同期的旁侧雁列构造。严俊君（1996）总结鉴别走滑断层的地下标志为九点：雁列构造、花状构造、辫状构造、窄变形带、窄而深的半地堑构造、窄而厚的粗相带、两盘地层岩性不匹配、断面倾向摇摆与多变、杂乱的地震响应。走滑断层的识别往往需要综合多种资料，在地震解释过程中，出现花状构造、高陡断裂特征需要慎重，可能出现"陷阱"。地震剖面上需要分析主断层是否"有根"，而且要剖面与平面结合，不能只根据局部剖面判定断裂性质，对地震剖面资料的解释需要仔细甄别；平面组合也有"陷阱"，需要有相关的多种断裂模式与综合分析。综合地震资料分析，可以从以下四方面判识走滑断层。

1. 断至基底、上缓下陡

塔里木盆地走滑断层顶面构造复杂，地震资料分辨率较低，同时断裂与岩溶地貌关系复杂，小规模的走滑断层识别难。但走滑断层深部向下收敛，高陡直立，向上发散分支，不同于正断层与逆断层上陡下缓的断面特征，易于判识与追索（图 2-19）。由于走滑断层的断面难以成像，基底地震反射杂乱不清，一般通过高陡直立的背斜或向斜推断走滑断层的分布。但是，断面向下是否变陡往往难以判别，而且受到基底褶曲、滑脱褶皱及盐膏层速度上拉等其他因素影响，高陡直立的线性构造不一定就是走滑断层，需要结合其他特征分析。

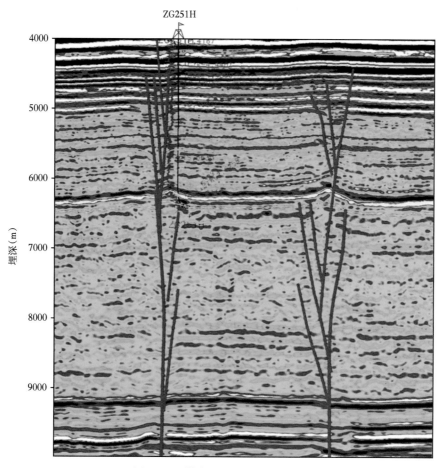

图 2-19 塔中地区典型解释剖面

2. 断层倾向纵横向改变、倾向滑动的上下变化

正断层或逆断层上下地层均沿同一倾向滑动，而高陡的走滑断层上下部位的断面倾向可能发生改变，上下层段变形不一致，并造成垂向不同层段位移无规律的突变，出现下凹上凸的特征（图 2-19）。在平面上，走滑断层的倾向也可能出现突然的反向，并出现沿断层走向上的垂向位移剧烈变化，不同于正断层与逆断层位移中间大、两端减小的特征。由于断层倾向左右摆动的变化，可能形成走滑构造特有的"丝带效应"。沿主断层走向，上盘地层可能向下滑动，也可能向上逆冲，形成正掉与负掉相邻的复杂变化，断块上相对上升盘的方向和错动方式也会出现不同，并形成沿走滑断裂带的凹凸相间变化。同时，有的断层在不同层位的垂向断距变化大（图 2-20），不同于同生正（逆）断层。

3. 典型走滑构造

如雁列构造、花状构造、辫状构造、马尾状构造、拉分微地堑等典型走滑构造（图 2-21）。走滑断层地震剖面上通常呈现正花状构造、负花状构造、半花状构造、直立型构造与"花上花"构造等典型构造样式，平面有剪切断裂带、压扭断垒、张扭断陷、马尾构造、辫状构造、雁列构造等多种组合，这些构造特征有助于走滑构造的识别与解释。

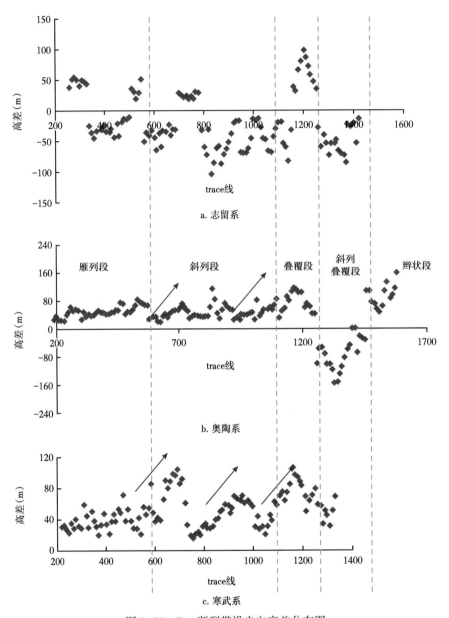

图 2-20　F_{I17} 断裂带沿走向高差分布图

图 2-21　塔里木盆地走滑断层构造模式

4. 构造、岩相、河道水平错动

随着地震技术的进步，通过地震振幅属性、曲率、相干、水平切片等技术可以有效判识走滑断层及其水平位移。受后期走滑断层作用，早期的构造（图 2-22a）、地层、河道（图 2-22b）与台缘相带（图 2-22c）出现水平方向的错动及明显的响应。

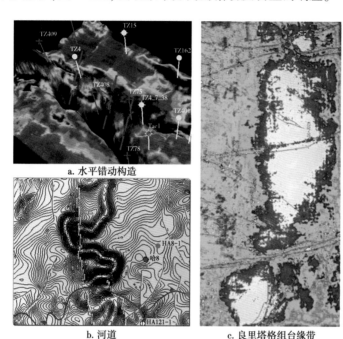

a. 水平错动构造

b. 河道　　　　　　　　c. 良里塔格组台缘带

图 2-22　走滑断层水平错动构造、河道和良里塔格组台缘带

综上所述，平面判识走滑断层的地震技术是小规模走滑断层地震解释的主要手段。通过平面上的雁列（斜列）构造等典型走滑构造、构造与岩相水平错动、沿走向凹凸变化，以及剖面上的花状构造、倾向与位移变化、断至基底且上缓下陡等特征，可以综合判识走滑断层。需要注意的是，由于走滑断层复杂多样，地震剖面上需要分析主断层是否"有根"，而且要剖面与平面结合，不能只根据局部剖面判定断裂性质，对地震剖面资料的解释需要仔细甄别；平面组合也有"陷阱"，需要结合相关的多种断裂模式综合分析。

（三）走滑断层判识陷阱

综合相关资料分析，由于地震解释的多解性与深部地震资料品质差，走滑断层判识过程中容易出现基底结构、断层样式与地震速度等方面问题导致的误判（图 2-23）。

1. 基底结构的陷阱

1）基底结构不清

地震解释过程中，通常以花状构造作为地震剖面上走滑断层的典型识别标志。但是，由于深部地震资料分辨率低，很多花状或半花状断层组合向深部模糊不清，可能形成误判。

Harding（1990）指出由于基底结构不清，花状结构的地垒与地堑、阶梯状断层与向下收敛的断裂带均可能形成狭窄的模糊带，呈现向基底收敛的花状构造，误判为走滑断层（图 2-23a~c）。

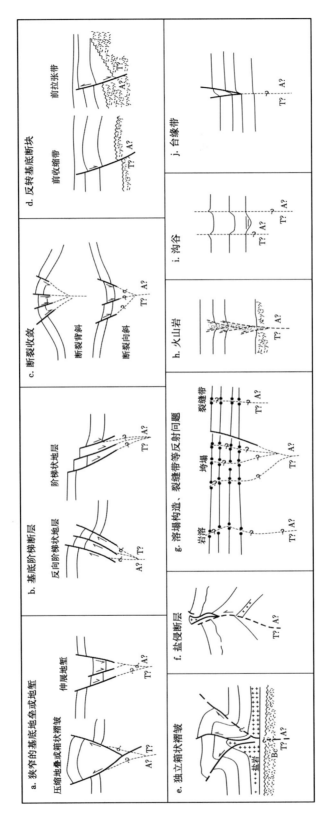

图 2-23　可能误判为走滑断层的陷阱模式（据 Harding，1990）

Bc—基底；T—向外运动；A—向内运动

因此，不能仅以花状构造作为走滑断层判识的标志，需要仔细鉴别断层根部在基底的结构特征，并结合其他特征进行判识。

2）基底褶皱假象

克拉通盆地内，超深层走滑断层高陡直立、垂向断距小，且地震分辨率低，地震剖面上往往没有显著的垂向错断，而是表现为较连续波组高陡直立的狭长紧闭褶皱。这在塔里木盆地比较普遍，根据压扭走滑断裂带造成地层的局部直立紧闭褶皱的隆升，及其在平面上的线性分布，可作为判识走滑断层的标志。

小型狭窄的褶皱与走滑断层伴生的褶皱相似，容易解释为走滑断层发育的褶皱（图2-24）。但是，这类褶皱平面上往往不是狭长的线性分布，且上下变形一致，没有明显的垂向断距与异常杂乱的断裂破碎带。

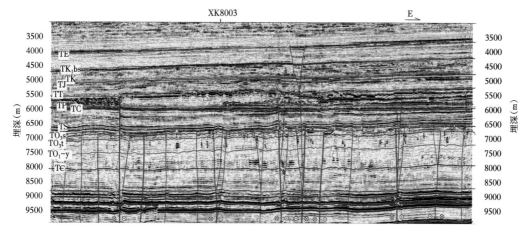

图2-24　哈拉哈塘地区东西向地震剖面（T代表地震反射层位）

⊗—向内运动；⊙—向外运动

在走滑断层剖面解释工作中，当解释剖面过长而选择压缩剖面横向长度进行解释时，很容易形成走滑断层相关褶皱的假象。因此，需要结合褶皱的平面特征与走滑断层的其他标志进行判识。

2. 断层模式的陷阱

由于深部地震资料分辨率低，很多直立线性断层与花状或半花状断层没有明显的断距，而且断层组合向深部模糊不清，可能形成误判。由于基底断层的反转、盐层之上的高陡断层与盐侵断层等很多断层组合呈现花状构造（图2-23d-f），很可能误判为走滑断层。但是，这些假象经过断距分析与盐膏层滑脱层的厘定一般就可以剔除。

但是，沉积盆地中深部地震资料品质差，绝大多数走滑断层难以识别断距，并受其他假象影响。在塔里木盆地沙漠区，广泛发育板内小位移弱走滑断层，很多中小型断层特征不明显（图2-18），往往通过地震剖面上线性直立断层、花状断层组合判识走滑断层。涉及相关走滑断层地震解释的论著很多，其中同一地区的地震解释方案也出现较大的差异，大多缺少走滑断层判识标志的论述，存在一系列不合理性。主要表现在：断裂无根、断裂笔直串轴明显、缺少相对断距、顶花发散、枝干合并处不清、断裂期次划分缺乏标准、花状构造却无明显堑垒、火成岩影响、岩溶风化壳影响等（图2-18）。这些问题大多与图2-23中涉及的走滑断层判别的"陷阱"有关，很难判别其地震解释的合理性。

因此，走滑断层的地震判识与解释不能简单地套用走滑断层的构造模式，需要排除各类影响断层判别的不合理的解释模式。

3. 地震资料的陷阱

除以上由于断层根部基底结构不清、断层模式多解性等造成的断层性质误判外，由于岩性、地貌等因素影响的地震成像问题也会造成走滑断层的假象。

1）喷发岩速度横向变化导致的断层假象

厚层喷发岩层速度横向变化大，在时间剖面上岩层厚度、速度变化的部位可能造成地震同相轴的下拉或上拉现象，形成高陡断层假象（图2-23h）。如塔里木盆地二叠系喷发岩发育，其岩性、厚度与速度横向变化大，在时间剖面上容易出现地层错断的现象（图2-25a），其"断层"高陡直立，断至基底，呈现走滑断层特征，并伴有褶皱现象。然而，这类断层与背斜构造钻探后多不存在。即使通过叠前深度偏移处理，也可能仍然保留断层特征。

分析表明，沿弧形火成岩岩性与速度变化部位出现的岩层错断往往不是走滑断层，其"断裂组合"特征也很复杂，并缺乏典型的走滑断裂活动。但是，由于火成岩通道通常沿早期的深大断裂带分布，局部线性火成岩分布部位很可能借助早期的走滑断层（图2-25b），沿走滑断层分布。因此，这类断裂构造需要精细的速度分析，并结合其他方法与钻井资料仔细甄别，为钻探提供准确的断裂构造模型。

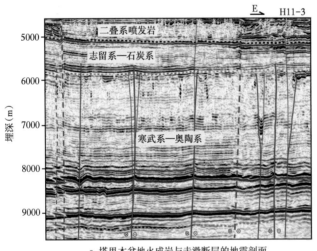
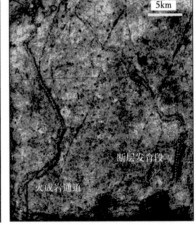

a. 塔里木盆地火成岩与走滑断层的地震剖面　　　b. 与奥陶系碳酸盐岩顶面相干平面图

图2-25　塔里木盆地火成岩与走滑断层的地震剖面与奥陶系碳酸盐岩顶面相干平面图

⊗—向内运动；⊙—向外运动

2）盐膏层地层厚度与速度横向变化导致的断层假象

盐膏层发育的沉积盆地中，由于盐膏层的塑性变形，及其间夹其他岩性体，地震速度往往难以准确计算，导致盐底深度与构造形态难以准确刻画，制约了盐下圈闭的发现与钻探的顺利实施。盐膏层对墨西哥湾等含盐盆地的盐下构造成像都有或多或少的影响。

塔里木盆地中西部寒武系广泛发育盐膏层，是重要的滑脱层控制上下构造层变形，并卷入逆冲构造变形系统，地层厚度与速度横向变化大。在断裂构造发育区（图2-26），盐膏层横向厚度变化大，在盐膏层厚度变化的位置，时间地震剖面或深度地震剖面均可能沿突变带发生地层的上拉或下压假象，呈现走滑断层的高陡错断或是陡直线性膝折带，从基底贯穿至对应的盐膏层厚度变化部位。

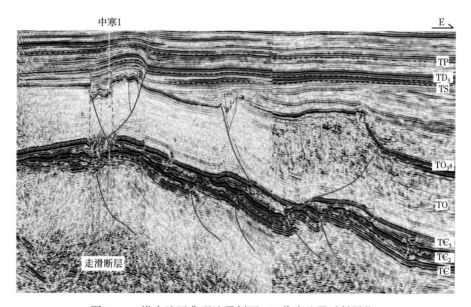

图2-26 塔中地区典型地震剖面（T代表地震反射层位）

同时，从下而上在膝折构造两侧地层变形高差近似，地震波组没有明显的错断现象。分析可见，由于盐膏层厚度的差异导致横向速度不一致，导致时间剖面上盐膏层厚度突变减薄处造成的高速上拉现象，形成直立线性断层的假象。

由于走滑断层的发育可能影响上覆盐膏层的横向变化，其中部分膝折现象也可能是走滑断层的响应，需要结合其他标志鉴别。因此盐膏层之下是否发育走滑断层也需要结合平面特征仔细甄别。

3）沟谷地貌形成的类似走滑断层假象

由于构造—沉积作用的影响，在某地层横向变化大，呈现明显的局部沟谷地貌时，在地震剖面上往往呈现断层特征，并造成下伏地层垂向错断特征，造成走高陡滑断层的假象（图2-23i）。

塔里木盆地哈拉哈塘北部地区风化壳发育，早期通过相干与地震属性识别出很多走滑断层。但随着向南部地震部署与走滑断层的精细解释，发现北部很多微小断层是受风化壳沟谷地貌的影响所致（图2-25）。但是，这些密集断裂发育地层之下的相干层面上往往发生断裂的急剧减少现象，不具备继承性线性高陡断裂特征，且这些线状构造没有一致的走向与分布，不具备走滑断层的平面特征。当然，也可能有局部断裂与下伏线性走滑断层重合，是否是走滑断层发育还需进一步的探究和识别。同时，在进行剖面解释过程中，有些局部下掉的地堑或者陡直线性构造在剖面上与走滑断层构造样式类似，但断面向深部变缓，应予以剔除。

4）沉积相带突变

由于沉积相的突变或其厚度的突变，往往沿沉积相带突变部位出现高陡断层现象，容易误判。

台缘带与盆地转换部位速度变化大，可能造成剖面上呈现高陡断层特征。台缘带平面上是不规则弯曲线性形态，不能简单地判别为走滑断层。而剖面上陡直台缘带是否发育走滑断层，或断层是否为走滑断层性质需要进一步判定。有些台缘带明显发育断层，且向上继承性发育雁列构造，具备典型走滑断层性质。但某些不规则线性台缘带部位是否与走滑断层叠合还需进一步的分析和识别。

二、走滑断层解释方法

（一）解释原则

走滑断层特征复杂，通常在地震波组错断的基础上，结合走滑断层的构造模型与平面属性图件分析，进行地震解释。通过走滑断层解释实例分析，针对地震资料分辨率较低、复杂走滑断层识别困难的具体问题，结合走滑断层的几何学与运动学特征，提出"顺根理干、带状展布，主干分支、近根发育，凹凸变化、组合有序，层位差异、上下兼顾"的地震解释原则（图2-27）。

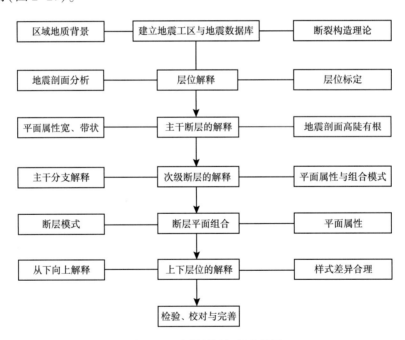

图2-27 走滑断层解释流程图

1. 顺根理干、带状展布

走滑断层顶面往往断层多、构造复杂，难以确定断层带的展布。基于走滑断层基本特征是平直的断线、陡立的断面及较窄的断层带，走滑断层解释首先是"寻根"，先确定是否有断入基底的高陡断层带。然后向上追索，解释断层向上（或目的层）发育的主干及其剖面样式。在主根带确定的基础上，追踪主干走滑断层平面上的延伸，确定狭长的主干断层走向分布，进而解释条带状展布的主干断层样式与次级断层组合分布。

2. 主干分支、近根发育

走滑断层向上可能发育很多分支断层，但断层向下会归并至主干断层，平面上也会与主干断层合并，造成解释的困难与多解性。因此，断层解释从主干断层出发，在主干断层解释的基础上，逐条解释从主干断层分出或合并至主干断层的分支断层。无根的次级断层多沿主干断层发育，且归并至主干断层。次级断层多是斜列相交或是辫状相交的分段组合。而平面上延伸很远的无根的分支断层往往是不合理的，需要仔细厘定。既没有合并到主干断层，又没有自身断至基底的"走滑断层"往往是解释"陷阱"。

3. 凹凸变化、组合有序

走滑断裂带通常具有复杂构造变形，在走滑断层内部及其侧翼多会发生地层的升降变化，形成沿走向上的下凹与上凸频繁变化。而地震断层组合过程中往往缺少断层力学性质与构造升降的关系分析，造成断层组合的畸形与无序杂乱。结合构造平面图、相干及地震属性平面图，以断层叠覆区张扭部位形成凹陷低、压扭部位形成凸起高为指导，进行断层的平面组合分析。由于走滑断层分支多变，要剖面与平面结合，避免平面组合"陷阱"，需要有相关的多种断层模式与综合分析，以达到断层的组合与断层的运动学特征一致。

4. 层位差异、上下兼顾

走滑断层往往在不同层位表现出不同的构造样式，但上下层段的断层一定是相互关联的统一系统，不同人员分层解释往往出现矛盾。针对具体目的层，尤其是地震波组复杂多变，很容易解释失误。因此，在以目的层为主的地震解释过程中，兼顾目的层上下层位的解释，注意分析上下层位断层的差异。结合向上的继承发育特征，以及向下收敛合并到主干断层的综合分析，可能剔除相关地震解释"陷阱"。同时，上下层位兼顾解释不仅有助断层解释的精度，还有助于走滑断层的运动学与动力学研究。

（二）方法步骤

根据塔里木盆地走滑断裂的地质背景与地震资料现状，提出了走滑断裂解释的方法步骤。

1. 资料准备

板缘应力场研究、区域地质背景剖析，地震资料准备，明晰分析走滑断层发育区域背景，以及野外建模、物理模拟、数值模拟、钻井成果等相关资料。

2. 层位标定

地震—地质层位标定与主要层位解释。通过钻井分层或邻近地震解释引层，初步解释主要目的层及走滑断层分布主要的地震层位。

3. 主干断层解释

一般断层解释往往是先把断层解释出来，再根据断层的规模进行分级，划分主干断层与次级断层。复杂走滑断裂系统中，由于次级走滑断层具有复杂的组合与分布，且地震剖面不易识别。因此，解释前先根据地震剖面与地震平面属性特征区分主干大断层与次级断层。

确定主干断层的部位后，先解释容易识别的主干大断层，然后解释围绕主干断层发育的次级断层。主干断层在平面与剖面上也变化很快、不易识别，结合不同层位的构造图、相干与属性等平面图分析，在区域地震剖面上分析走滑断层发育的根部位置。根据其高陡、平直、线状展布的特征，确定主干断层的根部。

在此基础上，沿根带向上解释，顺根解释主干断层。如此从下至上的解释有助于确定主干断层的位置。结合属性平面图，校正主干断层及其平面展布。

4. 次级断层解释

确定主干断层的分支断层，以及可能向下会归并至主干断层的次级断层，大多采用从主干断层向外、向上解释分支次级断层，遵循"主干分支"的原则。

由于走滑断层带通常杂乱，可能需解释更多的次级断层。针对这种情况，必须结合断层的构造模型确定次级断层的解释方案：一是次级断层与主干断层的组合是否合理；二是结合地震属性平面图分析断层是否在平面上有分布；三是在断层平面组合过程或完成后，进行剖面断层解释的校对。

5. 上下层位解释

一般而言，先解释深部层段较简单、清楚的走滑断层，进而优选目的层附近地震反射清晰的层位开展走滑断层解释。

走滑断层在不同深度构造样式与位置的较大差异，具体解释与组合过程中需要对比上下层位走滑断层平剖面特征，分析异同、上下兼顾、同时解释。分析上下层位走滑断层的合理性，修正地震剖面与平面组合的解释可能存在的问题。

6. 断层平面组合

在地震剖面解释的基础上，结合构造平面图与地震属性平面图，应用走滑断层模式开展断层的平面组合。

平面上利用多种属性及地貌特征对断层进行平面组合。针对"层断轴不断"的情况，在地震剖面上解释断层时，相连的反射层并不是同一地质层位、连续断层追踪及断层平面延伸组合，判定该处存在断层，则通过提取反射波另外的多种属性，诸如振幅变化率、频率、相位属性等，结合相干体确定断层的准确位置并实现在平面上组合。

尽管走滑断裂带断层组合复杂多样，导致地震解释断点组合困难，但走滑断层的运动学与形成的构造几何学特征应保持一致。在断点平面组合过程中，走滑断层运动方向、局部构造高低、断点组合方式三者互相对应，其中二者确定后就可以判断第三者特征。

7. 解释成果校正

在以上步骤的基础上，检查校正，并剔除走滑断裂的假象，完善地震剖面与平面的综合解释。

（三）断点平面组合方法

含油气盆地中地下断层解释与识别主要利用地震资料。断层在地震剖面上往往具有反射轴或波组的错断，可以通过断点平面组合确定断层的平面分布。

由于走滑断层不同方位的分支断层多、特征复杂，且地震资料品质与分辨率有限，断层组合困难，造成很多分歧与解释失误。目前复杂走滑断层平面组合尚缺少特别行之有效的方法。

因此，可以根据走滑断层的运动方向与局部构造的高低，进行断层断点的组合。通过地震剖面的解释，容易判别局部构造高低。根据断层的滑移方向的判别，可以分析走滑断层的运动方向。在此基础上，可以进行断层组合的判别（图 2-28、图 2-29）。

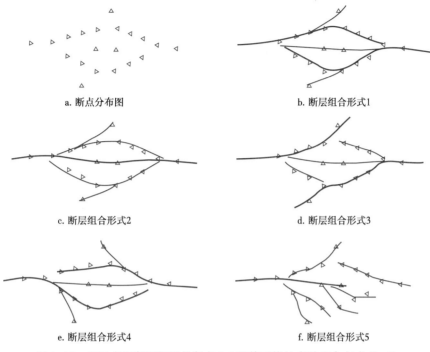

图 2-28　图示走滑断层解释的断点（a）及其可能的多种组合方式（b~f）

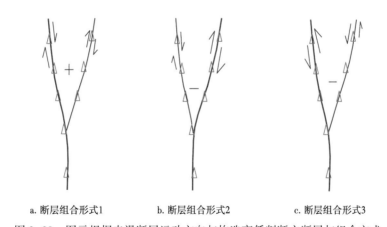

图 2-29　图示根据走滑断层运动方向与构造高低判断主断层与组合方式

断点平面组合方法综合走滑断层的几何学与运动学特征，充分利用地震信息，可以有效地指导走滑断层的平面组合与地震解释。

(四)断层分段判别方法

走滑断层沿走向具有复杂的结构，出现断层的组合、构造样式、运动方向、活动强度等的差异，从而形成断层的分段性。断层的分段性造成断层结构与断裂带岩石物理的差异性，并对断层的渗流性与油气运聚具有重要的影响。从成因上分析，走滑断层通常通过走滑断层分段的连接生长机制而形成（图2-30）。如走滑断裂带通常先以分段的雁列构造、斜列构造发育为特征，通过雁列断层与斜列断层的尾端扩张与连接实现断层的贯穿。由于走滑断层以水平位移为主，在盆地内部判识困难，目前没有合适的方法进行水平位移的分段性判别。由于地震资料在垂向上具有较高的分辨率，高分辨率地震剖面可以有效地判识数米以上的垂向断距，而且可以沿走滑断裂带走向进行连续测量。沿走滑断层走向上垂向断距发生明显突变的部位，往往是走滑断层几何样式、运动特征具有明显变化的部位，并造成断层走向上的分段。因此，结合走滑断层构造样式的变化，通过垂向断距的连续测量与对比，提出一种走滑断层分段性的判识方法。

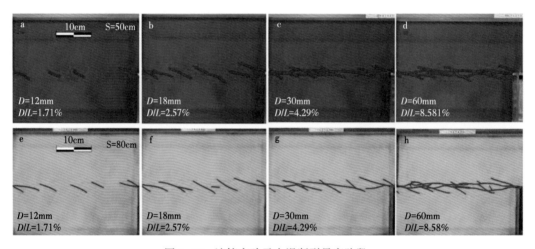

图2-30　沙箱实验示走滑断裂贯穿阶段

a、e为雁列断裂阶段；b、f为Y形断裂连接阶段；c、g为侧列叠覆阶段；d、h为辫状贯穿阶段

通过地震剖面主要目的层垂向断距的测量，建立沿断层走向垂向断距的测量剖面。由于断层两盘的断点在地震剖面上不易识别，以及褶皱牵引作用，可能造成垂向断距难以测量。因此，采用断层两盘地层的高差代表垂向断距，提供一种通过高差沿断层走向的变化进行走滑断层的分段划分方法。在目的层位地震解释的基础上，通过沿断裂带走向以等间距选取垂直断裂带的地震剖面，量取断裂造成的隆升或下降的顶点深度$H_{\max}$（也可以是地震剖面上的时间深度），测量围岩基准面的深度H_o（地层倾斜时通过层拉平进行做校正）。

因此，可以通过地震剖面测量获得构造高差ΔH：

$$\Delta H = H_{\max} - H_o \tag{2-2}$$

通过测量，可以获得沿断裂带走向的一系列构造高差数值。进而通过统计作图，展示构造高差沿断裂带走向的变化。通过构造高差横向的变化，可以进行高差分段。在高差分段的基础上，结合断裂几何学特征的差异，选取构造高差分段的低值点进行断层分段。结合断层在地震剖面与平面的响应与几何学特征，检查校对分段点，对比断层分段的几何学与运动学特征。通过高差沿断层走向的变化进行走滑断层的分段（图2-31），在走滑断裂的分段性研究中得到很好的应用，为井位的分段部署提供了基础。

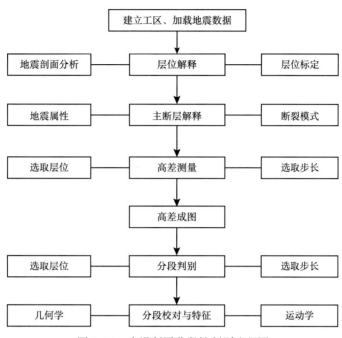

图 2-31 走滑断层分段性判别流程图

　　塔里木克拉通盆地内超深层中小型走滑断层规模小、构造组合复杂多样、识别困难，制约了勘探开发的深入发展。利用三维地震资料，基于地震—地质条件，研究提出了以平面雁列（斜列）构造等典型走滑构造、构造与岩相水平错动、沿走向的凹凸变化为主，结合剖面上的花状构造、倾向与位移变化、断至基底且上缓下陡等标志进行走滑断层判识的方法。通过走滑断裂地震响应特征分析，优选相干、曲率识别大型走滑断裂带；在此基础上，利用基于构造导向滤波的地震属性与最大似然性识别微小走滑断裂。通过走滑断裂识别方法与技术的应用，发现并落实了总长达 4000km 的 70 条 I 级走滑断裂带、II 级走滑断裂带，查明 $9×10^4km^2$ 的走滑断裂断控油气藏勘探领域，为走滑断裂带勘探开发目标评价奠定了基础。

第三章 走滑断裂几何学特征

第一节 走滑断裂带构造建模

走滑断裂横向分段、纵向分层等几何学特征是运动学、动力学构造的历史印记；走滑断裂构造带精准建模，是断控油气地质理论技术发展的重要内涵，是断控油气差异聚集和高效勘探开发的基础。

一、走滑断层构造建模

（一）走滑断裂带及伴生构造

研究表明，走滑断裂带具有明显的分段性，不同区段具有不同的构造样式与构造类型。主位移带（principal displacement zone，简称 PDZ）是与走滑构造带走向一致的、连续的走滑断层位移带。在深部走滑主位移带往往是一条走向稳定且线性延伸的走滑主干断层，向上发散在浅层可能形成复杂的网状破裂带。

走滑构造带内部或主要走滑位移带附近区域，由于走滑位移引发各种伴生构造。这些伴生构造局部应变轴方向与走滑构造带变形椭圆中的应变方向基本一致。走滑构造带应变椭圆中的构造要素都可以视为走滑伴生构造。

此外，还包括位于构造带中一些断块体差异升降形成的地垒—地堑构造、局部拉分盆地和挤压隆起构造等（图 3-1）。走滑伴生构造常常沿走滑构造带有规律地排列，如在右行走滑构造带中出现右阶的 R 型剪切破裂、右阶的张节理或正断层、左阶的短轴褶皱或逆断层等。

力学分析和模拟实验证实这些构造排列形式的合理性，与主干走滑断层的位移保持一致；渐进的走滑变形还会使走滑构造带中的伴生构造及断块体发生旋转变形，而旋转的方向也与主干走滑断层的位移一致。

（二）走滑断裂带连接与分段

1. 连接方式

根据沿走滑断裂带走向上不同区段的连接关系，可以进行区段划分。一般而言，具有分段性的走滑断裂带由孤立段—叠覆段（软连接段—硬连接段）—尾段组成。其中孤立段、软连接段、尾段比较容易判识，而叠覆段构造复杂，需要进行精细构造建模与解译。

2. 分段特征

塔里木盆地小型走滑断裂带（长度小于 5km）几乎均为直立单一断层，而大型走滑断裂带沿断层走向存在次级的断裂和叠覆区。

大型走滑断裂带的位移和宽度一般沿断层走向变化，不同断裂带的构造高差（垂直位

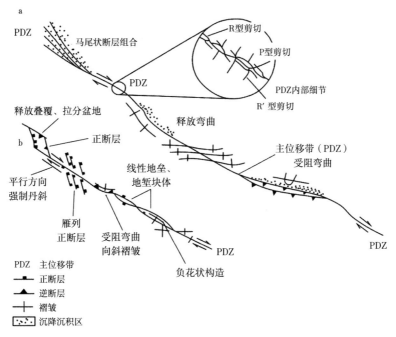

图 3-1　右行走滑断层主位移带（PDZ）构造组合（据 Allen，1990）

a 为与右行走滑断层有关的构造组合模式；b 为主位移带内造组合模式图

移）也会沿断层走向发生变化。虽然构造高差的变化相对较小，但主要取决于断层的几何形状，尤其是断层的横向分割和连接关系。因此，断层构造高差或宽度可以用来区分段与段之间的断层分段。

根据走滑断裂的平面分布特征，小型走滑断裂带一般由近平行的孤立段组成。断裂带在一定距离内几乎呈线性扩展，彼此孤立。孤立段断层近垂直，位移小（高差小于 30m）。从分段的中心向两段之间的分隔区位移减小，两段之间位移的减少或缺失表明没有发生连接和相互作用（图 3-2a）。尽管发生叠覆，软连接段未发生相互作用，两段各自独立发育。在地震剖面上，尽管很难识别分段之间的相互作用，软连接段通常是近平行展布。断层叠覆区没有明显的变形，其间也存在较小的位移（高差小于 30m）（图 3-2b），且从分段中心向叠覆区方向构造高差逐渐减小，说明分段生长，缺少相互作用。

硬连接部位显示出复杂的断裂网络，其叠覆区域更为复杂，多形成花状构造。两条分段断层之间发生断裂活动与构造变形，形成连接作用发育的叠覆区。与围岩相比，叠覆区有明显的构造变形，说明叠覆区具有较强的相互作用。叠覆区断层组合复杂，可能形成地堑、地垒，发育拉分构造或分叉交织的辫状构造。同时，断块沿走滑断裂带旋转可产生一系列短轴背斜，也可能发育向外扩张的次级断层。叠覆区断裂带宽度大，表现出更强的变形和复杂的断裂生长特征。叠覆区具有显著的位移，构造高差远大于软连接区域（图 3-2c）。相反，在孤立断层的主干部位，高差剖面表现出位移与软连接相近的较低数值。由此可见，叠覆区集中了强烈的局部变形。

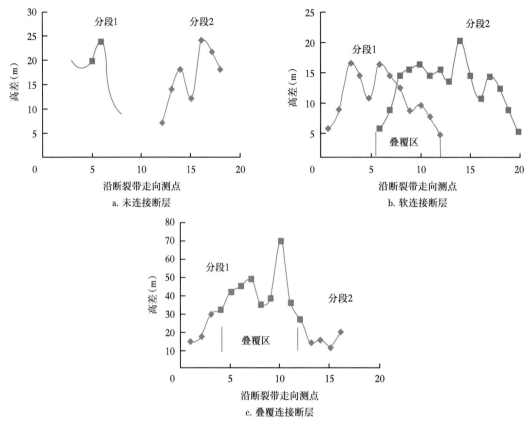

图 3-2　未连接断层、软连接断层与叠覆连接断层高差与相干特征（a′、b′、c′）

奥陶系碳酸盐岩地震相干显示（图 3-2），长度小于 3km 的小型走滑断裂带多呈孤立的、不连接的分段（图 3-3a），分段之间具有数百米的间隔。断裂发生叠覆且未发生相互作用时，呈现软连接（图 3-3b），其间两段位移均减小。而在断裂贯穿与相互作用的叠覆区，断裂相互连接或以次级断裂连接，并形成硬连接区（图 3-3c），产生次级断裂，发育强烈变形的地堑或地垒，位移量快速增长。根据相干数据体和地震剖面分析，呈现斜列或雁列构造的孤立、软连接状态的小型走滑断裂分段性明显；而硬连接叠覆区断裂连接作用复杂，分段特征不明显。

3. 构造建模

基于塔里木盆地走滑断裂的特征分析，提出了分段建模的四个步骤：（1）平面分段；（2）构造建模；（3）剖面解释；（4）平剖校对。平面分段的标志主要依据未连接、斜列错开与叠覆区组合变化（图 3-4）。其中难区分的是叠覆区的分段，一种方法是根据沿断裂带走向上高差的变化（图 3-4 至图 3-5），叠覆区高差突变往往揭示分段构造特征的变化；另一种方法是进行地震构造建模，根据构造类型的差异进行分段。

断层尾段的判识是进行走滑断层分段的重要内容。研究表明，走滑断层的尾段可能存在多种类型的断裂组合特征（图 3-5），这些特殊的断裂组合通常可以作为分段断裂尾段的判识标志。

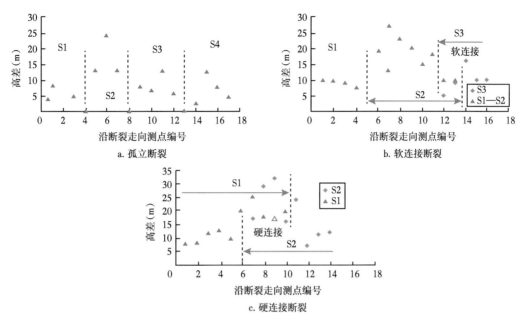

图 3-3 跃满 4 井区奥陶系一间房组顶面孤立断裂、软连接断裂、硬连接断裂示意图

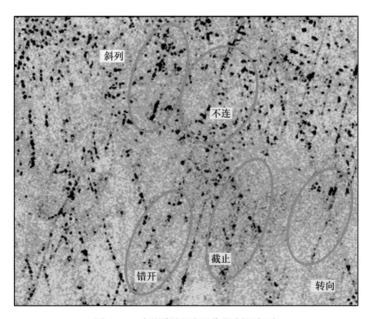

图 3-4 走滑断层平面分段判识标志

在构造建模中，主要根据走滑断裂的构造类型进行建模（图 3-6）。一般而言，走滑断裂带的起始段—叠覆段—尾段是通过不同类型构造组合而成。在起始段，往往发育未连接的线性段、斜列段、雁列段，以及分段之间连接的软连接段。在叠覆段则发育多种构造类型，其间以软连接、侧列或斜列硬连接为主。随着叠覆区的发育，可能形成大型的辫状构造发育段或拉分地堑发育段。尾段则以发育马尾状构造、线性构造与斜列或侧列断裂等组合。

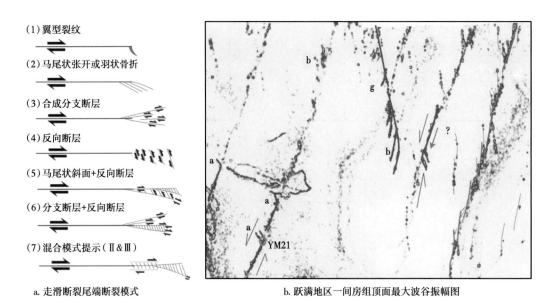

（1）翼型裂纹

（2）马尾状张开或羽状骨折

（3）合成分支断层

（4）反向断层

（5）马尾状斜面+反向断层

（6）分支断层+反向断层

（7）混合模式提示（Ⅱ＆Ⅲ）

a. 走滑断裂尾端断裂模式

b. 跃满地区一间房组顶面最大波谷振幅图

图 3-5　走滑断裂尾端断裂模式（据 Kim 等，2004）与跃满地区一间房组顶面最大波谷振幅图

a—翼尾状断裂；b—马尾状断裂；g—里德尔断裂

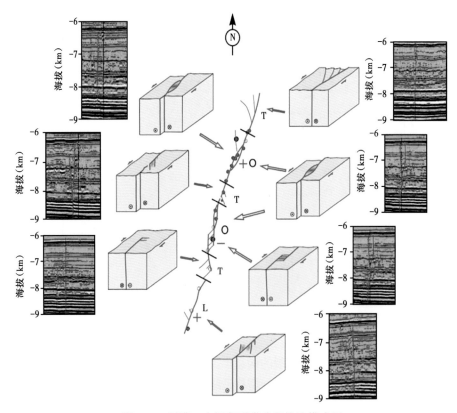

图 3-6　跃满 2 走滑断裂带分段构造模式图

⊗—向内运动；⊙—向外运动；T—尾段；O—叠覆段；L—线性段

在分段的基础上，进行不同段的构造建模，厘定构造类型，为复杂断裂地震解释提供构造模型。然后通过走滑断层构造解析方法技术的应用，开展走滑断层的地震建模与解释，并进行重点断裂段精细分析。值得注意的是，很多走滑断层并不是单一的线性断面，不同层位有较大的变化，而且不一定上下贯穿，也可能呈斜列、软/(硬)连接的多种组合（图3-7）。因此，地震剖面解释过程中，要注意断裂分层的差异，以及上下断裂的组合关系，其方法可借鉴平面断裂组合类型。

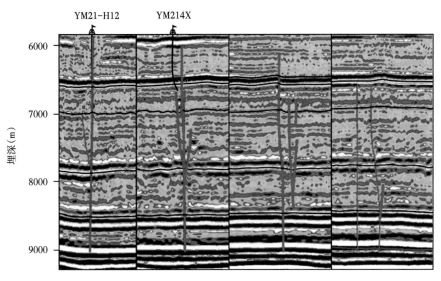

图 3-7　富满油田典型地震剖面显示走滑断裂上下差异

平剖校对是走滑断裂解释的重要环节。由于次级断裂复杂多样，空间组合难，实际工作中在地震剖面上将可能的断点解释出来，平面投影后进行组合分析。断点的组合非常复杂，不仅要运用断裂的组合类型，同时要保持几何学与运动学的一致性。图3-8所示的断层呈现右旋的运动方向，该断层组合呈右阶步展布（图3-8①），则会形成张扭的局部构造低。但该局部构造为压扭凸起，以此分析断点组合不合理。而在图3-8②中同样的断点的组合呈左阶步展布，则与右旋的运动方向组合形成局部压扭构造高，该断点组合则比较合理。对应地震剖面（图3-8③），则可以根据平面的组合，进行断层的分级，并判别断层的对应关系。其中断点的解释相同，但图3-8①的组合方式不合理，而图3-8②的组合方式符合形成地垒的运动学机理。因此，走滑断裂带中断点的组合方式可以根据断层的运动方向、局部构造的高低进行判别。其他断裂组合样式也符合走滑断层的运动方向、局部构造的高低、断点的组合方式三者的对应关系。

此外，由于地震剖面断裂解释的多解性，一般可以尽量把可能的断裂解释出来，然后结合平面属性与平面组合关系，进行断点检查、断点组合与校对成图，剔除不正确或不合理的解释。通过构造建模与解释，建立主要断裂带的地震解释方案，并进行多轮次的校正与解释，最终确定构造精细解释方案并进行闭合解释与构造成图。

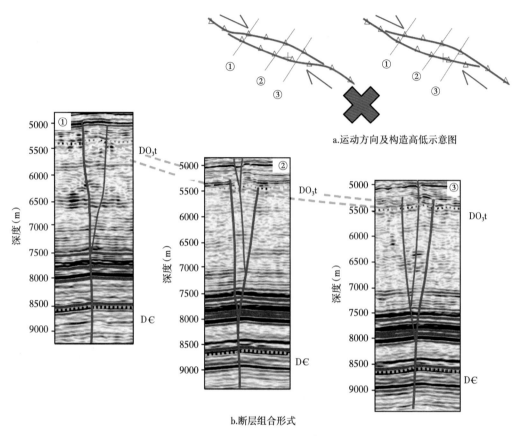

a.运动方向及构造高低示意图

b.断层组合形式

图 3-8　地震剖面解释及其平面图示运动方向、构造高低与
断层组合方式（D 指示地震层位）

二、典型走滑构造特征

（一）走滑断层剖面样式

1. 典型构造样式

地震剖面上，塔里木盆地走滑断裂通常呈现直立型、正花状、负花状、半花状等多种样式，并有多层花状构造组成的"花上花"（图 3-9），具有从直立型构造向花状构造的发展趋势。

2. 正花状构造

沿走滑断裂带收敛处常形成正花状构造（图 3-10），主干断裂在奥陶系碳酸盐岩上部形成二个分支断裂向上散开背冲，在碳酸盐岩顶部形成断垒，类似冲断系统的突发构造，但断面高陡，向下收敛、合并，平面上断裂带与区域挤压应力场斜交。正花状构造还可以向正断层转化、过渡到断堑，具有明显的"挤压、逆断、背形"的正花状构造特征。

3. 负花状构造

塔中地区志留系—泥盆系负花状构造发育。断裂主断面陡立，向下断穿寒武系至基

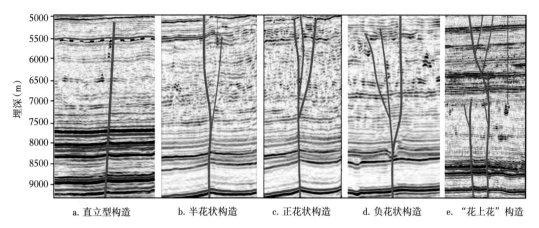

a. 直立型构造   b. 半花状构造   c. 正花状构造   d. 负花状构造   e. "花上花"构造

图 3-9　典型地震剖面显示走滑断层剖面样式

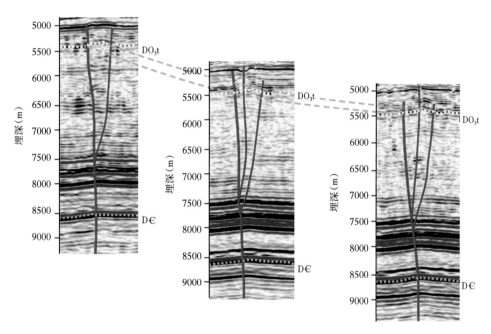

图 3-10　哈拉哈塘地区典型正花状构造的地震剖面（D 指示地震层位）

底，向上多断至志留系—泥盆系，少量断至二叠系（图 3-11）。主干断裂在奥陶系—志留系形成两条或多条分支断裂，向上散开，形成反向下掉的断垒。断面上缓下陡，向下收敛、合并，具有明显的"拉张、正断、向形"的负花状构造特征，不同层位的断距变化较大。

　　4. 其他构造样式

　　小型走滑断层通常表现为直立型走滑断层，以单一平直高陡断面出现。断层高陡、平直，倾角大于 80°，断层倾向可能出现变化，不同层位的断距变化较大。由于断面陡直，倾角稍有变化就可能造成断面倾向反转，从而导致沿走向发生断层倾向频繁变化。这类断

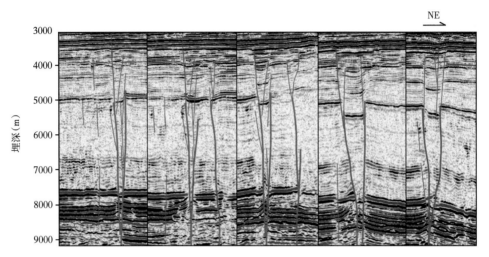

图 3-11　过 F_{II30} 断裂带地震剖面负花状构造

裂单个规模较小，平面延伸也短，但可能密集发育。断裂带狭长，断距较小，规模较小，狭窄直立断裂带是其基本特征。直立型断裂在空间上可能平行分布，形成相互近于平行的高陡断裂系。

有的区段主干断裂一直向上延伸，仅在一侧发育分支断裂，形成半花状构造。主干断裂通常高陡，向上断开层位多；派生断裂倾角上陡下缓，变化大，错动的断距较小，横向变化大。半花状构造在走滑断裂带普遍发育，通常以主干断裂发育为特征。

受控盆地多期构造运动，造成走滑断裂的多期活动。在继承性发育的过程中，可能在多套地层形成花状构造，产生"花上花"的结构特征。塔中地区在中—下寒武统、上寒武统—奥陶系碳酸盐岩、上奥陶统桑塔木组—泥盆系、石炭系—二叠系都有走滑断裂分布，形成四层花状构造。塔北地区在寒武系—奥陶系、志留系—泥盆系、石炭系—二叠系、中生界—古近系也有多层走滑断裂分布，具有四层花状断裂结构。不同时期的花状构造性质、样式与分布可能不同，下部寒武系—奥陶系碳酸盐岩中以正花状构造为主，上部为负花状构造。上部花状断裂多在分支断裂上斜向生长发育，而且上下构造活动强度有差异，上部的构造高差更大。

(二)走滑断裂构造类型

1. 组合类型

平面上，走滑断裂带可能形成线性断裂、雁列(斜列)断裂、侧列断裂、马尾状断裂、翼尾状断裂、拉分断裂等走滑断裂组合，并形成多种构造类型(图 3-12)。

2. 组合特征

线性构造地震剖面上表现为单一高角度断层，倾角接近 90°，断面平直，平面直线延伸，垂向与水平断距较小。线性构造通常为小型断裂或是断裂活动较弱的区段，断裂两侧的地层起伏较小。有的区段可能出现断面倾向改变或是上下层位的倾向转变，地震剖面上出现断面扭曲，相邻剖面上断面倾向突变，在空间上形成丝带效应。线性构造在空间上可能平行分布或侧列分布，形成相互近于平行的高陡断裂系。

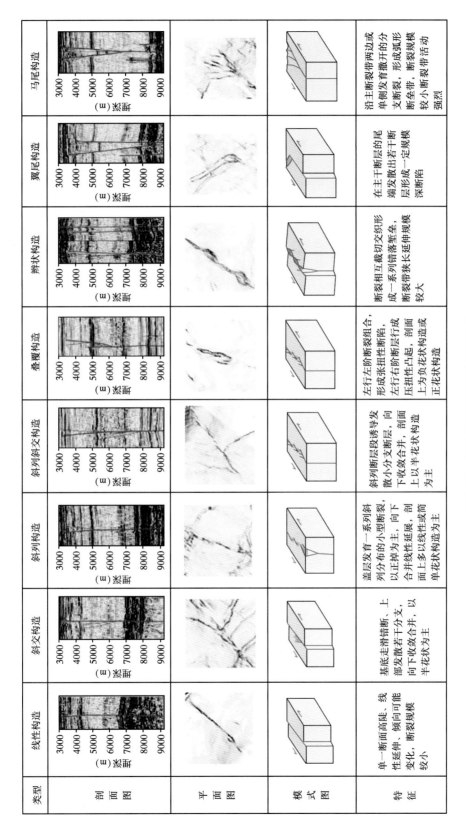

图3-12 塔中地区走滑构造类型图示

类型	线性构造	斜交构造	斜列构造	斜列斜交构造	叠覆构造	辫状构造	翼尾构造	马尾构造
剖面图	3000 4000 5000 6000 7000 8000 9000 深度(m)	3000 4000 5000 6000 7000 8000 9000 深度(m)	3000 4000 5000 6000 7000 8000 9000 深度(m)	3000 4000 5000 6000 7000 8000 9000 深度(m)	3000 4000 5000 6000 7000 8000 9000 深度(m)	3000 4000 5000 6000 7000 8000 9000 深度(m)	3000 4000 5000 6000 7000 8000 9000 深度(m)	3000 4000 5000 6000 7000 8000 9000 深度(m)
平面图								
模式图								
特征	单一断面高陡、线性延伸、倾向可能变化,断裂规模较小	基底走滑错断,上部发散若干分支,向下收敛性延伸、合并,剖面以半花状构造为主	盖层发育一系列斜列分布的小型断裂,以正断层为主,向下合并延伸或合并收敛,剖面上多以线性或单花状构造为主	斜列断层段诱导发散小分支断层,向下收敛合并,剖面上以半花状构造为主	左行左阶断裂组合,形成张扭性断陷,左行右阶断层行成压扭性凸起,剖面上为负花状构造或正花状构造	断裂相互截切交织形成一系列错落堑垒,断裂带狭长延伸规模较大	在主干断层的尾端发散出若干断层形成一定规模深断陷	沿主断裂带两边单侧发育撒开的分支断裂,形成弧形断堑带,断裂带小断裂较小规模断裂带活动强烈

在走滑断裂发育的初期，往往发育雁列断裂，是走滑断裂有效的鉴别标志。塔中地区志留系—泥盆系雁列构断裂常发育（图3-13），走滑断裂带向上发散，在顶部出现一系列雁列构造，平直断裂带消失，呈左行左阶步分布，剖面上呈正断下掉的小型地堑。

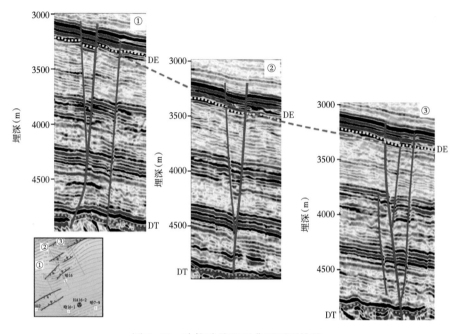

图3-13　哈拉哈塘地区典型雁列构造

DE—古近系底；DT—三叠系底

受局部张扭应力作用，形成左旋左阶步或右旋右阶步的断裂组合时，可能形成拉分地堑。由于走滑断裂断面陡直，强烈的走滑断裂活动应力集中在断线附近很窄的范围内，产生窄而深的地堑、半地堑。拉分地堑通常位于两个走滑断层羽列重叠部位的拉张区，其拉伸轴基本平行于主断层，多呈菱形断陷（图3-14）。断陷边界可能有次级分支断层，其中

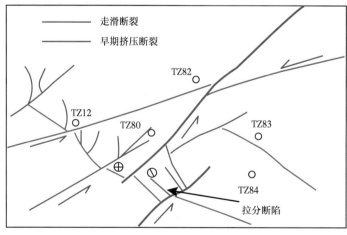

图3-14　塔中12井区拉分地堑

常有张性断层及张剪性断层，边缘可见雁列褶皱。

随着走滑断裂带次级断裂的发育及其连接生长，走滑断裂的连接、叠覆组合多样，沿走滑断裂带可能形成压扭地垒与张扭地堑的间互发育，可能形成辫状构造（图3-15），是大型走滑断裂的特有标志。辫状构造具有较宽阔的变形带，受控于向外斜向扩张的断裂分布与断裂的叠覆。辫状构造也多呈线型延伸，平面上与剖面上断裂变形带都很强。辫状构造中的应力与变形复杂多变，形成的断裂横向变化大，同时构造高差大，横向变化大，在地震剖面与地震属性平面图上都呈现复杂的断裂组合。因此，地震解释难度大，需要建立精细的构造模型。根据断块的升降变化与断裂的运动方向，可以区分辫状构造的组合方式。

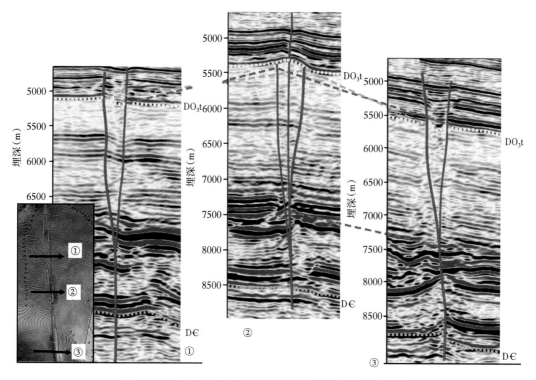

图3-15　哈拉哈塘地区典型辫状构造（D指示地震层位）

在走滑断裂的发散尾端，容易形成马尾状构造，表现为一系列斜列的呈发散状排列的断裂。马尾状构造主断裂活动减弱，断裂变形带散开变宽。塔中北斜坡北部奥陶系碳酸盐岩顶面马尾状构造大多自南向北发育，而塔北走滑断裂带的马尾状构造大多自北向南发育（图3-16）。平面上马尾状断裂多沿一侧发育，通常形成向一个方向散开的不对称分布，个别部位可见主干断裂带两侧发育的伞形展布断裂。剖面上向下收敛依附主断裂，大多无根。值得注意的是，局部区段出现翼尾状断裂（图3-5、图3-6），这是一种特殊的构造类型。在塔中10号构造带向南逆冲缩短的过程中，西侧主动盘向南收缩量大，带动北部的岩层被动向南运动，并逐步形成拉张的翼尾状断裂（图3-17）。随着向南位移量的增大，北部的拉张逐渐加强，并形成翼尾状拉张地堑。翼尾状地堑与主断裂带呈高角度相交，不同于小角度相交的 R 型剪切断裂。

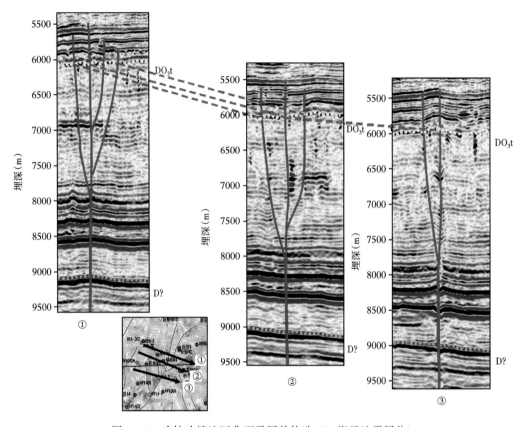

图 3-16　哈拉哈塘地区典型马尾状构造（D 指示地震层位）

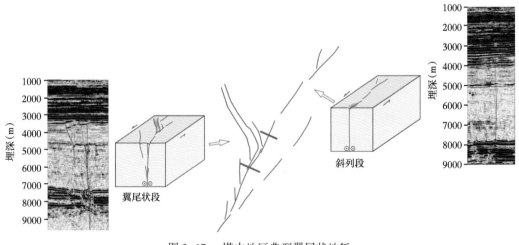

图 3-17　塔中地区典型翼尾状地堑

三、走滑断裂空间分布

通过区域构造解释与成图，识别出了 70 条大型走滑断裂带，总长度达 4000km，主要分布在塔中北斜坡—阿满—塔北南斜坡，形成相互连接、分布面积达 $9×10^4km^2$ 的环阿满走滑断裂系统（图 3-18）。

值得注意的是，阿满过渡带主要通过二维地震解释的断裂精度较低，东西方向与南部二维地震勘探覆盖区、北部强改造区断裂难以识别，可能还有断裂尚未解释，因此断裂分布范围可能更大。

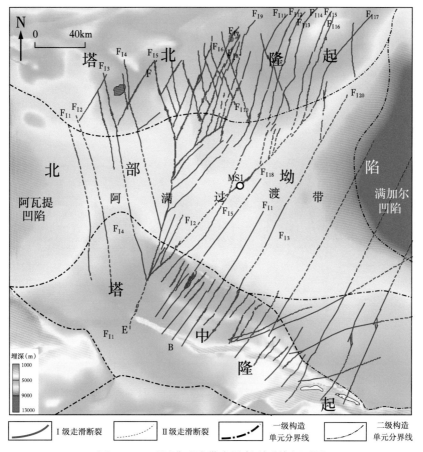

图 3-18 环阿满过渡带走滑断裂系统纲要图

主干走滑断裂带长度为 30~80km，贯穿塔北—塔中地区的走滑断裂带长逾 100km（高达 300km）。这些走滑断层位移量小，水平位移多小于 1km，塔北垂向位移多小于 200m，塔中断裂多小于 300m（图 3-19）。

环阿满走滑断裂以压扭为主分布在下古生界碳酸盐岩，志留系—泥盆系有张扭继承性活动，塔中局部上延至石炭系—二叠系，塔北地区则可能发育至中生界—古近系。

大型走滑断裂沿走向具有分段性，发育线性构造、雁列构造、花状构造、马尾状构造、羽状构造、X 型剪切构造、拉分构造和辫状构造等多种走滑构造，形成多种多样的断裂样式组合(图3-12)。

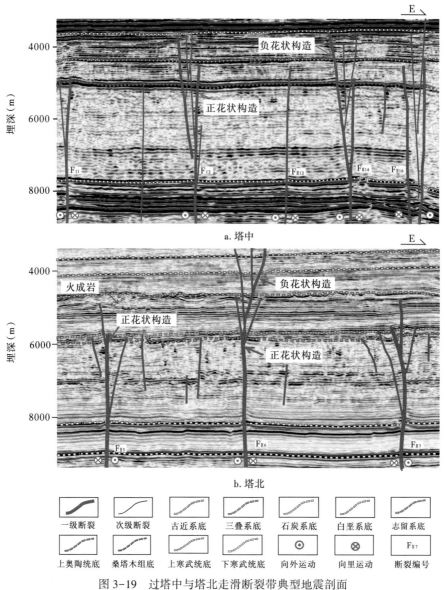

图3-19 过塔中与塔北走滑断裂带典型地震剖面

第二节 走滑断裂带构造特征

通过环阿满走滑断裂系统的构造特征分析,建立"五分"(分区、分级、分层、分类、分段)的研究体系,为走滑断裂构造解析及其控储控藏研究提供了方法。

一、走滑断裂分区分带

(一)阿满地区分区分带特征

环阿满走滑断裂系统不同地区走滑断层特征存在较大差异,具有南北分区、东西分带的特征。

1. 南北分区特征

走滑断裂特征分布特征分析表明，以塔中Ⅰ号构造带与塔北南缘一间房组台缘为界，南北方向上划分为塔北、阿满与塔中三个区（图3-18）。

塔中地区发育一系列北东向走滑断裂，大多终止于塔中Ⅰ号构造带，并发育马尾状构造。有部分北东向走滑断裂向阿满过渡带延伸，但数量显著减少。

阿满过渡带发现断裂较少，也以北东向走滑断裂带为主，断裂向北散开，多条断裂向南收敛与F_{I5}断裂相交，或南北方向上与塔中断裂、塔北断裂连接。

塔北南斜坡则出现北东向与北西向两组走滑断裂带，并向南散开，与向北发育的阿满过渡带交错，但与向北发育的阿满过渡带的走滑断裂带有较大的差异。

2. 东西分带特征

东西方向上，以F_{I5}走滑断裂带将环阿满走滑断裂系统划分为东西两个带。西带以北西向走滑断裂带为主，具有近平行分布的特征，向F_{I5}走滑断裂带收敛。由于西部缺少三维地震勘探，走滑断裂带的搜索与分布还有待进一步工作。

东带北东向走滑断裂发育，数量多，规模较大，也具有向F_{I5}走滑断裂带收敛的特征，但断裂带的分布较复杂，向东的延伸尚不清楚。

（二）塔中地区分区分带特征

塔中地区以北东向走滑断裂带为主，以F_{I21}断裂带、F_{II21}断裂带为界，在东西方向上进一步分为西区、中区与东区（图3-20）。西区以F_{I5}走滑断裂带为中心，向北发散、向南收敛。西区断裂带整体以向北发育为特征，并以马尾状构造截止。但F_{I5}走滑断裂带、

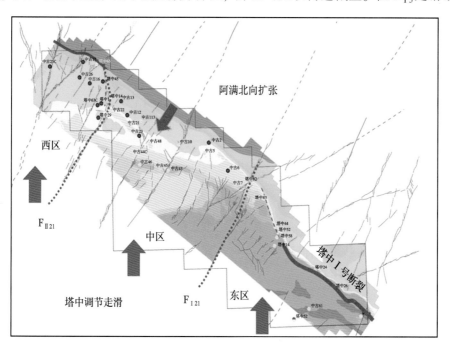

图3-20 塔中奥陶系碳酸盐岩走滑断裂分区图

F_{I17}走滑断裂带向北扩张，与阿满地区北东向扩张断裂带连为一体。西区塔中Ⅰ号断裂带发育，两盘地层高差逾1000m，呈现断裂坡折带的特征，而中区塔中Ⅰ号断裂不发育。而且西区强烈向北冲断形成宽缓的平台区，邻近的中区走滑断裂带没有扩张至塔中Ⅰ号坡折带，形成构造偏低的向北西倾伏的斜坡区。综合分析，西区是调节向北扩张的断隆变形的走滑断裂带。

塔中中区除F_{I20}断裂带、F_{I21}断裂带外，其他断裂带消失在古隆起内部。本区最典型的构造是翼尾地堑发育，形成窄深地堑。中区北部走滑断裂向南扩张为主，形成调节10号逆冲断裂带的走滑断裂。中区南部走滑断裂的贯穿程度高，翼尾状地堑向北斜列、软连接构造较多。尽管断裂带以平行分布为主，部分断裂带出现北北西向次级走滑断裂。在与东区分界的部位，出现X形交叉的走滑断裂带，可能是两边构造应力场出现变化的结果。而且向南呈现斜列断裂带，并在塔中50井区形成拉分地堑。该断裂带处于西部北西向隆起与东部近东西向隆起的转换部位，调节东西方向的构造变形，断裂构造比较复杂。综合分析，中区发育向南扩张的调节逆冲构造带变形的调节走滑断层，断裂成因与演化更复杂。

东区逆冲断裂发育，走滑断层识别较少，还有待进一步的精细解释。但由于逆冲断裂带发育，尤其是塔中Ⅰ号断裂带发育，走滑断裂的形成可能受到抑制，发育程度与规模可能低于中西部地区。东区最典型的走滑断裂分布在塔中4井区，以近平行的调节局部构造变形的小型走滑断层为主，剖面上呈线性直立断层。塔中4井区南部则发育北西向拉分地堑，具有复杂的构造特征。该区断裂间距较小，在5~8km，向北消失在塔中16号构造带。东部塔中Ⅰ号断裂带规模大，上下盘地层高差逾2000m，控制了东部潜山区的构造形态，形成典型的断背斜隆起。局部地区隐约可见走滑断层的行迹，向北与古城地区走滑断裂带相连，但断裂规模小、连续性差。综合分析，东区发育局部调节作用的走滑断裂。

(三)塔北地区分区分带特征

塔北地区走滑断裂分布较为复杂(图3-21)。东西方向上，以F_{I5}走滑断裂带、F_{I11}走滑断裂带为界，东西方向分为三个带。中部哈拉哈塘地区以北北东向、北北西向的走滑断裂带为主，共轭X形走滑断裂带形成比较对称的菱形特征。塔北地区走滑断裂带长30~80km，向南进入阿满过渡带，与南部北东向走滑断裂带连接。哈拉哈塘东部地区北西向走滑断裂减少，向西部北东向走滑断裂减少。塔北地区西部以北西向走滑断裂为主，并有少量的北东向走滑断裂带。北西向走滑断裂带向南延伸，并向F_{I5}走滑断裂带聚敛归并。塔北地区走滑断裂受后期逆冲断裂的叠加改造，走滑断裂复杂化，并出现多方向的次级断裂，而且向北、向西的断裂延伸状况有待研究。东部轮南地区以北东向断裂为主，走滑断裂带沿走向上出现转向，呈现不平直的弯曲延伸。北部地区从北北东向转向北东向，并出现北东东向、南北向的走滑断裂。同时，轮南地区还发育近东西向的逆冲断裂带，多组方向的断裂交织成网状，异常复杂。此外，走滑断裂带向南延伸至阿满过渡带，呈向西突出的斜列状展布。东部走滑断裂发育，数量大、规模较大、横向变化大。由于缺少三维地震资料，再向东是否发育大型走滑断裂带还有待研究。在轮南中部平台区，由于潜山风化壳地貌复杂，走滑断裂地震响应不清楚，进一步精细地震刻画可能发现南部北延的一系列走滑断裂带。值得注意的是，除主干断裂外，次级微小走滑断裂发育，也多呈北东向与北西向展布。

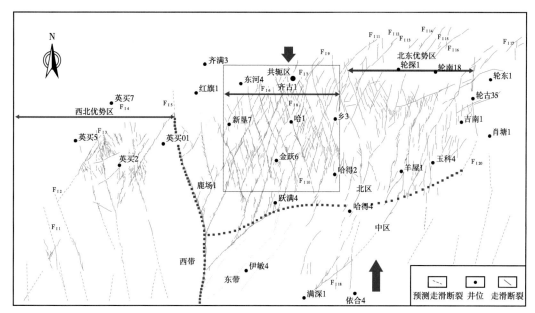

图 3-21 塔北地区奥陶系碳酸盐岩走滑断裂分区图

二、走滑断层类型划分

控制走滑断层发育的因素很多，可以从不同的角度进行分类。

(一)成因机理类型

走滑断层复杂多样，从板块背景与断层类型角度一般采用 Sylvester（1988）的划分方案（表 3-1）。首先根据走滑断层是位于板块之间或板块内部划分为板（块）间与板（块）内两大类，板间走滑断层往往向下深入岩石圈内部，板内走滑断层则多位于地壳浅部，也称为薄皮构造。板间以转换断层为主，进一步划分为洋脊转换断层、板块边界转换断层、海沟连接的走滑断层，区分板块、切割岩石圈并调节板间运动；板内通常称为横推断层，主要分布在地壳内，进一步划分为楔入相关的走滑断层、撕裂断层、变换断层与陆内走滑断层。

表 3-1 Sylvester（1988）走滑断层分类方案

板块间（interplate）	板块内（intraplate）
深入（deep-seated）	模糊的、浅层的（thin-skinned）
转换断层	横推断层
1. 洋脊转换断层 2. 板块边界转换断层 3. 海沟连接的走滑断层	1. 楔入相关的走滑断层 2. 撕裂断层 3. 变换断层 4. 陆内走滑断层

塔中地区中—晚加里东运动期北西向逆冲断裂形成过程中，北东向走滑断层是变换断层是较特殊的一种类型，其成因与特征类似板块间的转换断层。构造变换带的概念首先应用在逆冲推覆构造的应变守恒研究中（Dahlstrom，1969），是指在统一构造体系域中，为保持构造形变守恒，沿构造走向出现的横向的，并导致主体构造走向与几何形态发生变化的调整变形的北东向走滑断层，表现为变换断层或撕裂断层（图3-22）。因此，塔中走滑断层呈北东向与北西向逆断层高角度斜交，并切割逆断层。

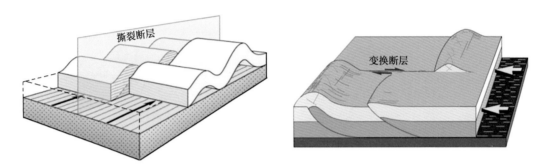

图3-22 挤压构造背景下撕裂断层与变换断层模式图

在压扭性应力环境中，受构造应力场、主干伸展断层的位态、位移方式、位移量等多种因素的影响，变换断层一般具有一定的平移运动，但它与一般走滑断层又有明显的区别（漆家福等，1995）。构造变换带两盘块体运动方向相同，只是由于两盘的位移量的不同或滑脱面的变化造成相对的走滑分量，在同一变换断层的不同地段可以有完全相反的走滑运动方向，同时兼有正向倾滑的运动特征，一般走滑断层两盘断块体间的相对走滑方向是确定的，走滑量亦是有变化规律的，而变换断层两盘块体间的走滑量可发生显著突变。转换断层的水平错距基本保持不变，剪切滑动位于标志层间。而一般走滑断层的水平错距随断层的活动不断加大，剪切滑动贯穿整个走滑带。

塔中10号带至北部翼尾状断裂揭示逆冲断裂带向南发育过程中，形成北东向的撕裂断层，以调节斜向逆冲变形。塔中4井区东部逆冲断裂带向北发育，其间走滑断层也呈现撕裂断层。而西区走滑断层整体向北发育，调节古隆起的构造变形，呈现板内走滑断层特征。在F_{II21}走滑断裂带以西塔中Ⅰ号断裂带向北逆冲，而以东塔中10号断裂带向南逆冲（图3-23），其间F_{II21}走滑断裂带为调节两边构造变形的变换断层。

在塔中西区塔中Ⅰ号断裂发育大型基底卷入式逆冲断层（图3-23），寒武系盐顶两盘高差达500m，奥陶系碳酸盐岩顶面两盘高差突增至1000m以上，断裂带两盘的坡度也突然增大（图3-24）。而东边Ⅰ号断层突然消失，缺乏逆冲断裂活动，基底宽缓平直。西部虽有挠曲与盐下断裂，但断裂活动没有上延至奥陶系碳酸盐岩，而是消失在寒武系盐膏层。构造样式与断裂要素的突变表明，西区塔中Ⅰ号断裂构造活动显著加强，断层倾角变陡，碳酸盐岩顶面南北高差从100m增加到500m以上。

F_{II21}走滑断裂带呈北北东向，呈现右旋扭动的特点（图3-25）。在变换带的南部由于斜向挤压，出现张扭变换带、小型的地堑，该处塌陷带深达数百米，宽度不到2km，并成为后期二叠纪火成岩活动的通道。向北在奥陶系碳酸盐岩中断裂消失，但出现明显的挠曲

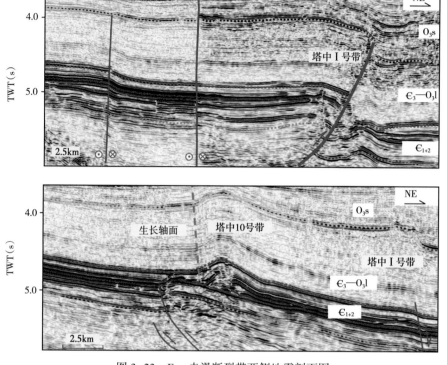

图 3-23 F_{II21}走滑断裂带两侧地震剖面图

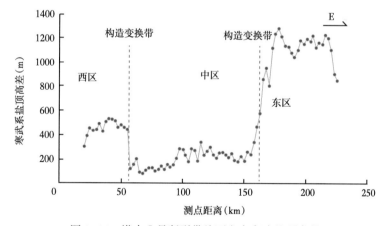

图 3-24 塔中Ⅰ号断裂带从西向东寒武盐顶高差

梯度带，基底还有断裂的痕迹，其变形作用与生长地层主要为桑塔木组下部地层，表明是构造活动的主体时间。塔中Ⅰ号断层向上没有断穿桑塔木组，生长地层也集中在桑塔木组下部，表明断裂活动的时间一致。南部虽然见断裂活动至志留系，但两盘地层变形明显减弱，生长地层仍在下部。变换断层的存在不仅可调节中古 15 井区的构造变形，使该区出现相对的抬升，而且其复杂的扭曲变形造成裂缝系统与埋藏溶蚀作用发育。西部构造变换带呈北北东向，具有左旋压扭的特征，断裂带紧闭，断裂高陡平直，具有正花状构造。其变形也主要集中在良里塔格组至桑塔木组下部，后期的继承性活动使断裂延伸至泥盆系。东部中古 8 井区发育向南逆冲的主断裂，虽然后期活动有影响，也清晰可见桑塔木组沉积时期有较强的活动，北部塔中Ⅰ号断裂带没有活动，可见该区块整体向南冲断。而西区南部断裂活动微弱，与中古 8 井区断背斜带通过转换断层呈突变关系，在西区明显呈向北逆冲（图 3-23）。

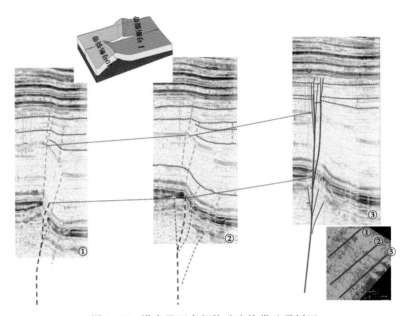

图 3-25　塔中Ⅲ区东部构造变换带地震剖面

（二）力学性质分类

大型走滑断层同时具有倾向上的位移，可能形成转换挤压（transpression）或转换拉张（transtension）区段，成为张扭或压扭的应力差异。因此，根据变形特征可以划分为张扭走滑断层与压扭走滑断层。值得注意的是，很多后期的张扭断裂从志留系—桑塔木组向下切割叠加在良里塔格组—鹰山组压扭构造之上，形成两类断裂的叠加。

有些垂向位移不明显的走滑断层，也称为平移断层。这类走滑断层极少见，主要位于初始发育期的成熟度低的微小断裂带，大型走滑断裂带或多或少具有垂向位移分量，仅在局部区段可能出现平移特征。塔里木盆地环阿满走滑断裂系统奥陶系碳酸盐岩以压扭断层为主（图 3-19、图 3-26），呈现以正花状构造发育的背斜形态。平面上发育压扭走滑断层，形成局部地垒。其中可能发育位移极小的线性构造，在地震剖面上垂向位移与变形微弱，可称为平移段。由于断裂的组合与后期断裂的切割，局部也发育张扭断裂，呈现微地垒形成的负向地貌。而奥陶系碳酸盐岩以上的地层中几乎都是张扭断裂，这是环阿满走滑断裂系统的共同特征。

此外，根据走滑断层两盘的相对运动方向可以划分为左行走滑断层与右行走滑断层。一般而言，奥陶系碳酸盐岩中北东向走滑断层为左行走滑断层，北西向走滑断层为右行走滑断层（图 3-20）。

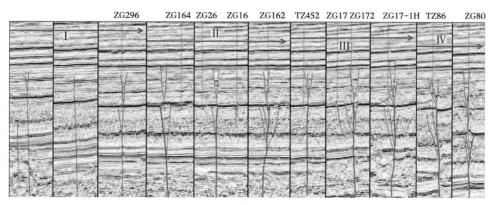

图 3-26 F$_{I17}$走滑断裂带典型地震剖面

三、走滑断层级别划分

根据断裂规模与分布，研究区的断裂系统的可划分四级（图 3-18、图 3-27）。

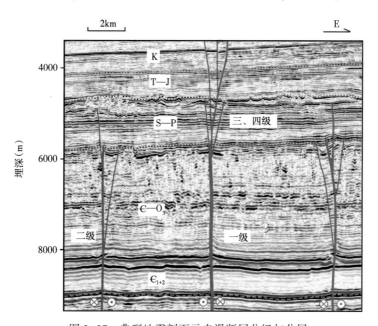

图 3-27 典型地震剖面示走滑断层分级与分层

一级走滑断裂带具有特征：（1）一级断裂为一级构造单元的边界，或控制一级构造单元的形成与演化，或跨一级构造单元；（2）造成构造分区，并控制断裂的构造格局与分布；（3）长度逾 50km。一级走滑断裂带跨构造单元，其规模大，控制了走滑断裂带的形成与演化，同时控制了次级断裂的发育与分布。在现有地震资料基础上，环阿满走滑断裂系统识别与划分了一级走滑断裂带 24 条，是油气富集与勘探的重点走滑断裂带。其中 F$_1$5 断裂带长达 290km，奥陶系碳酸盐岩水平位移高达 1300m，高差最大达 220m，是走滑断裂带东西分带的边界断层，控制了东西两边断裂带的分布。其他一级走滑断裂带一般跨一级构造单元，主要控制构造的分区差异。

二级走滑断裂带特征：（1）控制一级构造单元内构造分区、分带；（2）造成地质结构的差异；（3）长度逾30km。二级走滑断裂带控制构造带的分布特征，以及大型区带的形成与演化，造成一级构造单元的平面分区、分带、地质结构的差异，控制了不同区带构造演化。在环阿满走滑断裂系统，识别出46条二级走滑断裂带，这些断裂带油气较富集，也是重点勘探的走滑断裂带。二级走滑断裂带主要与一级走滑断裂带平行分布，分布在塔北、阿满与塔中等构造单元内部，对断裂带两侧的地质结构具有一定的控制作用，造成东西方向的断块结构的差异。

三级断裂位于二级构造单元内部，或是主断裂的调节断层，对三级区带与构造圈闭具有重要控制作用。三级断裂有两种类型，一是主断裂伴生或派生的正向与反向调节断层；二是位于主断裂带之间的次级断裂。三级断裂也可能通过地震剖面识别，并对奥陶系碳酸盐岩储层的分布有控制作用。

四级断裂位于二级断裂、三级断裂之间或内部，调节不同区段的构造变形，其规模较小，但对局部构造形态、储层发育具有重要影响。

四、走滑断层纵向分层

走滑断层纵向上分层特征明显，形成多层断裂的叠加（图3-27至图3-29）。塔中地区存在中—下寒武统、上寒武统—良里塔格组、桑塔木组—中泥盆统、石炭系—二叠系等断裂构造层，阿满—塔北还存在中生界—古近系构造层的不同断裂系统。

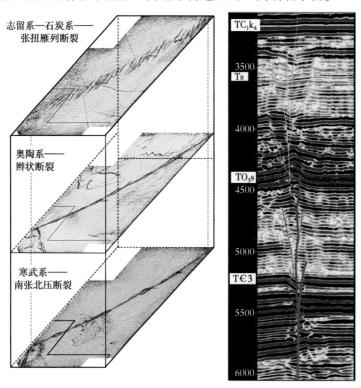

图3-28　塔里木盆地共轭走滑断层分层（T代表地震反射层位）

走滑断层主要分布在下古生界碳酸盐岩中，构造类型多样。塔中地区寒武系—奥陶系走滑断裂特征相似，压扭断裂为主，奠定了走滑断裂的基本构造格局。志留系—泥盆系以继承性张扭雁列断裂为主，局部石炭系—二叠系具有继承性发育，个别火成岩地区向上进入三叠系。塔北地区主要发育北西向与北东向走滑断层系统，断裂规模大、构造活动强烈。志留系—二叠系主要为雁列断裂（图3-30），多为继承性发育，向下与早期走滑断层合并；但上部的走滑断裂发生性质转换，从压扭转向张扭，局部改造早期的断垒带。塔北地区中生界—古近系有走滑断层分布，沿早期北东向大型走滑断裂带发育一系列雁列构造（图3-31），形成系列微型地垒，向下收敛合并与主断裂带重合。

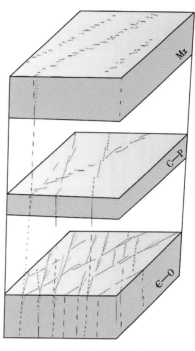

值得注意的是，在中—下寒武统盐下部盐间可能形成不同于上部的构造，并出现次级断裂，形成不同的构造层。同时，也出现分支断层中止在下奥陶统底部。由于数量较少，大多与奥陶系碳酸盐岩顶面

图3-29 哈拉哈塘地区走滑断层分层

构造样式一致，寒武系内部没有不整合分隔，推断与奥陶系碳酸盐岩上部的断裂形成时期相同。走滑断裂不一定断至断裂形成期的地表，这在露头与实验中得到验证（图3-32）。

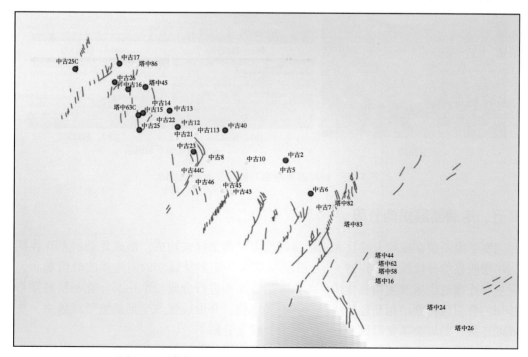

图 3-30 塔中三维地震勘探区泥盆系顶面走滑断裂纲要图

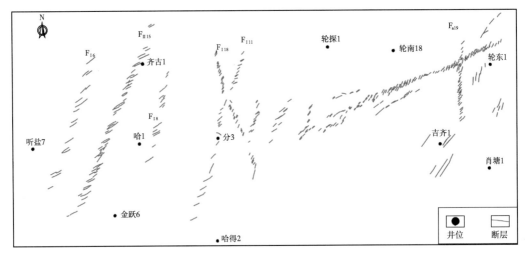

图 3-31 塔北中生界走滑断裂纲要图

a. 露头断裂   b. 砂箱实验断裂图示

图 3-32 柯坪露头断裂与砂箱实验断裂图示

五、走滑断层横向分段

大型走滑断层在横向上变化大，由多区段多种类型样式构成，形成复杂的差异性构造带，出现明显的分段性（图 3-29）。走滑断层发育早期多呈孤立的不连接的分段展布，分段发生软连接时也未发生相互作用，可以以构造高差进行分段（图 3-2）。在断层贯穿与相互作用的叠覆区，断层相互连接或以次级断层连接，并形成强烈变形的地堑或地垒，从而形成硬连接，断层叠覆变形区变形复杂，可以独立分段。

沿走滑断层走向上，断层分段性主要体现在断层的构造样式与高差变化，分段组合通常包括直立线性段—斜列段/花状段—辫状/堑垒段—马尾状段/线性段。走滑断层起始端往往发育变形较弱的单一直立断层构成的线性构造，也可以是多段斜列段组成，断距较小，构造变形弱（图3-2）。走滑断裂带中部构造变复杂，并通常形成多段软连接—硬连接的叠覆段，花状构造发育，次级断层分布复杂、变形强烈，并逐步形成复杂的硬连接的斜列段—叠覆段。在断层中部，往往形成大型的地堑或地垒，地堑与地垒交替出现部位可形成辫状构造，横向变化快。向断层生长方向，构造活动减弱，又可能出现变形较弱的叠覆区形成的斜列段，构造高差变小。在断层尾端可能出现马尾状构造或线性构造，以组成马尾状段或线性段结束。

通过断裂的要素统计分析（图3-1、图3-33），发现大型走滑断层带都具有明显的分段性。沿走向上，不同区段的断距变化大，而且可能出现断距或是断面的反向，其变化可能发生在很小的范围内，并可能频繁改变，表明断裂横向上变化大。而断裂带的宽度通常与断裂活动的强度，以及断裂的叠覆相关。结合断裂样式的分析，可以有效区分断裂的分段特征。统计分析表明，大型走滑断层带的宽度（地震剖面上断裂带杂乱地震相的宽度范围）与断裂带两盘的高差具有明显的正相关关系。虽然没有逆冲断层和正断层的相关性高，但也表明随着断裂活动强度的增大，断裂带的宽度与两盘的错动高差也随之增长。

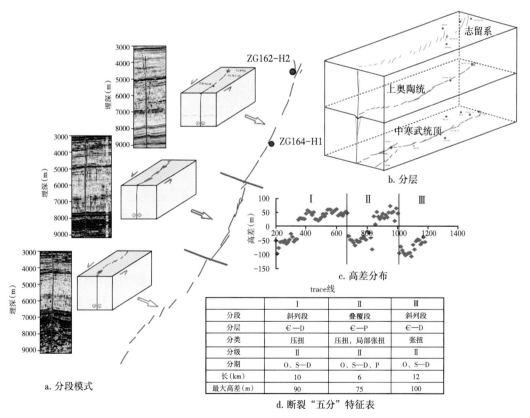

图3-33　F_{II28}走滑断裂带解析图表

	Ⅰ	Ⅱ	Ⅲ
分段	斜列段	叠覆段	斜列段
分层	$\in$—D	$\in$—P	$\in$—D
分类	压扭	压扭，局部张扭	张扭
分级	Ⅱ	Ⅱ	Ⅱ
分期	O、S—D	O、S—D、P	O、S—D
长（km）	10	6	12
最大高差（m）	90	75	100

综合分析，小规模走滑断裂带多由一系列斜列（雁列）排列的分段断裂组成，位移量小，缺少分支，呈孤立状与软连接分段，其间缺乏相互作用。而大型走滑断裂带多贯穿，

分段间多为硬连接叠覆区，并发生相互作用形成强烈的变形区，其分段性主要体现在断裂的构造样式与高差变化，分段组合通常包括直立线性段—斜列段/叠覆段—辫状/堑垒段—马尾状段/线性段。

第三节 塔中走滑断裂带特征

在走滑断裂解释与成图基础上，开展走滑断裂带"四图一表"编制，以反映走滑断裂带的基本特征：（1）分段地震剖面图——分层、分期；（2）相干性、曲率、最大似然性——分段、分级；（3）走向高差分布图——分段、分类；（4）三维模式图——"五分"特征；（5）"五分"综合要素表。

一、西区走滑断裂带特征

F_{II28}走滑断裂带规模较小，为二级走滑断裂带，三维地震勘探区内长约28km，在相干图与地震属性图上显示较弱的线性断裂带。纵向上分2层，分别为寒武系—奥陶系与志留系—泥盆系。志留系—泥盆系发育雁列断裂，断片间距较大，叠覆区窄，断距较小。寒武系—奥陶系以斜列（雁列）断裂为主，分为斜列—叠覆—斜列三段，出现部分软连接与硬连接断裂，尾段发育向两侧散开的马尾状构造，规模较小。在奥陶系碳酸盐岩顶面，该断裂带压扭与张扭断裂间互，垂向高差达100m。值得注意的是，张扭断裂是上覆志留系—泥盆系张扭断裂向下切割的结果，属于晚期的断裂行迹。

F_{I17}走滑断裂带规模增大（图3-34），向北进入阿满过渡带，为Ⅰ级走滑断裂带，三维地震勘探区内长约46km，在相干图与地震属性图断裂带响应清晰。纵向上分为三层不同的断裂结构，下部部分断裂分布在寒武系（盐下）—下奥陶统，中部在奥陶系碳酸盐岩顶面向上散开，上部志留系—中泥盆统发育雁列断裂。志留系雁列断裂主要分布在走滑断裂带的中部，断距较小。奥陶系分为平行雁列—斜列—叠覆—斜列叠覆四段，断裂连接作用加强。在奥陶系碳酸盐岩顶面以压扭断裂为主，垂向高差一般在50m以内，在北部由于志留系—泥盆系张扭断裂向下切割形成局部张扭段。

F_{I19}走滑断裂带向南收敛于F_{I5}断裂带，向北进入阿满过渡带，为Ⅰ级走滑断裂带，三维地震勘探区内长约30km（图3-35）。该断裂带断裂活动继续增强，侧列与叠覆段发育，断裂宽度增大。纵向上分三层不同断裂结构，走滑断裂向下收敛于寒武系—下奥陶统，呈现线性高陡断层，向上在中—上奥陶统碳酸盐岩顶面向上散开，形成一系列较宽的断垒带，垂向高差达200m。上部志留系—泥盆系雁列断裂发育，多向下消失在奥陶系上部，形成上部负花状构造、下部正花状构造的差异。平面上，奥陶系碳酸盐岩顶面走滑断裂分为辫状段—马尾状段—线性段—斜列斜交段四段，南部两段构成完整的断裂带，北部两段与南部两段之间有分隔与断裂结构的差异，形成新的断裂带。这表明两条断裂带独立发育，通过连接生长而叠加形成一条长的走滑断裂带。

F_{I5}走滑断裂带在塔中地区三维地震勘探区长约33km（图3-36），是控制环阿满走滑断裂系统东西分带的主干断裂带。该断裂带断裂活动强烈，断裂带基本贯穿，次级断裂发育，形成侧列断裂与叠覆构造。该断裂带纵向结构分四层，下部寒武系—下奥陶统底出现

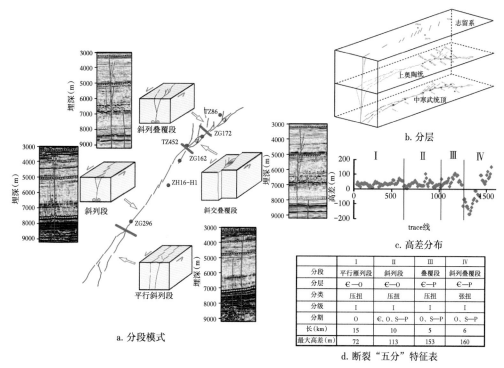

图 3-34 F_{I17} 走滑断裂带解析图表

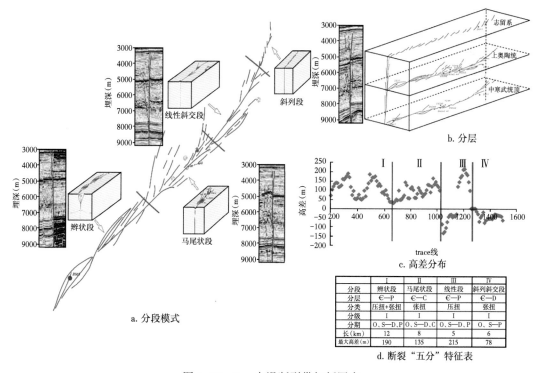

图 3-35 F_{I19} 走滑断裂带解析图表

分支断层，发育花状构造或半花状构造。向上在中—上奥陶统碳酸盐岩坝面向上散开，形成一系列地堑与地垒，其中地堑多为上部志留系—泥盆系雁列断裂向下发育切割奥陶系碳酸盐岩断垒所致。奥陶系碳酸盐岩垂向高差达150m，北部降低到50m左右，表明向北断裂活动强度减弱，处于走滑断裂带的尾段。志留系—泥盆系雁列断裂发育，宽度较大，断距逾200m，局部断裂向上延伸至二叠系。平面上，走滑断裂带在奥陶系碳酸盐岩顶面分为辫状段—叠覆段—软连接段—马尾状段—线性斜交段五段，以马尾状段为界代表一段断裂带的结束。该区Ⅰ级断裂带向北扩张进入阿满过渡带，并呈现更大尺度上的分段特征。

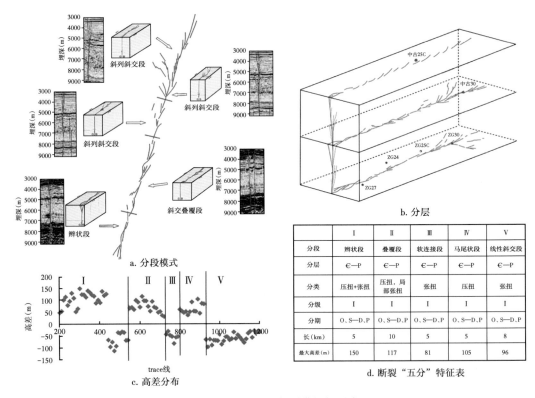

图 3-36 F_{I5} 走滑断裂带解析图表

综合分析，塔中地区西部发育调节古隆起变形的北向发育的走滑断裂带，走滑断裂带横向分段显著，断裂样式、性质、活动强度差异明显。纵向上，走滑断裂发育正花状构造、负花状构造、半花状构造和"花上花"构造等多种样式，主要分布在寒武系—奥陶系碳酸盐岩，以压扭构造为主，志留系—石炭系发育张扭断裂。平面上，寒武系—奥陶系斜列/雁列、软连接/硬连接、叠覆地垒与地堑等多种类型构造以不同的方式组合，志留系—中泥盆统、石炭系—二叠系发育继承性的张扭雁列断裂。寒武系—奥陶系碳酸盐岩中，走滑断裂带中部断裂活动强烈，断垒与断堑发育，构造复杂，南北两端断裂活动减弱，不同区段的断距变化大。走滑断裂带在横向上变化大，形成复杂的差异性构造带，出现明显的分段性，由直立线性段—斜列段/叠覆段—辫状/堑垒段—马尾状段/斜列段组合而成。

二、中区走滑断裂带特征

F_{II21}走滑断裂带是西区与东区的分界，其控制的西部断裂带高部位属于西区，但其断裂特征与中区一致。F_{II21}走滑断裂带在塔中三维地震勘探区长约28km，是控制西区与中区分区的主干断裂带（图3-37）；该断裂带断裂活动强烈，断裂带基本贯穿，侧列与叠覆构造发育，次级断裂发育，在断裂带的中北部出现东侧分支。该断裂带纵向上分四层，下部寒武系—下奥陶统出现分支断层，在中—上奥陶统碳酸盐岩顶面向上散开形成半花状构造，上部志留系—泥盆系发育侧列断裂、斜列断裂，在尾段地堑局部继承发育到二叠系。平面上奥陶系碳酸盐岩顶面分为斜交叠覆段—叠覆段—翼尾状段三段，并终止于翼尾状深地堑。该断裂带构造活动强烈，奥陶系碳酸盐岩顶部垂向高差达150m，翼尾状地堑深达440m，是变形集中与应变集中的部位。值得注意的是，虽然该断裂带在奥陶系中止于翼尾状地堑，但向西北基底仍有强烈的活动。在翼尾西部构造抬升大，成为调节塔中Ⅰ号断裂带的强压扭变换带，并控制了塔中西区宽缓平台区的构造面貌。

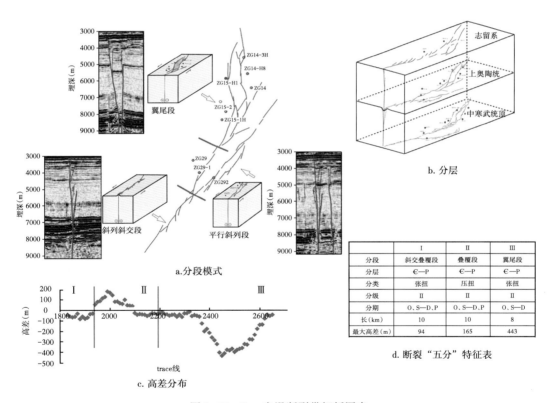

	I	II	III
分段	斜交叠覆段	叠覆段	翼尾段
分层	$\in$—P	$\in$—P	$\in$—P
分类	张扭	压扭	张扭
分级	II	II	II
分期	O、S—D、P	O、S—D、P	O、S—D
长（km）	10	10	8
最大高差（m）	94	165	443

d. 断裂"五分"特征表

图3-37　F_{II21}走滑断裂带解析图表

F_{II29}走滑断裂带在塔中地区三维地震勘探区长约35km，中部特征与F_{II21}断裂带相似（图3-38）。F_{II29}断裂带断裂活动强烈，贯穿程度高，侧列断裂与叠覆构造发育，在翼尾状地堑向北仍有较弱的断裂扩张活动。该断裂带纵向上分四层，下部中—下寒武统出现负花状构造，在中—上奥陶统碳酸盐岩顶面呈现向上散开的花状构造，上部志留系—泥盆系发育雁列断裂、斜列断裂，南部火成岩发育区二叠系—三叠系局部断裂发育。平面上，奥陶系碳酸盐岩顶面分为线性斜交段—叠覆段—斜交段—翼尾状段—斜列段五段，以翼尾状深地堑中止。该断裂带构造活动强烈，奥陶系碳酸盐岩垂向高差在50~70m之间，与逆冲背斜交汇的局部压扭地垒达170m，翼尾状地堑深达300m，是变形集中与应变集中的部位。在第一段既有向北、又有向南发育的小型马尾状构造，而Ⅲ段呈现向北散开的马尾状断裂，表明在以向南扩张的基础上，也有向北扩张的断裂。翼尾以北断裂特征不清，规模变小。值得注意的是，本区南部火成岩发育，部分断裂向上延伸至三叠系顶面，向下并入主干断裂。

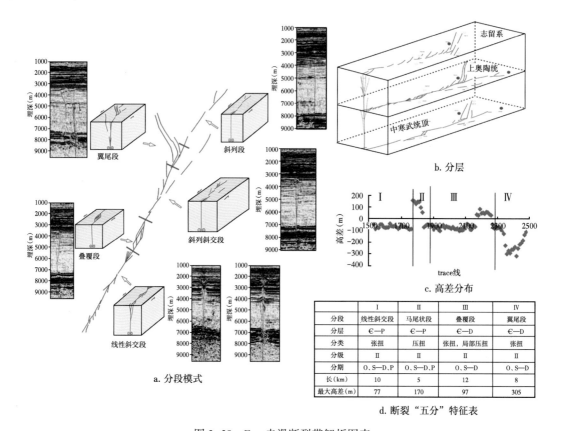

图3-38　$F_{Ⅱ29}$走滑断裂带解析图表

$F_{Ⅱ20}$断裂带在塔中地区三维地震勘探区长约53km，中部特征与$F_{Ⅱ29}$断裂带相似（图3-39），但断裂活动更强烈，贯穿程度更高，在翼尾状地堑向北仍有较强的断裂活动，并向北扩张至阿满过渡带。该断裂带纵向上分四层，下部中—下寒武统、上寒武统出现正花状构造与负花状构造，表明下构造层断裂发育。在中—上奥陶统碳酸盐岩顶面发育向上散开的花状构造，上部志留系—泥盆系发育雁列断裂、斜列断裂，南部火成岩发育区局部发育到二叠系—三叠系。平面上，奥陶系碳酸盐岩顶面分为辫状段—斜列斜交段—翼尾状段—斜列硬连接段—马尾状段五段。该断裂带构造活动强烈，基本贯穿，各段奥陶系碳酸盐岩垂向高差均达90m以上，与逆冲背斜交汇的局部压扭带构造高差达150m，翼尾状地堑深达

240m，张扭马尾段下掉深达 403m，是变形集中与应变集中的部位。该断裂带第一段发育强压扭背斜叠覆区，而不是雁列（斜列）断裂，表明断裂成熟度高。

F_{I21}断裂带在塔中地区三维地震勘探区内由两条斜列走滑断裂带组成，长约 66km（图 3-40）。两大段之间形成左行左阶步的拉分地堑，该地堑是在南部断裂带向北发育的翼尾状地堑基础上发展起来的，断陷中断裂活动强烈，断裂分布复杂。该断裂带纵向上具有三层结构，下部中—下寒武统以线性构造为主，局部发育正花状构造与负花状构造，中—上奥陶统碳酸盐岩顶面发育向上散开的正花状构造。上部志留系—中泥盆统发育一系列右阶步排列的张扭断裂，形成雁列断裂带。平面上南部奥陶系碳酸盐岩顶面分为斜列段—辫状段—斜列斜交段—马尾状段四段，北部分为斜列段—侧列段。该断裂带南部构造活动强烈，贯穿程度高，向南延伸至塔中南斜坡，分隔塔中 4 逆冲断裂带与塔中 17 逆冲断裂带。

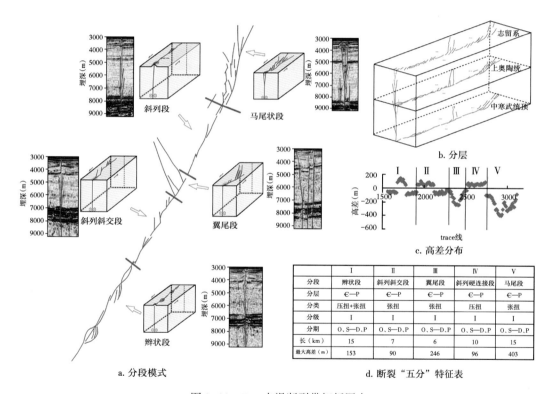

图 3-39　F_{I20}走滑断裂带解析图表

F_{I21}走滑断裂带北部发育 F_{II35}走滑断裂带，向北进入阿满过渡带，向南终止于F_{II38}断裂带，塔中隆起上长约 23km（图 3-41）。该断裂带纵向上结构分三层，走滑断裂带向下收敛于寒武系—下奥陶统，向上在中—上奥陶统碳酸盐岩顶面向上散开形成正花状构造，上部志留系—泥盆系发育雁列断裂。平面上奥陶系碳酸盐岩顶面分为辫状段—线性斜交段—斜列段三段，断裂成熟度较低，没有完全贯穿，呈现压扭特征。该断裂带两盘构造高差较大，在各段达 150～200m。值得注意的是，F_{II35}断裂带与 F_{I21} 断裂带呈 X 形组合，但不是共轭断层。

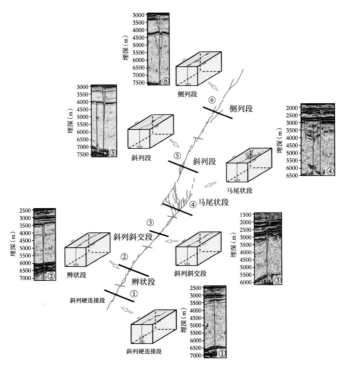

a. 断裂分段建模地震剖面与模式图

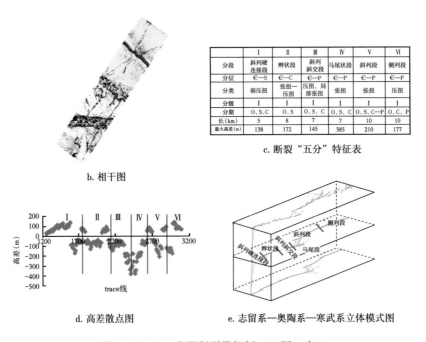

b. 相干图

分段	I	II	III	IV	V	VI
	斜列硬连接段	辫状段	斜列斜交段	马尾状段	斜列段	侧列段
分层	∈—S	∈—C	∈—P	∈—P	∈—P
分类	弱压扭	张扭—压扭	压扭,局部张扭	张扭	张扭	压扭
分级	I	I	I	I	I	I
分期	O、S、C	O、S	O、S、C	O、S、C	O、S、C—P	O、C、P
长(km)	5	8	7	7	10	10
最大高差(m)	138	172	145	385	210	177

c. 断裂"五分"特征表

d. 高差散点图

e. 志留系—奥陶系—寒武系立体模式图

图3-40 F_{I21}走滑断裂带解析"四图一表"

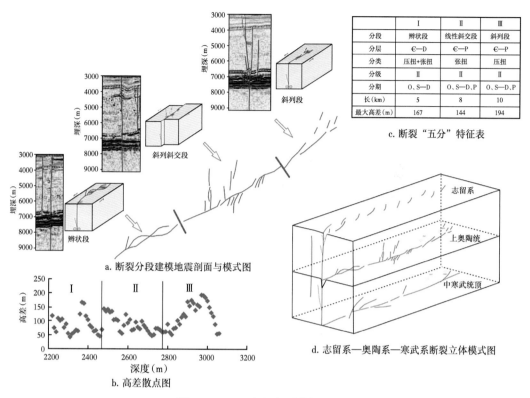

	I	II	III
分段	辫状段	线性斜交段	斜列段
分层	∈—D	∈—P	∈—P
分类	压扭+张扭	张扭	压扭
分级	II	II	II
分期	O、S—D	O、S—D、P	O、S—D、P
长（km）	5	8	10
最大高差（m）	167	144	194

c.断裂"五分"特征表

a.断裂分段建模地震剖面与模式图

b.高差散点图

d.志留系—奥陶系—寒武系断裂立体模式图

图3-41　F$_{I35}$走滑断裂带解析图表

三、东部走滑断裂带特征

　　塔中地区东部走滑断裂规模较小，没有连续贯穿古隆起与大型逆冲带的大型走滑断裂带。在塔中10号断裂带、塔中主垒带等地区，随着主断裂的冲断发展，往往出现近于垂直的高角度小型变换断层，以此调节主断裂的位移差异、断面变化等。这些断层规模小，延伸短，没有主干大型走滑断裂带。变换断层的发育，造成主断裂带的分段性与差异性，塔中4号构造发育多条变换断层（图3-42），将塔中4号构造带分为三个分隔的断块，北西向逆冲主断裂具有斜向冲断的特点，断距沿走向上变化大（图3-43）。同时，逆冲断层的运动方向有差异。中部塔中4号构造向北逆冲，下古生界向北抬升，形成北冲的断层传播褶皱。而西部塔中403号构造发育南北向背冲断层，主体向南抬升，南部断裂活动强烈。其间的构造形变差异显著，通过两个构造之间的变换断层调节。在塔中4号构造带南部发育北西西向地堑，深度超过500m，呈现拉分地堑特征，表明该区具有复杂的走滑作用。

　　塔中4—塔中16井区之间存在一系列北东向平行高陡走滑断裂（图3-42、图3-43）。走滑断层的规模较小，断裂高陡、平直。断层倾向有变化，不同层位的断距变化较大，因为断面陡直，倾角稍有变化即可能造成断面倾向反转，从而导致断层性质沿走向发生变化。这组断裂系统近于等间距排列，剪切带仅局限于断裂附近，向下断穿寒武系直至

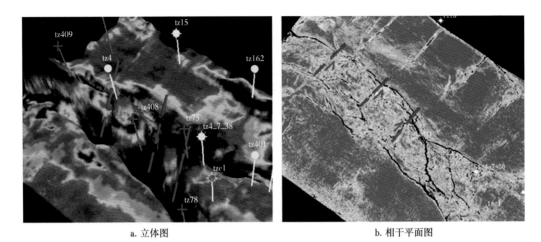

a. 立体图　　　　　　　　　　　b. 相干平面图

图 3-42　塔中 4 井区奥陶系石灰岩顶面构造立体图与相干平面图

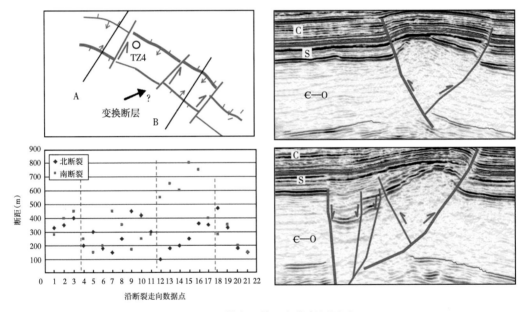

图 3-43　塔中 4 井区变换断层图示

基底，向上断至志留系。该走滑断裂系统向北消失在塔中 16 号构造带，没有断穿该断裂带。

　　塔中东部地区，相干与振幅属性显示可能有局部走滑断层发育。虽然由于逆冲断裂发育，走滑断裂的行迹不清，但北部古城鼻隆走滑断裂响应明显，向南可能存在早期的走滑断裂带。地震剖面上（图 3-45），可能存在高陡线性走滑断裂，其规模较小，局部向上散开呈花状构造。F_{I24} 断裂带向下断穿寒武系直至基底，向上断至石炭系之下。总体而言，塔中东部走滑断裂活动减弱，断裂规模变小，多局限在逆冲断裂带之上，以调节逆冲断裂带的变形为主。

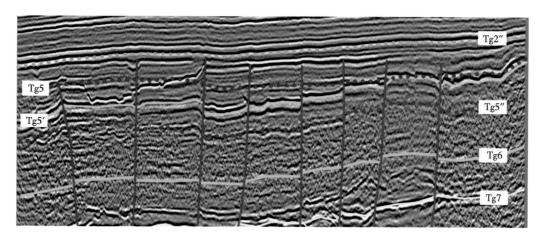

图 3-44　塔中 4 北走滑断裂带平剖面图

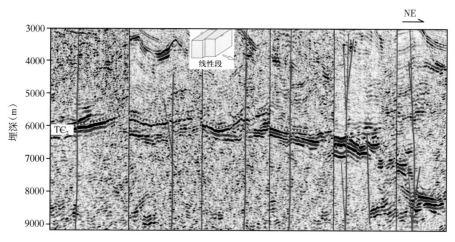

图 3-45　F_{I24} 走滑断裂带地震剖面解释图

第四节　塔北走滑断裂带特征

一、哈拉哈塘共轭走滑断裂带

通过地震—地质建模与断裂构造解释，在塔里木盆地哈拉哈塘地区发现克拉通内 X 形共轭走滑断裂系统（图 3-46）。走滑断裂主要分布在下古生界碳酸盐岩（图 3-47），北西向主断层与北东向主断层控制了断裂线性分布与菱形分割，大型走滑断裂带具有分段性，控制了构造的分区、分带。

（一）基本构造特征

哈拉哈塘地区走滑断层剖面上通常呈现正花状构造、负花状构造、半花状构造、直立型构造与"花上花"构造等 5 种样式，具有从直立型构造向花状构造的发展趋势。下古生

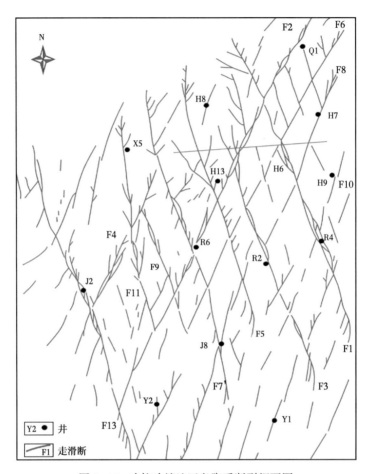

图 3-46 哈拉哈塘地区奥陶系断裂纲要图

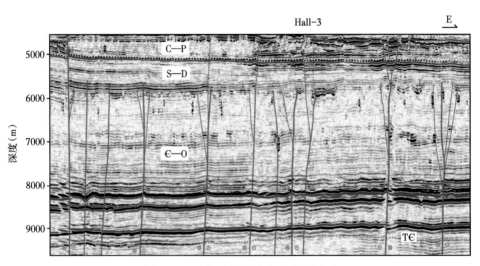

图 3-47 哈拉哈塘地区典型地震剖面

界走滑断层在地震剖面上普遍表现为正花状构造，向上分支断裂散开，向下断裂合并变陡断入基底。上古生界至中生界则呈现负半花状构造。小断层一般为近垂直断面（倾角大于85°），位移较小，构造高差一般小于40m。在断裂叠覆带，奥陶系内正花状构造较为发育，有些分支断裂沿着主干断层向上生长，形成断垒。这些分支断裂向下变陡，汇聚并向下合并成主干断层。正花状构造横向上变化大，有时过渡到张扭断层段。负花状构造也随深度而变陡，但其分支一般向上延伸到二叠系或白垩系，具有明显的"拉张、正断、向形"的负花状构造特征，位移较大（垂向位移大于100m），形成微地堑。有的区段主干断裂一直向上延伸，仅在一侧发育分支断裂，形成半花状构造。主干断裂通常高陡，向上断开层位多；派生断裂倾角上陡下缓，变化大，错动的断距较小，横向变化大。半花状构造在走滑断裂带普遍发育，通常以主干断裂发育为特征。

　　根据断裂平面及剖面特征，哈拉哈塘发育线性构造、花状构造、马尾状构造、X型剪切构造、拉分构造、雁列构造和辫状构造等多种走滑构造（表3-2）。在断裂的平面组合中，出现对称的X型剪切变形带是走滑断裂识别的重要标志，这种特征通过构造平面成图能清晰反映出来。X型剪切构造主要分布在东北部，是早期纯剪作用的结果，通常规模较小，但延伸较远，具有压扭特征。线性构造地震剖面上表现为单一高角度断层，断面平直，平面直线延伸，垂向断距与水平断距较小，通常为小型断裂或是断裂活动较弱的区段，断裂两侧的地层起伏较低。哈拉哈塘地区中生界雁列构造异常发育，走滑断裂带向上发散，形成一系列雁列构造，平直断裂带消失，呈左行左阶步分布，剖面上呈正断下掉的小型负花状构造地堑。在走滑断裂的发散尾端，容易形成马尾状构造，表现为一系列斜列的断裂呈发散状排列。马尾状构造主断裂活动减弱，断裂变形带散开变宽。新垦9井区、热普7井区奥陶系碳酸盐岩发育马尾状构造，南部走滑断裂高陡平直，次级断裂较少；而北部断裂消亡部位发育一系列派生的小型断裂，剖面上断距较小、向下收敛依附主断裂，平面上沿主断裂带两侧向外发散。拉分地堑通常位于两个走滑断层羽列重叠部位的拉张区，其拉伸轴基本平行于主断层，多呈菱形断陷。断陷边界可能有次级分支断层，其中常有张性断层及张剪性断层，边缘可见雁列褶皱。哈拉哈塘地区主要分布在中生代碎屑岩中，奥陶系碳酸盐岩拉分地堑规模较小。

表3-2　哈拉哈塘地区典型构造

型类	线性构造	花状构造	辫状构造	雁列构造	马尾状构造	拉分地堑	X型共轭构造
模式图							
特征	单一断面高陡、线性延伸，倾向可能变化，断裂规模较小	基底走滑错断，盖层斜向压扭，上部发散分支，向下收敛合并，以半花状构造为主	断裂带活动强烈，断裂截织，交织形成一系列错落的堑垒，断裂带狭长，延伸规模较大	盖层发育一系列雁列分布的小型断裂，以正断为主，形成微型地堑，向下合并线性延展	沿主断裂带两边发育散开的分支断裂，形成弧形断垒带，断裂规模较小	左行左阶或右行右阶断裂组合，形成张扭性断陷，本区规模较小	一系列斜列的次级断裂与主断裂低角度斜交，呈羽毛状排列，规模较小

　　根据地震构造解释，哈拉哈塘地区走滑断层主要发育于寒武系—奥陶系、志留系—二叠系和中生界—古近系三大构造层中。X型共轭走滑断层分布在下古生界，发育正花状构

造。部分断层向上延伸至二叠系，北东向走滑断层向上生长至古近系，发育负花状构造。奥陶系碳酸盐岩中广泛分布走滑断层，构造类型多样，北东向和北西走向滑动断层相互截切，组成的对称的 X 型共轭断层系。通常呈现左旋断层切割右旋断层，并形成小夹角，在共轭断层交会部位普遍发育断层破碎带。X 型共轭断裂带长度大，分布在 40～90km 之间；但构造高差很小，一般低于 60m（图 3-48），水平位移估算低于 200m。由于位移量小，断裂走向变化小，北西走向和北东走向断裂贯穿本区，并形成菱形结构。由此形成的断层段相互连接而成的线性断裂带，并伴有较多的次级断层。志留系—二叠系多为线状构造或半花状构造，并向下并入主干断层。该构造层多以张扭断层为主，与下伏地层的压扭断层形成对比，断层反转并在下部地垒上叠加地堑，表明应力场的变化与多期断裂活动。中生代走滑断裂主要集中在北东向的主干断裂带中，继承性发育特征显著。在较强的张扭作用下，从断裂根部向上发育一系列雁列断裂，并受张扭作用形成微地堑。当这些断裂向下合并到寒武系—奥陶系主干断层时，可能切割并改造了下部的岩体。

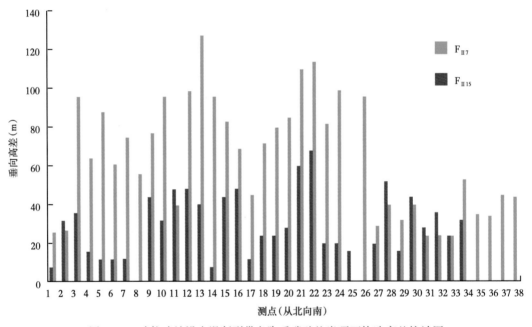

图 3-48　哈拉哈塘沿走滑断裂带奥陶系碳酸盐岩顶面构造高差统计图

　　奥陶系走滑断层在平面上形成 X 型相交，北西向走滑断层较北东向走滑断层发育成熟度高，以右旋为主，走向为∠330°～∠360°（图 3-49a），形成近平行断层系。北东走向走滑断层走向为∠16°～∠30°，为左旋断层。它们向西南方向的连续性减弱，在东北部较发育。奥陶系碳酸盐岩中共轭断层交角范围为 26.3°～51.1°，平均交角为 39.9°，交角中值约为 44°左右（图 3-49b）。在寒武系碳酸盐岩的底部，次级断层比上部少。其中共轭断层的二面角范围更大，分布在 19°～62.3°之间。但平均值为 39°，中值为 42°左右（图 3-49c），与奥陶系数据基本一致。与其他地区相比（Ferrill 等，2009；Ismat，2015），哈拉哈塘地区二面角分布较小，因此共轭断层系统形成了发育良好的菱形结构。本区与典型共轭断层的二面角有一些显著偏差，可能与小的、不规则的、未成熟的断层特征有关。根据库仑断裂准则（Ismat，2015），共轭断层的平均二面角应为60°左右。然而，哈拉哈塘地区奥陶系和寒武系碳酸盐岩二面角的平均角度和中值角度均明显小于此值。次级断层的走向变化很大，与主要断层的相交角度变化很大（6°~71°，图3-49d）。次级断层多为R型剪切正交角，部分对称P型剪切断裂与主断裂呈负交角，R′型剪切断裂发育较少。次级断层与主断层的交角大多小于60°，中值约为40°，小于共轭大断层之间的二面角。次级断层的走向与其与大断层形成的角度有一定的相关性。共轭断层的二面角与北西向的断层走向呈较强的负相关关系，与北东向的断层走向呈较弱的正相关关系。这说明二面角与北西向断裂的方向关系更大。总之，除少量差异较大的数据可能为不规则小断层所致外，共轭断层二面角与大断层走向具有较好的相关性，这表明主干断层方向是二面角的主控因素。

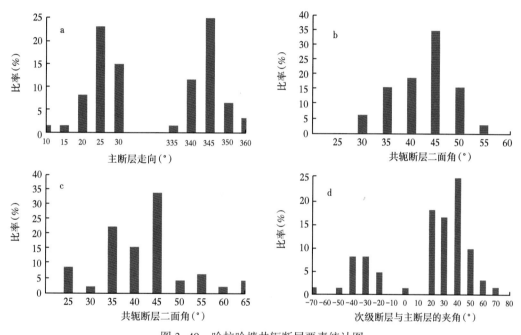

图3-49 哈拉哈塘共轭断层要素统计图

本区大型走滑断裂带在横向上变化大，由多区段多种类型样式构成，形成复杂的差异性构造带（图3-50）。走滑断裂带的分段性主要体现在断裂的构造样式与高差变化，分段组合通常包括直立线性段—斜列/花状段—堑垒/辫状段—马尾状段/线性段。走滑断裂起始端往往发育变形较弱的单一直立断裂构成的线性构造，也可以由斜列段组成，断距较小、构造变形弱。随后断裂活动逐渐加强，次级断裂发育，与主干断裂构成花状构造，形成斜列/花状段。在断裂中部，往往形成大型的地堑或地垒，其交替出现部位可形成辫状构造，横向变化快，组成堑垒/辫状段。向断裂尾端方向，构造活动减弱，又可能出现变形较弱的断裂叠覆形成的花状/斜列段，构造高差变小。在断裂尾端可能出现马尾状构造或线性构造，形成马尾状/线性段指示断裂发育终止。

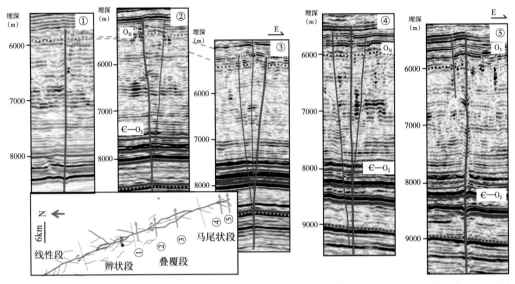

图 3-50　哈拉哈塘地区 F_{II6} 走滑断裂平面分段与叠覆段（①、②、③）、马尾状段（④、⑤）地震剖面

（二）典型断裂带特征

哈拉哈塘地区走滑断裂带多以线性分段断裂组合而成，具有自北向南发育的特点。哈拉哈塘地区 F_{II12} 断裂带奥陶系碳酸盐岩顶部由线性段—辫状段—侧列叠覆段组成（图 3-51）。北部线性段长约 9km，为多条斜列断片组成，其间呈未连接或软连接。向南构造高差快速增大，具有南向发育特征。中部构造变形复杂，呈现凹凸相间的辫状构造特征。该段构造高差大于 60m，横向变化大，剖面上具有正花状构造与负花状构造相间的特点。南部构造变形减弱，形成以软连接为主的侧列叠覆段。该段地震剖面上以线性断层为主，构造高差小于 30m，变形微弱，在断裂连接部位基本没有发生连接作用，以软连接为主。

哈拉哈塘地区 F_{II11} 断裂带奥陶系碳酸盐岩顶部具有三段结构（图 3-52）。北部叠覆段长约 12km，为多条斜列叠覆断片组成。该段构造高差呈向北部增大的趋势，推断工区外围向北还有延伸，可能还有线性段。该段构造高差中部小、两头大，推断中部为两条断层的软连接部位。地震剖面上，该段上部呈现张扭下掉特征，下部呈现压扭上凸特征，可能是上下层段断层组合差异的结果。中部以单一的线性构造为主，可能由多条断片组成。由于地震资料品质差，其中断裂组合关系有待进一步研究。南部出现向南散开的断裂组合，呈现马尾状段构造特征。该段断裂组合复杂，构造高差变化较大，变形强度也较大；该段向南散开呈现宽阔的断裂破碎带，地震振幅属性具有较好的响应，形成发散状的破碎带叠合区块。一系列向南发育的马尾状段指示哈拉哈塘地区的走滑断裂带具有向南发育的特征。

哈拉哈塘地区共轭走滑断裂带多呈平直的线性带，但 F_{II13} 断裂带呈现显著的斜列特征（图 3-53）。北部由线性段—辫状段—斜列段组成，南部右阶错开，出现斜列段—马尾状段构造。北部构造变形两端弱、中部强，并发展成为辫状构造。南部出现呈向西侧散开马尾状构造，指示断裂带的尾端。

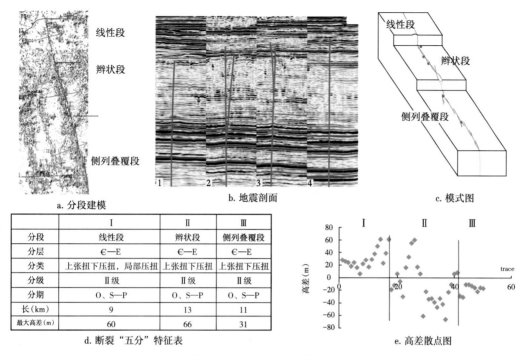

a. 分段建模　　　　b. 地震剖面　　　　c. 模式图

分段	I	II	III
分段	线性段	辫状段	侧列叠覆段
分层	∈—E	∈—E	∈—E
分类	上张扭下压扭，局部压扭	上张扭下压扭	上张扭下压扭
分级	II级	II级	II级
分期	O、S—P	O、S—P	O、S—P
长（km）	9	13	11
最大高差（m）	60	66	31

d. 断裂"五分"特征表　　　　　　　　e. 高差散点图

图 3-51　哈拉哈塘地区 F_{II12} 断裂带解析"四图一表"

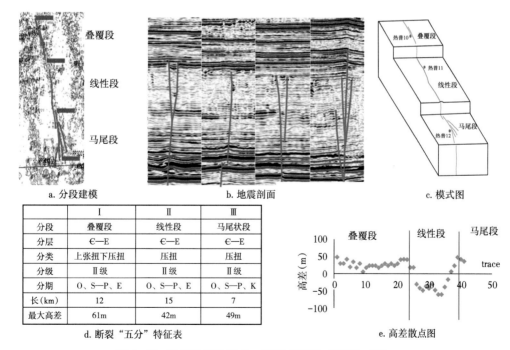

a. 分段建模　　　　b. 地震剖面　　　　c. 模式图

分段	I	II	III
分段	叠覆段	线性段	马尾状段
分层	∈—E	∈—E	∈—E
分类	上张扭下压扭	压扭	压扭
分级	II级	II级	II级
分期	O、S—P、E	O、S—P、E	O、S—P、K
长（km）	12	15	7
最大高差	61m	42m	49m

d. 断裂"五分"特征表　　　　　　　　e. 高差散点图

图 3-52　哈拉哈塘地区 F_{II11} 断裂带解析"四图一表"

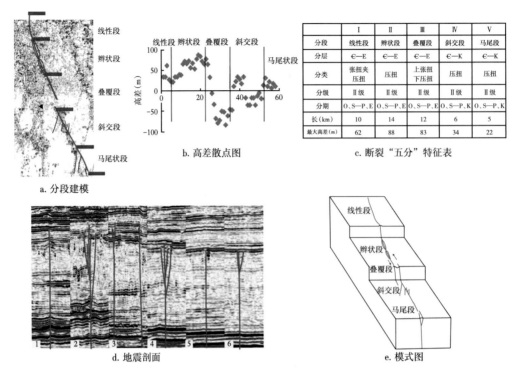

图 3-53 哈拉哈塘地区 F_{II13} 断裂带解析"四图一表"

二、塔北其他典型走滑断裂带

英买力地区走滑断裂带的展布与哈拉哈塘类似，同时发育北东向与北西向两组走滑断裂带，但以北西向走滑断裂带优势发育为主。英买力地区北西向走滑断裂带平面上呈线性分布，以线性段、斜列段组合发育为特征（图 3-54）。主干断层发育，主干断层局部位发育次级微小断裂。平面上分段线状连接，局部斜列连接。地震剖面上，走滑断层断至奥陶系顶面，呈现压扭特征。局部走滑断裂再活动上延至二叠系，具有张扭下掉特征。该区北西向走滑断层规模较小、断距小、变形弱，断裂带构造高差一般小于40m，张扭部位构造高差较大。北东向走滑断裂带规模较大（图 3-55），F_{II4} 走滑断裂带已形成贯穿的断裂带。英买力地区 F_{II4} 走滑断裂带从西南向东北可以划分为线性段—斜列段—辫状段—马尾状段。线性段以直立单断断层为主，构造高差小于20m，剖面上没有显著的构造高差，断层特征不明显。斜列段构造高差增至290m，受后期构造变形影响大。该段发育斜列的次级断层，主干断层也以斜列连接，剖面上呈显著的正花状构造。辫状段构造高差高达245m，也呈向北增长，揭示断裂北向发育的特征。其中微小地堑多是由于后期张扭断裂向下切割所致，而不是早期的张扭构造。北部马尾状段出现向东北散开的分支断裂，断裂活动强度快速减弱，构造高差逐渐降低。

轮南地区发育多组方向走滑断裂带（图 3-21），其中北北东向走滑断裂、北东向走滑断裂较发育，向南与阿满过渡带走滑断裂带合并。本区也发育少量的北西向走滑断裂带，

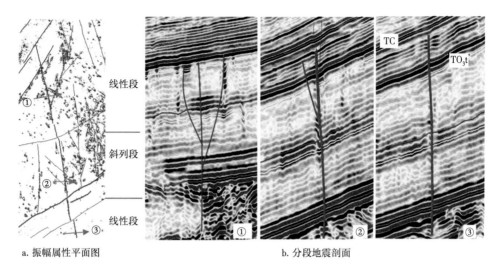

图 3-54　英买力地区 F_{I_3} 走滑断裂带一间房组顶面振幅属性平面图与分段地震剖面

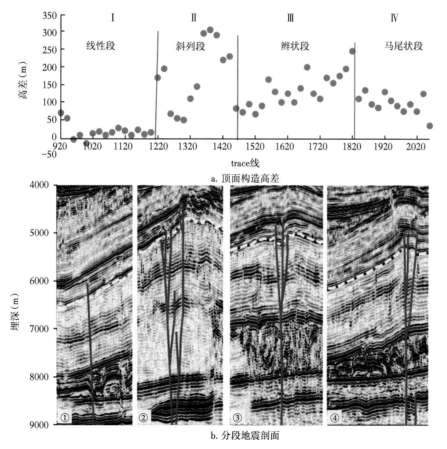

图 3-55　英买力地区 F_{II_4} 走滑断裂带一间房组顶面构造高差与分段地震剖面

与哈拉哈塘地区一致，但断裂的规模逐渐降低。在轮南地区东部发育近南北同走滑断裂带（图3-56），该断裂带位于近南北走向的寒武系台缘带之上，是走滑断裂系统的东部边界。该断裂带具有多期发育的特征，下部寒武系—奥陶系为直立高陡线性断裂，具有压扭特征。平面为分段线性断裂，在寒武系呈分隔较远的南北斜列两段，奥陶系顶部呈多段斜列连接。该走滑断裂带向上发育至古近系，呈多层的负花状构造，向外散开形成宽阔的断裂带。平面上，中生界—古近系呈现左阶步展布的雁列断裂，北部往北东方向偏移。值得注意的是，哈拉哈塘—轮南地区中生界—古近系走滑断裂均分布在北东向走滑断裂带，表明该方向走滑断裂带位于有利断裂复活的方位。此外，不同层位上走滑断裂带的方位有变化（图3-56）。寒武系走滑断裂带呈北北东走向，奥陶系出现逆时针偏转，转向近南北走向，而中生界中走滑断裂带又有一定的顺时针旋转。

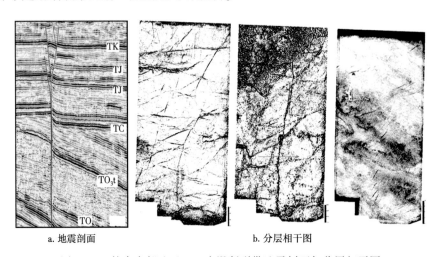

a. 地震剖面   b. 分层相干图

图3-56　轮南东部地区 F_{II19} 走滑断裂带地震剖面与分层相干图

第五节　阿满过渡带典型走滑断裂带特征

一、区域走滑断裂带

研究表明，阿满过渡带发育 F_{I5}、F_{I17} 等跨构造单元的大型走滑断裂带（图3-57）。由于三维地震资料较少，还要走滑断裂带有待进一步搜索，部分走滑断裂带的分布与结构有待进一步落实。

受垂向岩性差异与分期变形的影响，断裂具有明显的分层变形特征。综合垂向上的岩性与差异变形特征，由下至上将断裂依次划分为四个构造变形层：中寒武统盐下构造层、上寒武统—奥陶系碳酸盐岩构造层、上奥陶统桑塔木组—中泥盆统构造层与石炭系—二叠系构造层。

中寒武统盐下基底主要发育线性走滑构造，由于地震分辨率低，走滑断裂响应不清，多以褶曲或地貌大起伏指示与上部走滑断裂带的成因关系，发育的断裂规模较小。寒武系盐构造层中，盐膏层塑性变形显著，较多分支走滑断裂终止于盐膏层，形成受岩性控制的构造分层。其中也有断裂向上突破进入上寒武统—下奥陶统，也有断裂终止于盐膏层之

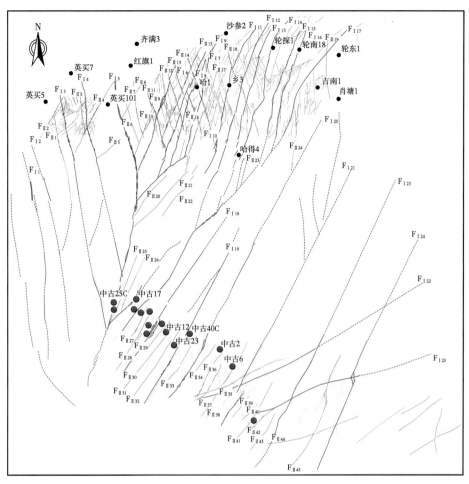

图 3-57　环阿满走滑断裂系统主干断层纲要图

下，表明构造的分层不代表构造的分期。其中张扭断裂较发育，破碎带较宽，破碎带内的地层发生拉张下掉，且断裂切穿盐层。部分区域识别出平移走滑型构造样式，其断面较为直立，破碎带宽度较小，破碎带内地层变形较为微弱，基本不发生流动。

奥陶系碳酸盐岩构造层中发育多种类型的走滑构造，包括线性构造、花状构造、斜列构造、拉分构造与辫状构造等。上奥陶统桑塔木组—中泥盆统碎屑岩构造层中走滑断裂具有继承性的活动，同时石炭系—二叠系中局部断裂带具有继承性活动。上部地层多以张扭断裂发育为特征。受多期断裂活动的影响，且各期活动所处的构造应力环境存在差异，导致断裂各层平面展布特征具有明显差异。下寒武统内，断裂活动强度较弱，平面延伸距离较短，且各断层之间相互作用较弱，未形成大型的断裂带，局部存在叠接区，以软连接为主；中寒武统内，断裂活动相对增强，主干断裂逐步连接至一起，组成线性段构造样式，分支断裂发育较弱；奥陶系石灰岩顶面显示，走滑断裂活动强烈，分支断裂较为发育，破碎带宽度较大，形成多种平面构造样式；志留系底面断裂特征图显示，碎屑岩构造层主要处于拉张环境之中，形成的构造样式以雁列式断层为主。

（一）F_{15}走滑断裂带

受垂向岩性差异与断裂分期变形的影响，F_{15}断裂带各构造层断裂特征具有明显差异（图3-58）。

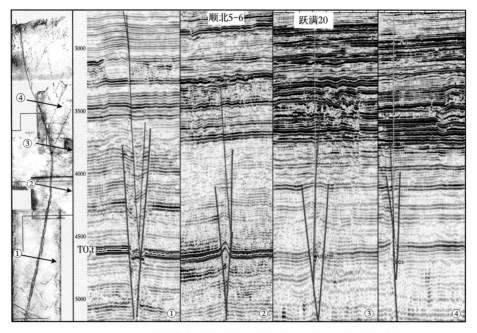

图3-58　F_{15}走滑断裂分层平面样式特征图（T代表地震反射层位）

F_{15}走滑断裂带长达290km，横跨塔中—塔北地区，是控制环阿满走滑断裂系统东西分带的边界断裂带。F_{15}走滑断裂带在寒武系—奥陶系多已贯穿，在横向上由多区段、多种类型样式的断裂叠覆连接构成，具有沿走向上的分段性。沿水平方向可以分为特征明显不同的5段（图3-59、图3-60，表3-3）。南部Ⅰ段—Ⅱ段位于塔中隆起，位于南部的Ⅰ段长约40km，位移量小，为线性段。断裂主要在寒武系—奥陶系发育，以直立线性构造为主，平面上斜列，局部出现硬连接叠覆段，同时发育张扭构造。局部断裂向上延伸至志留系—泥盆系，以张扭雁列断裂为主。Ⅱ段斜列段位于塔中北部三维地震勘探区，以压扭构造为主，已进行了详细的解剖（图3-59）。阿满过渡带南部的Ⅲ段长约56km，发育拉分地堑，断裂倾向正掉高差多大于100m，在奥陶系—泥盆系形成地堑。该段的位移与变形集中在上奥陶统桑塔木组—志留系（图3-58），代表张扭作用的主要时期。部分剖面上，奥陶系碳酸盐岩顶面具有上凸背形特征，并被地堑切割破坏，揭示可能存在早期的弱压扭走滑断裂活动。在志留系顶面，走滑断裂呈现雁列分布，向上局部继承性发育至二叠系，甚至断至中生界。北部Ⅳ段长约55km，奥陶系碳酸盐岩压扭构造发育，为花状构造发育段。该段压扭背斜发育，多呈位于叠覆断层间的断背斜或短轴背斜，构造高差高达175m。向上走滑断裂再活动断至志留系—泥盆系，多呈负花状构造断裂，向下消失在奥陶系碳酸盐岩上部，奥陶系局部张扭构造多为上部断裂向下切割叠置的结果。志留系呈现显著的张扭特征，平面上发育雁列断裂。Ⅴ段长约47km，出现压扭与张扭交错的辫状构造，在断裂尾端可能出现马尾状构造或线性构造，形成马尾状段/线性段，指示断裂终止发育。在地震剖面上，寒武系—奥陶系碳酸盐岩间互出现正花状构造与负花状构造，构造高差达194m，向北高差增大、变形加强，横向变化大。平面上，断裂带从北北东向转向北北西向，揭示断裂的分段生长特征。志留系断裂呈雁列分布，局部断片出现连接。

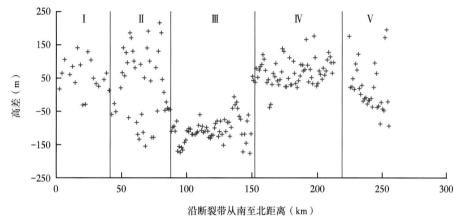

图 3-59 F_{15}走滑断裂带平面分段与高差沿走向变化图

表 3-3 F_{15}走滑断裂带分段特征

	I	II	III	IV	V
分段	线性段	斜列/花状段	拉分段	花状段	辫状段
分层	Є—O	Є—D	Є—P、北部 K	Є—O	
分类	压扭	压扭夹张扭	张扭	压扭夹张扭	压扭—张扭
分级	I 级	I 级	I 级	I 级	I 级
分期	O、S—D	O、S—D、局部 P	O、S—D、P	O、S—D、局部 P	O、S—D
长（km）	38	65	56	55	47
最大高差（m）	140	215	−177	175	194

F_{15}断裂带分支断裂发育，构造变形强度大，具有明显的平面分段特征。值得注意的是，F_{15}走滑断裂带北部为右行走滑，南部为左行走滑（图 3-60）。

（二）F_{117}走滑断裂带

通过连片地震解释与成图，F_{117}走滑断裂带在塔中—满深地区长达 188km，呈北东走向。受垂向岩性差异与分期变形的影响，走滑断裂具有明显的分层变形特征。依据断裂精细解释成果，综合垂向上的岩性与差异变形特征，由下至上将断裂依次划分为四个构造变形层：寒武系构造层、奥陶系碳酸盐岩构造层、上奥陶统碎屑岩—泥盆系构造层、石炭系—二叠系构造层（图 3-61）。

寒武系盐构造层中，受局部弱挤压作用的影响，膏盐岩层发生流动变形，并在断裂破碎带内发生盐增厚，发育盐丘或盐枕构造。部分断裂呈现弱张扭断裂，断面陡直，切穿盐层，不发育分支，且破碎带内盐层发生显著下掉，发育微小地堑。断裂带变形复杂，发育次级断裂，可能形成较宽阔的破碎带。下寒武统断裂整体活动较弱，平面上以不连续线性

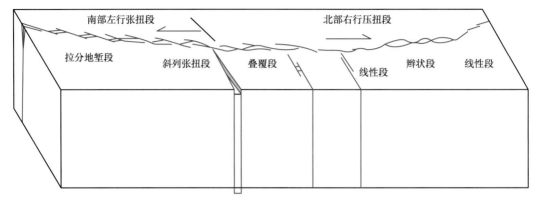

图 3-60 F$_{15}$走滑断裂分段平面样式特征图

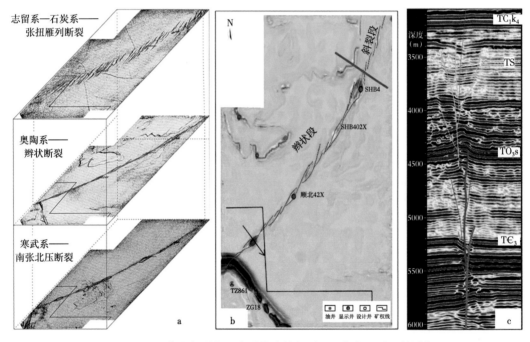

图 3-61 F$_{117}$走滑断裂分层变形样式特征图（T 代表地震反射层位）

特征展布为主，两侧不发育分支，局部存在叠接区，发育软连接构造。上寒武统断裂活动较强，线性特征明显，连续性增强。南部与北部发育多条分支断层，平面上呈雁列式叠接分布。值得注意的是，次级断裂向上可能消失在寒武系盐间，也可能向上突破至寒武系顶面或下奥陶统内部，并没有固定的截止层段。同时，寒武系内部与顶面也没有构造环境的突变与不整合面发育。因此，该断裂构造层不一定代表一期断裂活动。

奥陶系碳酸盐岩构造层中，压扭构造发育，主干断层两侧发育分支断裂，断层破碎带宽度大，且破碎带内地层发生上拱变形，具有正花状构造特征。局部断层不发育分支断裂，断面陡直，破碎带狭窄，发育单断上拱地垒。由于断裂组合的差异，断裂带局部发育张扭构造，以单侧分支的负花状构造为主。张扭断裂的断距较大，地层发生明显下掉，发育双断下掉的地堑。部分断层不发育分支断裂，断面陡直。奥陶系一间房组顶面走滑断裂活动强，平面破碎带宽度大，分支断裂发育，具有典型平面分段特征。

上奥陶统桑塔木组—中泥盆统构造层中，以张扭雁列构造发育为特征。断裂带内发育多条正断层，断距显著，地层发生明显下掉，形成多断式地堑构造。部分区段发育两条正断层，形成双断式下掉地堑。断裂带局部处于弱压扭环境，地层发生显著褶皱变形，发育压扭褶皱构造。志留系断裂活动强烈，平面整体呈右阶雁列展布。且具有北强南弱的活动特征，南部断裂延伸距离短规模小，而北部断裂规模大，平面延伸距离较长。

F_{I17}走滑断裂带具有明显的分段特征（图3-62、图3-63、表3-4）。根据奥陶系碳酸盐岩顶面断裂的组合特征，F_{I17}走滑断裂带从南向北依次划分为线性段、斜列段、辫状段、斜列段、辫状段、斜列段共6段。

南部线性段（Ⅰ段）长约21km。地震剖面上，在寒武系—奥陶系碳酸盐岩中发育呈近于直立线性断层，倾角接近90°，断面平直。断层两侧地层变形微弱，两盘高差一般低于70m，大多呈现背形的上凸变形，具有压扭特征。很多部位向上断至志留系—泥盆系，多呈负花状构造向下消失在奥陶系碳酸盐岩上部，呈现张扭特征。平面上，走滑断裂在寒武系呈直线分段延伸，在奥陶系碳酸盐岩顶面呈雁列（斜列）分布，形成相互近于平行的高陡断层系，在志留系呈雁列分布，断片多未连接。

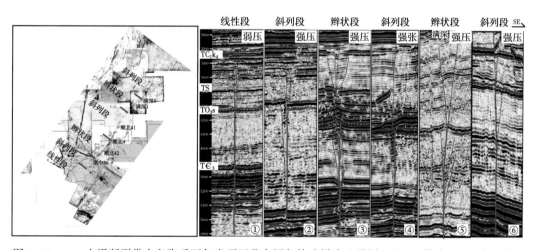

图3-62　F_{I17}走滑断裂带在奥陶系石灰岩顶面分布图与构造样式地震剖面图（T代表地震反射层位）

表3-4　F_{I17}走滑断裂带分段特征表

	Ⅰ	Ⅱ	Ⅲ	Ⅳ	Ⅴ	Ⅵ
分段	线性段	斜列段	辫状段	斜列段	辫状段	斜列段
分层	Є—D	Є—C	Є—C	Є—P	Є—D	Є—D
分类	压扭	压扭	压扭夹张扭	压扭	压扭夹张扭	压扭
分期	O、S—D	O、S—D、C	O、S—D、局部C	O、S—D、局部P	O、S—D	O、S—D
长（km）	21	31.6	23.8	42.2	25.2	43.1
高差（m）	95	258	132/−156	129/−186	148/−187	64/−98

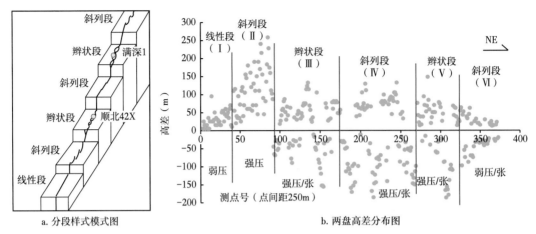

图 3-63 F$_{117}$走滑断裂带分段样式模式图与两盘高差分布图

南部斜列段（Ⅱ段）长约 31.6km。走滑断层的规模增大，断层两盘出现明显的错断与断距，在奥陶系碳酸盐岩顶部构造变形的高差高达 260m。志留系—泥盆系负花状构造更发育，并形成显著的微地堑。有的区段可能出现断面倾向改变，或是上下层位的倾向转变，地震剖面上出现断面扭曲，相邻剖面上断面倾向突变，在空间上形成丝带效应。平面上断片呈侧列分布，雁列（斜列）的断片发生软连接，有的断片之间逐渐发生相互作用形成硬连接，形成更长的分段。

南部辫状段（Ⅲ段）长约 23.8km。在奥陶系碳酸盐岩顶部出现张扭走滑断层，形成张扭与压扭间互出现的辫状构造段。剖面上呈正断下掉的小型负花状构造地堑，下掉的高差达 156m。值得注意的是，大多奥陶系碳酸盐岩顶面的负花状构造断裂是上覆志留系—泥盆系断裂向下发育的结果，并叠加在奥陶系的正花状构造之上。志留系—泥盆系雁列断裂发育，并形成较为宽阔的微小地堑群。平面上正花状构造断裂形成的压扭背斜与负花状构造断裂形成的张扭地堑交替出现，高差在 -156～135m 间变化，微小断裂复杂多样，组成复杂的辫状构造带。

北部斜列段（Ⅳ段）长约 42.2km。该段奥陶系碳酸盐岩顶部多以斜列的硬连接断片发育为主。地震剖面上，主断层高陡直立，次级断裂多位于主断层的狭窄断裂带内发育，多呈半花状构造沿主断层一侧发育。虽然辫状构造欠发育，但斜列的断裂连接部位相互作用强烈，纵向上的变形高差大，高差变化在 -186～129m 之间。平面上呈现 R 型断裂发育的主断裂带贯穿的斜列连接断裂带，局部短轴背斜规模小，地堑窄而深。

北部辫状段（Ⅴ段）长约 25.2km。该段奥陶系碳酸盐岩顶部又发育辫状构造，多以压扭的断垒带为主，地堑规模较小。地震剖面上，正花状构造发育，断垒内次级断层发育，局部短轴背斜发育。负花状构造较少，多沿主断层一侧发育，地堑窄而深。纵向上的变形高差较大，高差变化在 -138～94m 之间。平面上正花状构造断裂形成的压扭背斜多，间夹负花状构造，呈现压扭背斜带。志留系—泥盆系雁列断裂发育，向下合并到奥陶系主干断层。

北部斜列段（Ⅵ段）长约 43.1km。该段断裂活动逐渐减弱，奥陶系碳酸盐岩顶部多以斜列的软连接与硬连接断片为主。地震剖面上，主断层高陡直立，断面地震响应不明显，多呈挠曲变形，高差从 90m 逐渐降低到约 20m。次级断层邻近主干断层发育，多呈半花状构造沿主断层一侧发育。平面上，奥陶系碳酸盐岩顶面斜列的断裂连接部位相互作用较弱，以弱压扭的正向地貌为主。志留系—泥盆系雁列断裂发育程度降低，断距也快速减小至 50m 以内。

通过地震精细解释，不同断裂段内部又通过一系列断片组成，形成复杂的分段组合（图 3-66）。

二、跃满走滑断裂带

通过地震构造解释与成图（图 3-64），跃满地区主要发育四条北东向走滑断层，长度在 20~40km 之间，其间有一系列小型北东向次级走滑断层，在地震属性上也有明显的响应。这些断层向南终止在北东东向 F_{I10} 走滑断裂带之上，向西收敛于 F_{I5} 走滑断裂带，其间还有一条向西突出的弧形火成岩带，以及一条北西向走滑断层向南延伸散开的尾段，组成一系列北东向的断块。在主干北东向走滑断层上，还发育少量的北西向次级断裂，与主干断层小角度相交，但数量远少于北部哈拉哈塘地区。根据地层与先期构造的错动位移推算，F_{I5} 断层水平位移达 1.3km。北部哈拉哈塘地区上奥陶统台缘礁滩体水平位移错动达 400m，但本区走滑断层水平位移很小，地震资料没有显示显著的水平错动，根据地层错动分析水平位移在 200m 以内。

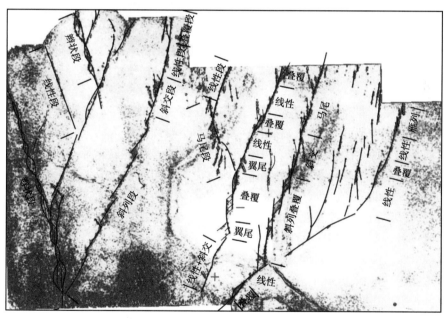

图 3-64　跃满地区奥陶系一间房组顶面振幅属性与走滑断裂解释

本区走滑断层规模较小，活动强度弱。地震剖面上（图 3-65），走滑断层以高陡直立的线性断裂为主，并具有正花状构造、负花状构造、半花状构造等剖面样式。小型次级走滑断层通常为直立的单一断面的高陡断层，向下断至基底，向上多终止于奥陶系碳酸盐岩顶部，平面直线延伸。这些断层没有明显的垂向位移，可见局部略微上凸，显示压扭构造。主干断层也近于垂直，但向上可能断至石炭系之下，局部可能有微小晚期断裂延伸至二叠系。另外，主干断层在奥陶系碳酸盐岩顶部具有显著的构造幅度，多形成以上凸为主的正花状构造，在奥陶系碳酸盐岩上部形成分支断层向上散开背冲，在碳酸盐岩顶部形成断垒，断面高陡，向下收敛、合并，具有明显的"挤压、逆断、背形"的构造特征（邬光辉等，2016）。在火成岩影响断层区，则出现明显的下掉断堑，具有明显的"拉张、正断、向形"的负花状构造特征，可能也有火成岩活动的影响。奥陶系碳酸盐岩以上则多出现负花状构造，多分布志留系—泥盆系，局部延伸至二叠系，可能是后期转换伸展作用的结果。

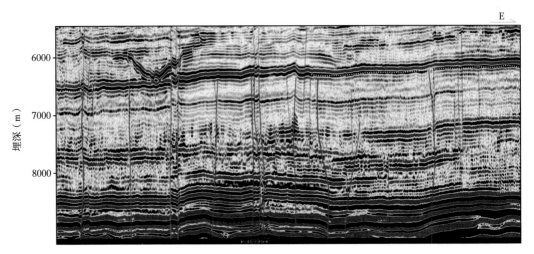

图 3-65　跃满地区走滑断层典型地震剖面

本区走滑断层主要分布在下古生界碳酸盐岩，构造类型多样，主要发育北东向走滑断层，断层规模大、构造活动强烈。志留系—二叠系主要为雁列构造、线性构造，多为继承性发育，向下与早期走滑断层合并，但发生性质转换，从压扭转向张扭（图 3-66），局部改造早期的断垒带。仅有局部区段断至二叠系，沿北东向大型走滑带发育。平面上线性延伸或斜列分布，以北东走向为主，发育 R 型剪切面的派生断层（图 3-66）。通过构造建模与地震解释，跃满地区发育线性构造、花状构造、辫状构造、雁列构造、马尾状构造与拉分微地堑等多种构造类型（图 3-66）。

本区线性构造发育（图 3-64），分段长度在 2~5km 之间，较长的分段达 7~9km。垂向上，构造高差一般低于 30m，没有明显的起伏，为弱的压扭断裂，也称为平移段。分段之间孤立，没有发生连接，也没有明显的斜列排列。值得注意的是，垂向上有的断裂呈分段斜列（图 3-67），具有桥接连接特征。分段间可能是软连接关系，也可能呈现硬连接关系。断裂连接部位，地震波组杂乱，垂向"串珠状"缝洞体储层发育。

本区发育翼尾状断裂，如跃满 2 井区发育向南散开的翼尾状断裂（图 3-68）。翼尾状断裂以 2~3 条次级断裂与主断层大角度斜交，不同于 R 型剪切的低角度断裂。本区断裂规模小，没有形成翼尾状地堑。但尾段多为张扭部位，具有负地貌，呈现向塔中翼尾状地堑发育的趋势。

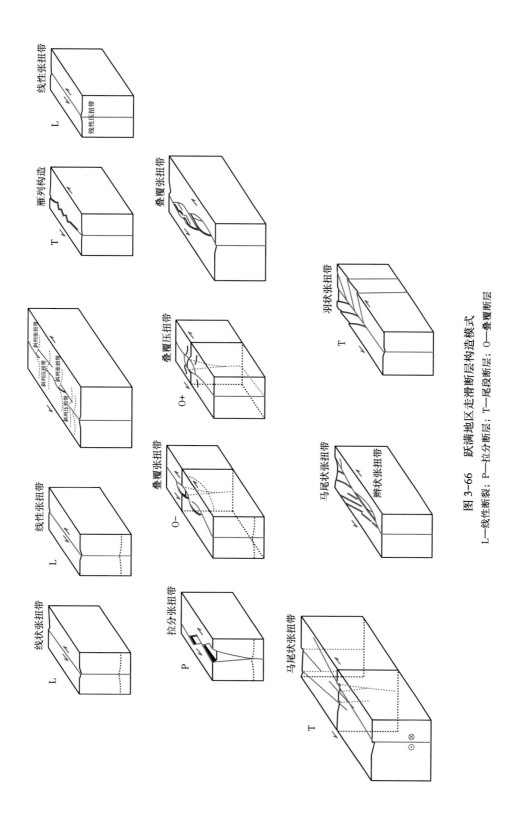

图 3-66　跃满地区走滑断层构造模式

L—线性断裂；P—拉分断层；T—尾段断层；O—叠覆断层

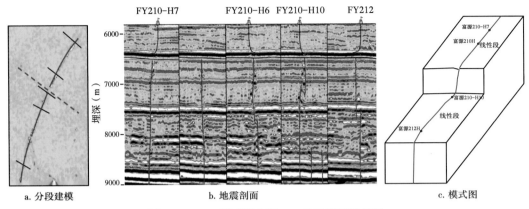

图 3-67　F_{I12} 断裂带富源 210 井区断裂特征图

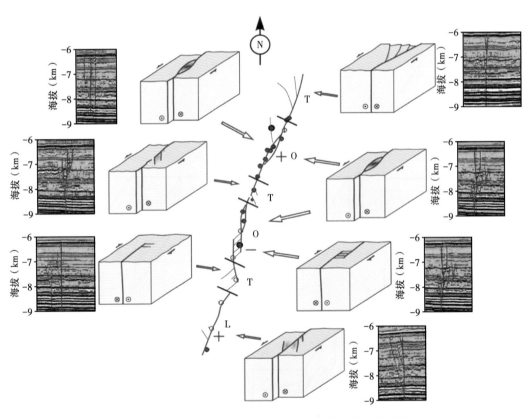

图 3-68　F_{I7} 断裂带跃满 2 井区走滑断层分段构造模式图

⊗—向内运动；⊙—向外运动；T—尾段；O—叠覆段；L—线性段

　　本区断裂具有向北发育的特征，如 F_{I6} 断裂带跃满 22 井区（图 3-69）。该断裂带可分为四段，从南至北为侧列叠覆段、斜列段、马尾状段与斜列段。前三段都分别出现向北散开的尾段断裂，指示断裂的北向发育，不同于塔北地区走滑断裂向南发育的马尾状构造。

同时，构造高差也呈向北缓慢增长后的突变，指示向北发育特征。

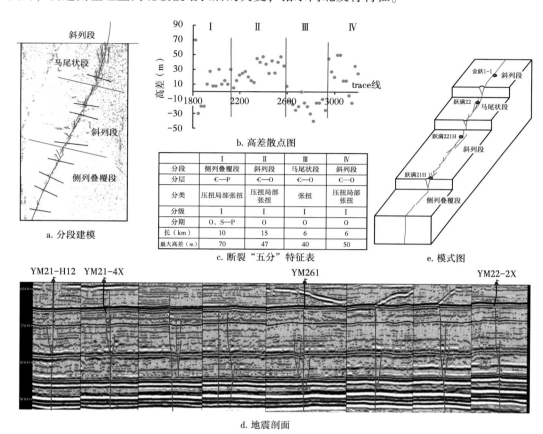

a. 分段建模

b. 高差散点图

c. 断裂"五分"特征表

分段	I	II	III	IV
	侧列叠覆段	斜列段	马尾状段	斜列段
分层	€—P	€—O	€—O	€—O
分类	压扭局部张扭	压扭局部张扭	张扭	压扭局部张扭
分级	I	I	I	I
分期	O、S—P	O	O	O
长（km）	10	15	6	6
最大高差（m）	70	47	40	50

e. 模式图

d. 地震剖面

图3-69 F_{16}断裂带跃满22井区断裂解析"四图一表"

走滑断层的分段性明显（图3-63、图3-67—图3-69）。一般走滑段呈线性构造，平面直线延伸，缺少次级断层。有些段呈斜列分布，可能组成雁列构造，向下收敛合并形成统一断面。志留系—泥盆系中多呈雁列构造或斜列构造。受局部张扭应力作用，形成左旋左阶步或右旋右阶步的斜列断层组合时，形成微小的地堑或地垒。由于断层位移小、构造变形弱，产生微小的地堑或地垒。断层中部位移较大部位发生断层斜列时，可能形成拉分地堑。

本区派生断层多为沿北西向R型剪切面形成小型的断层，与主干断层组成微起伏的正地貌断块，是井位部署的主要部位。在走滑断层的发散尾端，容易形成马尾状构造，表现为一系列斜列的断层呈发散状排列。马尾状构造中主断层活动减弱，断层变形带散开变宽。断层消亡部位发育一系列派生的小型断层，剖面上断距较小，向下收敛依附于主干断层，平面上沿主断层带两侧向外发散。有的断层尾端以斜列断裂为主。由于不同区段具有多种类型样式，形成复杂的分段组合，通常由直立线性段—斜列段/叠覆段—马尾状段/线性段组合而成。

第四章　走滑断裂运动学特征

塔里木盆地走滑断裂具有位移量小、活动期次多、运动演化复杂等特点，走滑断裂活动时期定年与演化模式建立，对走滑断裂构造解析及其控储、控藏与控富等具重要理论价值与实践意义。

第一节　走滑断裂活动年代测定技术

一、断裂带原为方解石 U-Pb 测年

（一）断裂活动定年主要方法

断裂活动年代可以间接地从包含断层的地层层序进行推断，被断层切割的最年轻的地质体制约了断裂活动的下限年龄，而覆盖在断层上的最老的地质体制约了断裂活动的最晚年龄（Tagami，2012）。该方法广泛应用于野外地质观测，为断裂演化与区域构造演化研究提供了简便易行的手段。

在沉积盆地中，通常通过地震资料判识断层断穿的最上部地层层位，从而推断断层活动的地质年代。其中，断层切断一套较老地层，而被另一套较新地层以角度不整合所覆盖，可以推测这条断层形成于角度不整合下伏地层中最新地层形成以后和上覆地层中最老地层形成以前。

由于走滑断裂的垂向断距较小，地震资料的精度往往难以确定断裂向上断开的层位，断裂活动的时代不容易推断。此外，受后期断裂继承性活动与多期活动的影响，断裂形成时期与多期活动的具体时间往往难以判别，需要结合其他资料与定年方法综合分析。

同时，由于断层活动容易造成地层的变形，产生褶皱作用，可以利用与断层同期变形的地层和褶皱等的相互关系来确定其形成时期。同构造期沉积地层可以指示相关断层与构造事件发生的时间（Fossen，2010），并在构造演化中得到广泛应用。

同生断层落差随着深度增加而增大，下降盘地层厚度比上升盘地层厚度明显增大。通过同沉积地层、地貌与同沉积构造的分析，可能估算断裂活动年代。同生断裂的晚期活动、持续活动、间歇活动等模式都有助于断裂活动年代的判断。在断裂带，往往有岩体活动，并与断裂活动时间密切相关。如果断裂被岩体切断，断层形成显然早于岩体形成的年代。如果断层切割岩体，则断层活动应晚于岩体形成的年代。断裂活动期，容易形成岩体通道，并被岩墙、岩脉充填或有错断迹象，断层与岩墙、岩脉侵入近于同期。利用放射性同位素定年测定岩体时代，可以限定断层形成的年代或活动年代。

这些方法可以确定断裂活动的相对年代，是常用的最简便的方法，但大多只能确定断裂相对年代，间接推断断裂活动的年代。确定断裂活动时间的直接方法主要利用热年代学

技术分析断层岩（Tagami，2012）。研究表明，放射性成因的元素自某类矿物衰变或丢失的速率一般不以外界条件而改变，因此可以根据这种衰变速率和测定的相关元素的量来计算衰变所经历的年龄，然后再按照这类矿物赋存其中的地质体与构造断裂活动的关系推测断裂活动的年龄。常用的同位素测年方法有 K/Ar、^{40}Ar-^{39}Ar、Rb-Sr、^{14}C、U-Pb、释光（OSL/TL）、电子自旋共振（ESR）、裂变径迹（FT）、宇宙成因核素（^{10}Be-^{26}Al，^{36}Cl）等。

（二）U-Pb 测年技术方法简介

热年代学技术在断裂带定年研究中得到应用，但前新生代断裂定年精度低，且很难应用到井下沉积地层。碳酸盐胶结物 U-Pb 测年技术取得重要进展（Robert 等，2016；Nuriel 等，2019，2020；Yang 等，2021），提供了高精度的碳酸盐岩断裂定年方法。

在碳酸盐岩地层中，次生方解石是具有 U-Th 或 U-Pb 年代学测试的一种低浓度的含铀矿物（Uysal 等，2009；Nuriel 等，2011，2019）。碳酸盐岩 U-Th 年代学主要应用于小于 0.5Ma 的近代胶结物测年（Zhao 等，2001，2009；Uysal 等，2007；Nuriel 等，2012）。

近年来，激光剥蚀碳酸盐岩 U-Pb 年代学已被应用于断裂带次生方解石定年、成岩相关的埋藏史和变形史及沉积盆地的热史，原位断层相关方解石 U-Pb 测年使新生代断裂活动定年成为可能（Ring 等，2016；Roberts 等，2016；Nuriel 等，2017，2019）。但是，地下岩石内方解石中 U 浓度低（小于 10mg/L）、精度低（3%~10%的 2σ），方法技术仍然具有挑战性。同时，由于后期断层和流体活动的影响，多期断裂活动的原位 U-Pb 定年非常复杂。此外，地下多期断裂带到断层活化和流体年代测定的有效样品难以获得。因此，缺乏前中生代多期断裂定年研究。

结合塔里木盆地走滑断裂带成岩作用分析，在澳大利亚昆士兰大学放射性同位素实验室开展了方解石激光原位 U-Pb 测年试验。原位激光烧蚀电感耦合等离子体质谱（LA-ICP-MS）测定了痕量元素，光斑尺寸为 100μm。针对高 U 和 U-Pb 比值点取直径 200 μm 样点进行原位 U-Pb 年代学分析（Roberts 等，2016；Nuriel 等，2017，2019；Hansman 等，2018）。碳酸盐样品的分析使用 LA-ICPMS 和 ASI 分辨率 193nm 准分子紫外 ArF 激光烧蚀系统进行（详见 Yang 等，2021）。U-Pb 同位素比值及其不确定度使用（Paton 等，2011）方法计算。

在测序过程中，依次测量了用于地质年代学的物质（^{206}Pb，^{207}Pb，^{232}Th，^{235}U 和 ^{238}U），并采用括号法测量了四种碳酸盐岩标准物质（AHX-1A、AHX-1B、AHX-3A、AHX-3B）和玻璃标准物质 NIST614（每 5~6 个未知数之间分别测量一个标准碳酸盐岩和玻璃）。使用 NIST 614 对 ^{207}Pb/^{206}Pb 分馏和 ^{206}Pb/^{238}U 比值中的仪器漂移进行校正（Woodhead 等，2007）。修正 ^{207}Pb/^{206}Pb 比率后，碳酸盐参考样本 AHX-1A（已知的年龄 209.80Ma±0.48Ma）（图 4-1a；Nguyen 等，2019），低 U 含量为 0.108mg/L（图 4-1b）用于 ^{206}Pb/^{238}U 比值标准化。采用其他三种碳酸盐岩标准（AHX-1B、AHX-3A、AHX-3B）进行数据质量控制。

为了校准标准样品，首先校准了 AHX-1A 与 ASH-15 标准样（其 TIMS 年龄为 3.001Ma±0.064Ma；Nuriel 等，2017）。通过对 21 个单独阶段的 Nu Plasma IImC-ICP-MS 进行钳位测量，激光光斑尺寸为 100μm，为期一年。从 21 个独立年龄的 ASH-15 中获得了 2.990Ma±0.019Ma 的加权平均年龄（图 4-1c）。每次测试约 50~150 组数据点，从 21 个样品的连续独立校准中总共获得约 2000 个数据点。在分析每个 ASH-15 年龄的不确定性后，

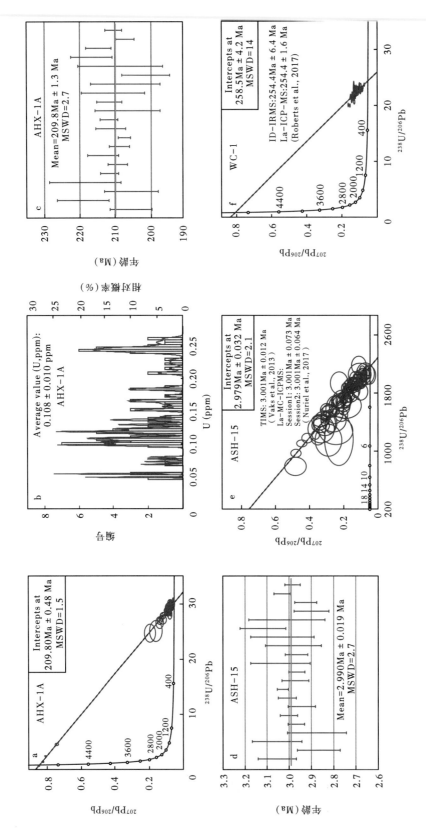

图 4-1　方解石矿物 AHX-1A 与公认标准 WC-1 和 ASH-15 样品的 LA-ICPMSU-Pb 交叉校准结果

a 和 b 为 AHX-1A 定年结果和一次 U 含量平均值；c 和 d 显示 21 个独立年龄的 AHX-1A 和 ASH-15 的加权平均年龄；e 和 f 为 ASH-15 及 WC-1 谐和年龄图。
$^{207}Pb/^{206}Pb$ 同位素分馏根据国际标准 NIST614 进行校准，AHX-1A 的 $^{238}U/^{206}Pb$ 元素分馏根据工作标准 ASH-15 进行校正，推荐年龄为 3.001 Ma (Nuriel 等，2017)。
WC-1 的 $^{238}U/^{206}Pb$ 元素分馏根据 AHX-1A 标准进行校正，推荐年龄为 209.8Ma

21 个独立的 AHX-1A 年龄加权平均年龄为 209.8Ma±1.3Ma（图 4-1d, Nguyen 等, 2019）。为了评估标样年龄 AHX-1A 的准确性, 同时测量 AHX-1、ASH15 和 WC-1, 其中 AHX-1 作为已知的标样并使用的年龄 209.8Ma 校正 ASH15 和 WC-1 的分馏元素。测年结果得出年龄分别为 2.979Ma±0.032Ma 和 258.5Ma±4.2Ma, 与误差范围内报道的 ASH15 年龄 3.001Ma±0.064Ma（图 4-1e, Nuriel 等, 2017）和 WC-1 年龄 254.4Ma±6.4Ma（图 4-1f, Roberts 等, 2017）高度一致, 表明标样 AHX-1A 的推荐年龄（209.8Ma±1.3Ma）准确可靠。在 Igor Pro 环境下使用 Iolite v3.6 软件进行碳酸盐岩 U-Pb 年龄的数据处理（Paton 等, 2011）。在 Igor Pro 环境下使用 Paton 等（2011）的软件进行碳酸盐岩 U-Pb 年龄的数据处理, 分别采用内置的"U-Pb 年代学"和"微量元素"模块进行 U-Pb 年龄和 U-Th-Pb 浓度还原。使用 Isoplot 软件对数据进行回归分析, 确定样品年龄。

（三）塔中地区 U-Pb 测年

1. 测试结果

样品采集于中央断垒带的 TZ2 井和 TZ4 井下奥陶统顶部碳酸盐岩。在 TZ2 井和 TZ4 井中, 泥盆系和志留系的碎屑岩分别不整合于下奥陶统石灰岩顶部（图 4-2）。如 4-26-27/50 样品所示（图 4-3a1、a2）, 次生方解石沿断裂带生长, 晶粒粗大（大于 5mm）, 与围岩分界明显。在反光镜（BS）和扫描电子显微镜（SEM）图像中, 石灰岩 TZ4-26-27/50（B）具有明显的流体作用, 次生方解石 TZ4-26-27/50（A）晶体非常完整（图 4-3a3、a4）。在 TZ4-25-3/37 样品, 次生方解石 TZ4-25-3/37（B）内填充了粗晶方解石 TZ4-25-3/37（A）（图 4-3b1、b2）。在交叉偏振光（XPL）、SEM 和 BS 镜下, 粗晶 TZ4-25-3/37（A）完好无损, 次生方解石晶体 TZ4-25-3/37（B）破碎（图 4-3b3、b4）。在 TZ2-14-34/57 样品中, 方解石晶体均匀、完整, 手样、XPL 和 BS 图像均未见后期改造迹象（图 4-3c1~c3）。在 TZ2-14-36/57 样品中, 可以区分出四期方解石, 包括两个白色（TZ2-14-36/57（A）和 TZ2-14-36/57（D）和两个黑色（TZ2-14-36/57（B）和 TZ2-14-36/57（C）样品（图 4-3d）。TZ2-14-36/57（A）的特征是粗粒（粒径达 5mm）方解石和围岩非常完整、界线清晰（图 4-3d3、d4）。在 XPL 和 SEM 图像中, TZ2-14-36/57（B）显示出明显的溶解改造和微晶方解石沉淀, 与 TZ2-14-36/57（A）有明显的边界（图 4-3d3、d4）。TZ2-14-36/57（C）样品的方解石矿物学特征与 TZ2-14-36/57（C）相似, 且有明显的后期改造（图 4-3d5）。而 TZ2-14-36/57（D）中的方解石晶体在 XPL、SEM 和 BS 下存在两种类型, 如 TZ2-14-36/57（B）和 TZ2-14-36/57（C）明显经历后期改造的方解石, 以及 TZ2-14-36/57（A）完整的粗晶方解石（图 4-3d6、d7）。

从 TZ2 井的 5 个次生方解石中获得了 6 个年龄。粗晶方解石样品 TZ2-14-36/57（A）的年龄为 307.6Ma±7.1Ma（$n=46$, MSWD=4.1, 图 4-4a）, 其中 U 和 Pb 的浓度分别介于 0.0036~5.6mg/L（均值为 0.74mg/L）和 0.0246~4.67mg/L（均值为 0.562mg/L）之间。次生方解石样品 TZ2-14-36/57（B）的年龄为 450.4Ma±6.2Ma（$n=25$, MSWD=1.8, 图 4-4b）, U 和 Pb 的浓度范围分别为 0.0490~1.5mg/L（均值为 0.40mg/L）和 0.0005~0.497mg/L（均值为 0.0525mg/L）。次生方解石样品 TZ2-14-36/57（C）的年龄为 435.2Ma±9.7Ma（$n=37$, MSWD=2.0, 图 4-4c）, 其中 U 和 Pb 的浓度范围分别为 0.05~5.04mg/L（均值为 0.543mg/L）和 0.0005~0.709mg/L（均值为 0.1547mg/L）。在 TZ2-14-36/57 样品（D）

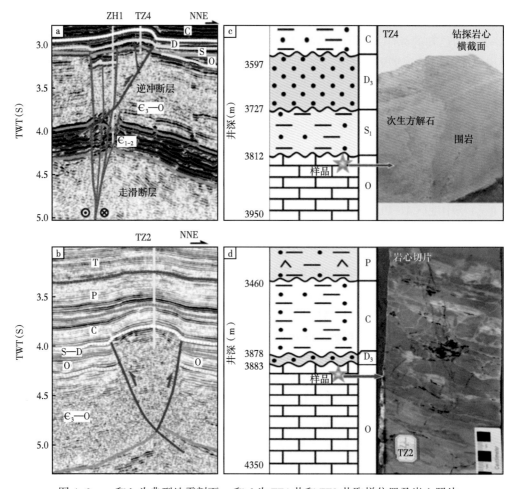

图 4-2　a 和 b 为典型地震剖面;c 和 d 为 TZ4 井和 TZ2 井取样位置及岩心照片

中，微晶和改性方解石的年龄为 456Ma±11Ma（$n=18$，MSWD=0.8，图 4-4d），其中 U 和 Pb 的浓度分别在 0.0418~0.585mg/L（均值为 0.141mg/L）和 0.0004~0.1696mg/L（均值为 0.0142mg/L）之间。相比之下，粗晶方解石的年龄为 328.0Ma±9.2Ma（$n=15$，MSWD=1.08，图 4-4d），U 和 Pb 的浓度范围分别为 0.0087~0.5340mg/L（均值为 0.1885mg/L）和 0.0004~0.0411mg/L（均值为 0.0088mg/L）。此外，还获得了另一种次生粗晶方解石 TZ2-14-34/57（图 4-4e）的年龄为 454.7Ma±7.2Ma（$n=44$，MSWD=3.3），其中 U 和 Pb 的浓度范围分别为 0.0101~2.691mg/L（均值为 0.6373mg/L）和 0.0050~1.829mg/L（均值为 0.4675mg/L）。

对 TZ4 井 2 个次生方解石样品进行了 3 次 U-Pb 年龄测定。TZ4-25-3/37 试样在大断裂中呈现两代脉体。粗晶方解石 TZ4-25-3/37（A）的产状年龄为 371Ma±18Ma（$n=27$，MSWD=1.4，图 4-4f），U 和 Pb 的浓度分别为 0.0048~0.0963mg/L（均值为 0.0379mg/L）和 0.0053~0.525mg/L（均值为 0.0639mg/L）。相比之下，微晶和改造方解石 TZ4-25-3/37（B）的产状年龄为 395Ma±14Ma（$n=52$，MSWD=1.04，图 4-4g），其中 U 和 Pb 的浓度

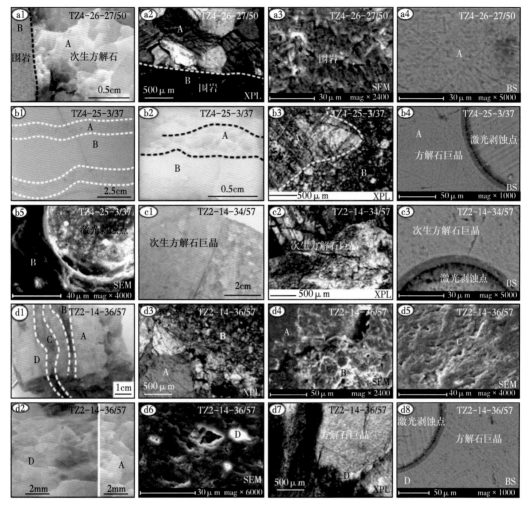

图 4-3 塔中岩心石灰岩和断裂相关次生方解石矿物学照片和显微照片

方解石 TZ4-26-27/50（a1~a4）、TZ4-25-3-37（b1~b5）、TZ2-14-34/57（c1~c3）和 TZ2-14-36/57（d1~d8）的
显微结构。xpl -交叉偏振光；SEM-scanning 扫描电子显微镜；BS-反光显微镜。注：TZ2-14-36/57（D）中 b6~b8 中
均含有未经后期改造过的方解石和改造过的方解石，原位 U-Pb 年龄分别为 456Ma±11Ma 和 328.0Ma±9.2Ma

范围分别为 0.0376~0.2134mg/L（均值为 0.0911mg/L）和 0.0168~0.1721mg/L（均值为
0.076mg/L）。此外，还获得了未见改造的次生粗晶方解石样品 TZ4-26-27/50（图 4-4h）
的年龄为 390.6Ma±6.0Ma（$n=36$，MSWD=1.3），U 和 Pb 的浓度范围分别为 0.0118~
1.145mg/L（均值为 0.2073mg/L）和 0~0.143mg/L（均值为 0.017mg/L）。

2. 断裂年代

通过观察分析，沉淀充填在断裂缝隙中的次生粗晶方解石明显不同于围岩石灰岩
（图 4-3）。这些主要的次生方解石年龄分别为 395Ma±14Ma、390.6Ma±6.0Ma 和 371Ma±
18Ma（图 4-4），其年龄明显小于中—下奥陶统。对比 TZ2 井 TZ2-14-36/57 样品的方解
石胶结物和粗晶方解石脉，得到了 456—435Ma 和 308—328Ma 两个阶段的年龄，最老胶

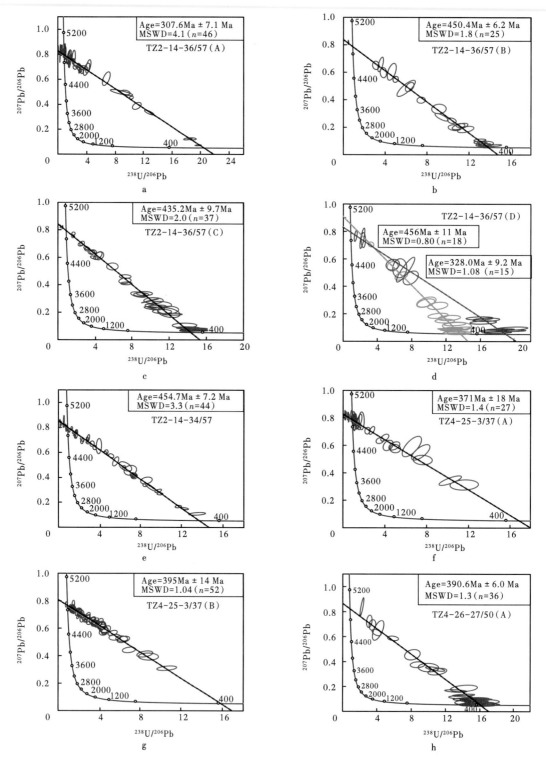

图 4-4　塔中奥陶系裂缝碳酸盐胶结物 U-Pb 年龄谐和图

Age—年龄；MSWD—平均标准权重偏差；N—样品数

结物的U-Pb年龄接近围岩地层年龄。次生方解石胶结物 TZ4-25-3/37（B）、TZ2-14-36/57（B）、TZ2-14-36/57（C）和 TZ2-14-36/57（D）比较破碎，存在中奥陶世以后的多期流体作用，这可能是早期成岩边缘胶结物在流体作用的晚期成岩蚀变中再沉淀的结果。然而，从 TZ2 井沿裂缝的次生粗晶方解石脉中获得了 455Ma 的年龄，表明也存在早期的不同世代的流体作用。

对塔中地区的地震资料与钻井资料分析表明，中晚奥陶世—泥盆纪发育多期逆冲与走滑断裂活动，但早期的断裂活动难以判识。由于上奥陶统之下存在区域不整合面，并普遍缺失一间房组—吐木休克组，且塔里木盆地从东西分异转向南北分带，研究可能是原特提斯洋闭合作用的结果（邬光辉等，2016），这种构造—沉积转换导致大规模的断裂活动。结合地震剖面解释分析，456—450Ma 断裂胶结成岩作用很可能是在中奥陶世末期发生断裂作用，在上奥陶统良里塔格组沉积时期发生胶结成岩作用，与上奥陶统良里塔格组沉积时期一致，这将断层活动上限限制在 456—450Ma 之前。

通过地震剖面分析，塔中地区志留系和上泥盆统之下存在显著的区域不整合面，样品部位中—下泥盆统和大部分志留系—中上奥陶统缺失（邬光辉等，2016），推断晚奥陶世—中泥盆世发育多期逆冲—走滑断裂活动。但由于地层缺失，断层活动的阶段和时间难确定。断裂胶结物测年表明，435Ma 时的胶结作用与前志留纪的断裂活动—早志留世沉降胶结相一致，埋藏胶结作用与晚奥陶世末期断裂活化相一致。泥盆系沉积前很可能发生一期强烈的断裂活动，并造成断垒带志留系的剥蚀，随后的中—下泥盆统沉积导致地温增加，有利于断裂带方解石的沉淀，从而在早泥盆世沉积过程中沉淀 395—390Ma 的断裂胶结物，指示又一期的断层活化。值得注意的是，中—下泥盆统全部缺失，仅通过下奥陶统断裂胶结物记录得以揭示该期的断裂活动。另一种可能是，前志留纪的断裂没有完全闭合，早泥盆世沉积中发生了断裂的再次充填。由于塔中北斜坡早泥盆纪沉积前的逆冲断裂与走滑断裂活动强烈，走滑断裂复活的可能性比较大，这与区域构造运动一致。

晚泥盆世沉积前，塔里木盆地经历了晚海西期构造运动和随后的断裂活动（贾承造，1997）。约 371Ma 时的胶结作用与上泥盆统东河砂岩沉积同时发生，而且地震剖面上见断裂大多终止于上泥盆统之下，这可能确证晚泥盆世之前的一期断裂活动。上泥盆统沉积之前存在阶段性断裂活动，塔中地区逆冲断层和走滑断层继承性活动，并导致塔中地区的隆升和剥蚀。东部中—下泥盆统和志留系被剥蚀殆尽，形成古夷平面。因此分析，390—370Ma 的断裂活动与塔里木克拉通晚泥盆世之前的造山运动相对应。另一方面，由于构造运动强度远弱于前石炭纪，石炭系断裂欠发育，形成稳定克拉通内坳陷沉积。而在经历强烈变形的中央断垒带石炭系发育断层相关褶皱，部分石炭系顶部遭受剥蚀。这些断层活化导致形成 328—308Ma 的次生方解石，揭示存在晚石炭世的断裂活动期。

综合分析，塔中断裂方解石胶结揭示了 456—450Ma、435Ma、395—390Ma 和 371Ma 的断裂胶结充填成岩事件，并指示多期的断裂活化作用，而且 328—308Ma 时的胶结作用可能与区域较弱的断层活化有关。

（四）塔北地区 U-Pb 测年

1. 测试结果

采用同样的方法流程，开展塔北哈拉哈塘地区走滑断裂方解石胶结 U-Pb 测年，结果在 3 口井获得有效的测年数据(图 4-5)。

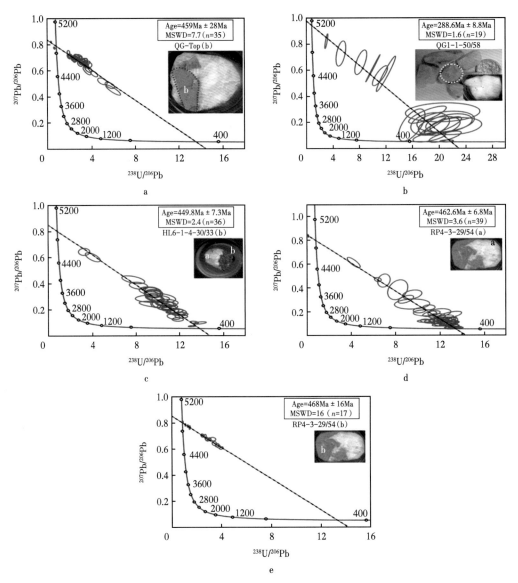

图 4-5 奥陶系裂缝碳酸盐胶结物 U-Pb 年龄谐和图

Age—年龄；MSWD—平均标准权重偏差；n—样品数

2. 断裂年代

RP4 井的两个样品 RP4-3-29/54 来自大裂缝中的方解石胶结物。两个样本的年龄相似，分别为 462.6Ma±6.8Ma（MSWD=3.6，n=39）和 468Ma±16Ma（MSWD=1.6，n=17）。这表明方解石沉淀发生在中奥陶世 468—462Ma，走滑断裂的形成时期应该同期或早于 462Ma。由于样品来自中奥陶统一间房组中上部，限定断裂形成时间的下限应在中奥陶世中—晚期。同时，由于 468Ma±16Ma 的偏差较大，走滑断裂的形成时间与 462Ma±6.8Ma 的胶结时间相当，属于同断裂期的胶结物。

QG1 井获得了两期年龄值，样品 QG-top 为红色方解石胶结物，断裂方解石胶结U-Pb 测年年龄为 459Ma±28Ma（MSWD = 7.7，n = 35）。$^{207}Pb/^{235}U$—$^{206}Pb/^{238}U$ 年龄谐和性较好，可代表方解石胶结物的结晶年龄。该数据同样可以推断一间房组走滑断裂形成时间在中奥陶世末期。另一样品 QG-1-50/58 为白色方解石胶结物，其年龄为 288.6Ma±8.8Ma （MSWD = 1.6，n = 19），代表二叠纪初期沉淀的方解石年龄，属于晚期胶结，揭示存在后期断裂活动与胶结作用。来自 HL6-1 井一间房组的样品也获得了 U-Pb 年龄。碳酸盐岩大裂缝中呈现同一世代脉状方解石胶结。样品方解石胶结测年分析得到 U-Pb 年龄为 449.8Ma±7.3Ma（MSWD = 2.4，n = 36）。该样品 $^{207}Pb/^{235}U$—$^{206}Pb/^{238}U$ 年龄的谐和程度高、偏差小，约450Ma时的胶结作用对应良里塔格组沉积时期，代表了方解石胶结物的沉淀年龄。结合钻探资料分析，该井区断裂形成时间有两种可能：一是一间房组沉积时末期，在良里塔格组沉积时期发生胶结充填；二是良里塔格组沉积时期形成断裂并发生同期胶结。结合其他样品表明一间房组沉积末期已发生断裂活动，推断第一种可能性较大。

二、流体包裹体组合法测定年

（一）方法概述

流体包裹体可以直接捕获油气充注过程中的烃类流体形成烃类流体包裹体，是油气充注最直接的记录，其对于沉积盆地油气充注史具有重要的指示意义（Goldstein 等，1994；Ping 等，2017；Lu 等，2020）。流体包裹体组合（FIA）是岩相学上对有关联的一组包裹体最细分的划分，其主要强调包裹体的等时性（Goldstein 等，1994；Goldstein，2003），在 FIA 的约束下进行流体包裹体研究会使数据更加科学、有效（池国祥，2008）。

研究区以哈拉哈塘—富满油田走滑断裂带为主，兼顾轮南东部走滑断裂带，以奥陶系碳酸盐岩岩心裂缝充填的方解石脉体为研究对象，严格以流体包裹体组合为基本单位对流体包裹体进行研究，主要包括岩相学观察、荧光观察、荧光光谱分析及显微测温（显微测温采用循环测温法），在 12 口井奥陶系碳酸盐岩储层段岩心获得有效数据。同时结合裂缝方解石测年、微量元素分析，以及埋藏史与热史曲线研究及构造演化史分析，探讨塔里木盆地走滑断裂形成期。

研究选取了塔北隆起走滑断裂带上取心井奥陶系目的层可用于流体包裹体研究的岩心 40 件，并且对其中 30 件进行了局部取样，在 12 口井获得有效的 FIA。选取的样品为塔北地区奥陶系碳酸盐岩裂缝中充填的方解石脉体，少量萤石脉。

流体包裹体薄片制片在廊坊岩拓地质服务有限公司完成，包裹体薄片厚度在 200μm 以内，双面抛光。岩石学观察在西南石油大学地球科学与技术学院碳酸盐岩实验室完成。阴极发光及包裹体显微测量在西南石油大学油气藏地质及开发工程国家重点实验室完成，在阴极发光分室使用 CL8200MK5 阴极发光显微镜，在 7~10kV 和 400~500mA 的工作条件下进行观测。在冷热台—荧光显微镜分室进行了流体包裹体岩相学研究与显微测温，包裹体显微测温采用德国 THMSG600 型冷热台，测温范围为-196~600℃，温度精度为 0.1℃，加热/冷冻速率为 0.1~150℃/min。荧光光谱定量化分析在长江大学地球科学学院成藏动力学微观检测实验室完成。

本次流体包裹体研究主要以流体包裹体组合对数据进行约束，流体包裹体显微测温采用了 Goldstein 等（1994）中提到的循环测温法。具体操作如下：选择一个观测温度，观测温度小于均一温度，当升温通过观测温度的时候，可以明显地看到气泡。但均一后降温通过观测温度的时候，由于气泡成核亚稳态，看不到气泡，如果已经均一，进行降温气泡不会很快出现；如果没有均一，进行降温气泡很快会出现。循环测温法虽然比较费时，但是得出的数据更可靠。

烃类包裹体的识别主要利用烃类的荧光性，通过在荧光显微镜下观察包裹体薄片，具有荧光性的包裹体为烃类包裹体，不具有荧光性的包裹体为盐水包裹体或者气包裹体。烃类包裹体的荧光颜色对其成熟度、油来源及充注分期具有一定的指示意义。但是肉眼观察到的荧光颜色只是定性的描述，可能存在误差，所以需要对荧光颜色进行定量化表征，即荧光光谱分析。荧光光谱分析主要分析烃类包裹体荧光的主峰波长，不同的主峰波长区间可以代表不同的荧光颜色特征。

此外，利用了在澳大利亚昆士兰大学放射性同位素实验室进行的同断裂期裂缝方解石原位 LA-ICP-MS 测年成果及其原位微量元素分析，同时利用 PetroMod 模拟软件进行模拟。

（二）测试结果

研究区走滑断裂带奥陶系石灰岩裂缝发育，裂缝类型与特征多样，一般有 1~3 期裂缝发育，南部富满油田以一期高角度裂缝为主。裂缝充填物以方解石为主，北部潜山区泥质充填多。充填方解石有 1~4 个世代，但大多为粗晶方解石胶结充填，局部缝隙含油，呈现多期裂缝活动的特征。荧光薄片分析胶结物以方解石为主，含有少量的铁方解石，局部含有萤石等热液矿物。解石脉阴极发光特征表现为不发光—明亮发光，发光颜色主要为不发光、橘黄—橙红色，并发现与橘黄—橙红色明亮阴极发光的方解石共生的蓝色昏暗阴极发光的萤石。方解石矿物阴极发光颜色通常为橘黄—橙红色，铁方解石矿物阴极发光颜色通常为不发光，萤石矿物阴极发光颜色通常为蓝色。碳酸盐岩矿物的阴极发光特征对于其形成序次与成岩阶段具有一定的指示作用，阴极发光不发光—昏暗发光通常指示海底、潮上、潮底、混合水、大气淡水等成岩环境，为同生成岩阶段的产物，其古地温通常为常温。阴极发光明亮发光通常指示浅埋藏成岩环境，为早成岩阶段的产物，其古地温通常为常温至 80℃。

流体包裹体类型的识别是流体包裹体岩相学观察的内容之一，本次研究一共识别出了三大类流体包裹体，分别为盐水包裹体、油包裹体及气包裹体。根据相态的不同又可以具体细分为四种类型，分别为富液相气液两相盐水包裹体、单一液相盐水包裹体、富液相气液两相烃类包裹体及单一液相烃类包裹体。同一流体包裹体组合中的类型主要为黄绿色荧光的富液相气液两相烃类包裹体共生的与富液相气液两相盐水包裹体，黄色荧光的富液相气液两相烃类包裹体、富液相气液两相盐水包裹体及共生的单一液相盐水包裹体。本次对油包裹体的荧光特征进行了观察描述，主要发育两种颜色的荧光，分别为黄色荧光与黄绿色荧光。对这两种荧光进行了荧光光谱分析（图 4-6），所得到的荧光主峰波长主要分布于两个区间范围（450~500nm，500~550nm），说明该批样品中的油包裹体确实主要发育两种类型的荧光，与岩心薄片观察结果一致。据荧光颜色与热演化程度对应关系分析，原油成熟度存在差异，推测可能发生过两期原油充注。

烃类包裹体的均一温度具有极其复杂的控制因素，所以一般来说烃类包裹体均一温度的地质意义难以解释，因此直接用烃类包裹体的均一温度代表其成藏时期的温度是不合理

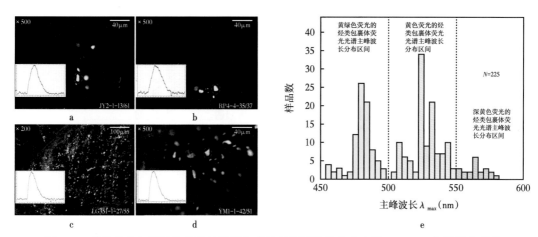

图 4-6　黄色荧光与黄绿色荧光的烃类包裹体显微照片及荧光光谱(a)~(d)与烃类包裹体
荧光光谱主峰波长数据频数直方图(e)

（a. 金跃 2 井，JY2-1-13/61，7085.00m，黄色荧光的烃类包裹体及荧光光谱；b. 热普 4 井，RP4-4-35/37，
6764.85m，黄色荧光的烃类包裹体及荧光光谱；c. 轮古 351 井，LG351-1-27/55，6312.83m，黄绿色荧光的烃类
包裹体及荧光光谱；d. 跃满 1 井，YM1-1-42/51，7260.8m，黄绿色荧光的烃类包裹体及荧光光谱；N—样品数）

的。本次主要寻找盐水包裹体与烃类包裹体共生的流体包裹体组合，根据流体包裹体组合的定义可知其内的所有包裹体都是同时捕获的，即具有等时性，从而具有相同的捕获温度。所以流体包裹体组合内的盐水包裹体的均一温度是可以代表与之共生的烃类包裹体的成藏温度，只需要测量同一流体包裹体组合内与烃类包裹体共生的盐水包裹体的均一温度，这样得出的数据可靠性较高。由于该批样品中的油包裹体的荧光颜色主要为黄色与黄绿色，可以分为两期，并进行相应的温度测试与解释。

通过黄色荧光的油包裹体共生盐水包裹体均一温度直方图（图 4-7）分析，FIA1、FIA5、FIA7、FIA8 具有低温区间和相对较高的温度区间，FIA2、FIA6 只具有相对较高的温度区间，FIA3、FIA4 只具有低温区间。根据以上温度信息可以做出两种解释，第一种解释为黄色荧光的油包裹体代表一期低温成藏期（低温成因的单一液相盐水包裹体具有重要的意义，其均一温度一般小于 40~50℃）。由于成藏时期较早，其中的高温信息为低温盐水包裹体在不断埋藏的过程中受到了不同程度的热改造再平衡的记录。其中 FIA1、FIA5、FIA7、FIA8 部分发生热改造再平衡，FIA2、FIA6 完全发生热改造再平衡，FIA3、FIA4 未发生热改造再平衡，所以其中的高温数据不具有成藏温度意义。另一种解释为黄色荧光的油包裹体具有一期低温成藏与一期高温成藏，但是由于受到了不同程度的热改造再平衡，使得高温区间数据较为分散，其中 FIA3（哈 801 井）未记录到高温信息的原因可能是受本次样品的原因未检测到。

从黄绿色荧光的油包裹体共生盐水包裹体均一温度直方图（图 4-8）可知，FIA1 与FIA2 的均一温度数据区间较为一致，FIA1 的均一温度分布区间为 108~124℃，其中 108~116℃的温度范围占主导。FIA2 的均一温度分布区间为 100~116℃，其中 100~108℃区间的温度数值较多。综上所述，本次研究认为黄绿色荧光的油包裹体代表一次高温成藏，其成藏温度区间为 100~116℃，同时在 FIA1、FIA2、FIA5、FIA7、FIA8 黄色荧光的油包裹

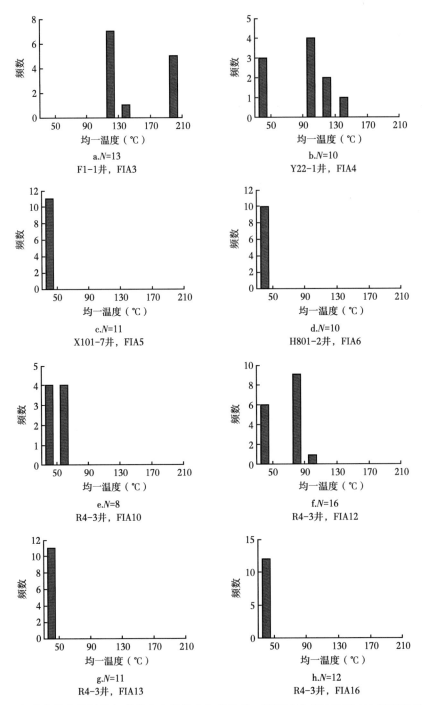

图 4-7　与黄色荧光的烃类包裹体共生的盐水包裹体均一温度直方图(按照 FIA 原理分析数据)

体共生盐水包裹体中都记录了这一区间的温度值。

综合以上分析，结合黄色荧光的油包裹体共生盐水包裹体均一温度数据与黄绿色荧光的油包裹体共生盐水包裹体均一温度数据，该批样品中油包裹体至少具有两期成藏，分别

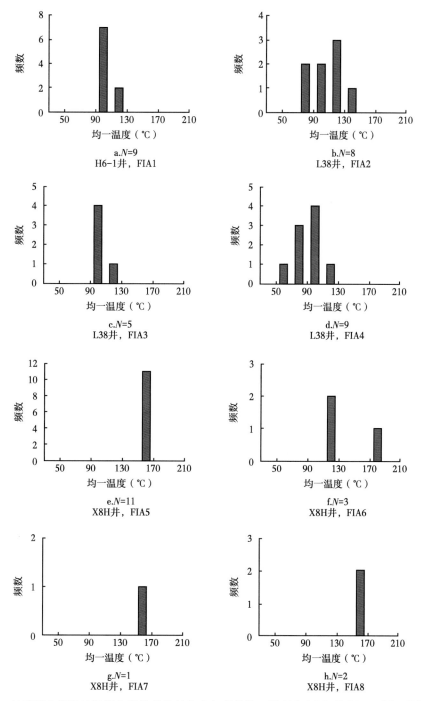

图 4-8 与黄绿色荧光的烃类包裹体共生的盐水包裹体均一温度直方图（按照 FIA 原理分析数据）

为一期低温成藏，成藏时间较早，其成藏温度范围为小于 40~50℃；一期高温成藏，成藏时间较晚，其成藏温度范围为 100~116℃。肉眼识别的黄色荧光（荧光光谱主峰波长范围为 500~550nm）与黄绿色荧光（荧光光谱主峰波长范围为 450~500nm）的油包裹体一般都具有相对较高的热成熟度，低温的一期油包裹体具有较高的热成熟度，可能是由于后期埋藏温度升高所致。

　　前期研究表明，除二叠纪早期的火成岩活动期间影响外，塔里木盆地显生宙地温场是逐渐退火的过程，古地温梯度从35℃/km逐渐降低到20℃/km。结合前人的研究成果，通过轮探1井校正，地温梯度及剥蚀量，编制了富满坳陷区与哈拉哈塘斜坡区典型井的埋藏史与热史曲线图（图4-9）。结果表明，阿满过渡带生烃中心部位具有早古生代快速沉降、

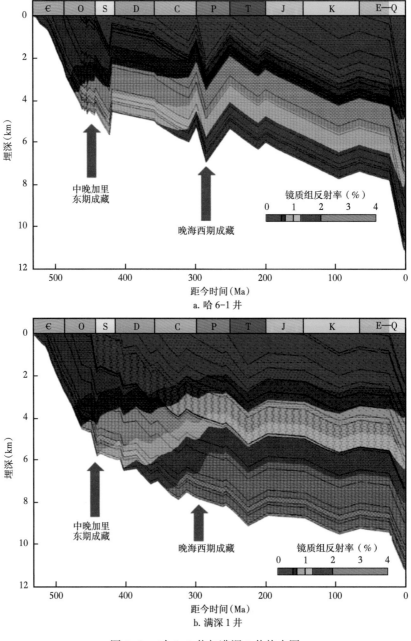

图4-9　哈6-1井与满深1井热史图

晚古生代减速沉降、中生代—古近纪缓慢沉降与新近纪以来的快速沉降过程。由于古地温梯度持续降低，下寒武统底部玉尔吐斯组烃源岩在加里东运动晚期在已进入生油高峰期（图4-9a），晚海西运动期进入过成熟生气阶段，中生代以后生烃停滞。而哈拉哈塘地区古生代具有多期振荡升降作用下的缓慢沉降过程，可能存在分别对应于奥陶纪晚期（加里东运动中期）与二叠纪（晚海西运动期）的两期成藏（图4-9b）。此前用大量的包体均一温度进行统计分析，由于受后期蚀变作用，往往将80~120℃较大范围内的温度限定二叠纪成藏期，但难以区分是二叠纪火成岩形成前或形成后。本次测试获得的110~116℃基本限定在二叠系沉降最大的时间段，分析处于早二叠世火成岩发生后的快速沉降期，因此较好地限定了该期包裹体形成与流体充注时间。

综合相关资料分析，中—晚奥陶世形成了该区的走滑断裂系统，并在晚奥陶世桑塔木组沉降期开始了油气的充注，从而形成广泛分布的小于50℃的烃类包裹体。二叠纪随着走滑断裂的继承性活动，断裂复活并开启，发生第二期沿断裂的流体活动并捕获大量该期包裹体。这与U-Pb定年分析结果一致（图4-5），证实有两期走滑断裂活动。

三、地震—地质联合解析方法

根据地震解释走滑断裂断开的层位推断塔北—塔中走滑断裂系统形成的时间为晚奥陶世。由于塔北地区中—晚奥陶世地层连续，古隆起发育时间晚于塔中地区，而且走滑断裂可能是从南向北发育，一般认为塔北地区的走滑断裂形成时间略晚于塔中地区。本研究综合地震资料和地质资料，提出综合利用地震解析方法进行断裂形成时间的判识。

(一)断裂向上终止层位推断活动期

尽管走滑断裂活动期不一定断至地表，而且近地表的垂向位移可能很小，但根据大多走滑断裂向上中止的层位可能推断断裂活动的时期。地震剖面解释成果表明（图4-10），很多走滑断裂向上中止于奥陶系碳酸盐岩的顶面，很可能对应一间房组—良里塔格组沉积时期的断裂活动。地震剖面显示，部分走滑断裂向上终止于良里塔格组之下，并出现杂乱反射。同时，断裂带在一间房组—鹰山组顶部有岩溶地貌，上覆良里塔格组碳酸盐岩厚度在横向上发生变化，表明良里塔格组在沉积前可能已有断裂活动并影响古地貌与沉积。

同时，很多走滑断裂在志留系—泥盆系消失，存在志留纪—泥盆纪期间的走滑断裂活动。极少数走滑断裂向上断至二叠系，很可能存在二叠纪的继承性断裂活动。值得注意的是，少量走滑断裂向上消失在中寒武统盐膏层之下，或是下奥陶统底部，这可能是地层岩石物性变化造成的断裂分层变形，也可能是早期弱走滑的结果。

通过走滑断裂向上终止的层位分析，塔中地区存在中—晚奥陶世、志留纪—中泥盆世、石炭纪—二叠纪的走滑断裂活动，塔北地区存在中—晚奥陶世、志留纪、志留纪—中泥盆世、二叠纪、白垩纪—古近纪等多期断裂活动。

(二)上下层位断裂性质与样式变化

由于不同时期走滑断裂发育的构造背景出现变化，可能导致走滑断裂的构造样式与性质的差异（图4-10），因此可能用来判别不同时期的走滑断裂。塔中地区隆起的地震解释表明，寒武系—奥陶系碳酸盐岩中的走滑断裂以压扭为主，正花状构造发育，多发育局部断垒构造，呈现正向背形。而志留系—泥盆系发育张扭断裂，呈现正断下掉特征，发育负

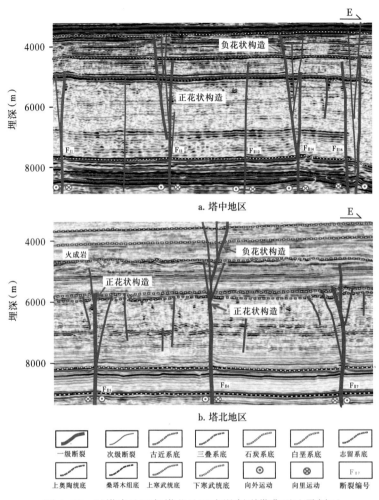

图 4-10　过塔中地区与塔北地区走滑断裂带典型地震剖面

花状构造，不同于下部走滑断裂。通过不同层位走滑断裂的构造解释与成图，寒武系—下奥陶统走滑断裂的构造特征相似，具有多种构造类型，而志留系—泥盆系以雁列断裂发育为特征（图 4-11），不同于下伏构造层断裂。因此表明，志留纪—泥盆纪与前志留纪存在至少两期不同成因的走滑断裂活动。而石炭系—二叠系走滑断裂一般以高陡直立的线性构造为主，很容易与下伏走滑断裂区分开，可能代表新的一期断裂活动。

　　值得注意的是，走滑断裂的组合也会影响断裂的压扭与张扭特征，并造成奥陶系碳酸盐岩顶面同时存在压扭与张扭构造，不能简单地以断裂性质变化作为断裂期次的判识标志。同时，一些相同构造应力场下的继承性断裂活动难以判别。

（三）上部断裂向下切割与构造叠加

　　地震剖面上（图 4-10），可见志留系—泥盆系张扭断裂向下延伸并入下部的主断裂带，或切割奥陶系碳酸盐岩顶面的压扭构造。由于大多晚期断裂向下并入早期主干断裂上，早期的主干断裂可能复活，但并没有出现下部断裂显著的位移与新生断裂的活动，因此难以

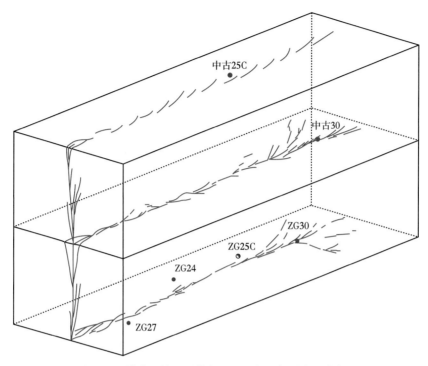

图 4-11　塔中三维地震勘探区 F_{15} 走滑断裂分层分布图

判别下构造层晚期的断裂活动。然而，由于晚期的走滑断裂活动往往也是从深部向上扩张的结果，晚期断裂活动或多或少地造成下部早期断裂的复活。在多期花状构造叠加作用下，地震剖面上呈现"花上花"的构造特征。同时，由于负花状构造叠加在正花状构造上，在一间房组背斜核部可能形成微地堑，形成背斜顶面发育微地堑的复杂构造，不同于下部早期形成的压扭背斜构造。

（四）雁列构造终止层位推断停止期

单剪作用下，走滑断裂断至地表往往发育雁列断裂，这是走滑断裂的典型标志。同时，随着雁列断裂的消失，表明走滑断裂的活动中止，因此根据雁列断裂向上中止的层位可能推断断裂停止活动的时期。走滑断裂构造解释成果表明，绝大多数走滑断裂带在石炭系以下以雁列断裂消亡，表明石炭纪沉积前发生过一期大规模的走滑断裂活动。同时，一些走滑断裂活动较弱的部位，很多走滑断裂消亡在奥陶系碳酸盐岩顶面（图 4-12），表明可能存在中—晚奥陶世的走滑断裂活动。而二叠系的雁列断裂与志留系的雁列断裂发生反向，从北西走向的左行转变为北东走向的右行，表明又有一期不同的断裂活动。

（五）大型不整合面分隔

塔中古隆起形成于晚奥陶世良里塔格组沉积前，缺失中奥陶统一间房组与上奥陶统吐木休克组，发育一期区域不整合。新的三维地震资料分析表明，塔中北斜坡不仅有部分逆冲断层向上终止于鹰山组顶部，而且部分走滑断裂发育在良里塔格组之下（图 4-13a），并被良里塔格组削截，其间为大型不整合面。寒武系—鹰山组走滑断裂高陡直立，垂向断距很小，多呈压扭特征，上覆地层中发育负花状构造，张扭下掉特征明显，垂向断距大，不

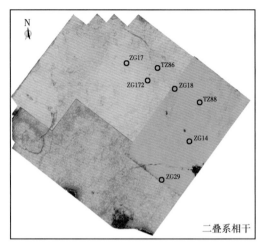

图 4-12　塔中西区走滑断裂分层相干与分布图

同于早期直立线性断裂，上下分层变形明显。尽管走滑断裂向下合并于主断裂带，具有继承性活动，但上奥陶统底部不整合上下断裂特征差异明显，很可能存在良里塔格组沉积前的走滑断裂活动。

　　此外，由于塔中走滑断裂具有调节逆冲断裂变形的作用，而逆冲断裂形成于良里塔格组沉积前的塔中古隆起形成时期，因此推断塔中走滑断裂也形成于良里塔格组沉积前。另外奥陶系之上的走滑断裂沿早期走滑断裂带局部发育，以雁列构造、地堑与线性构造为主，断裂分布、组合不同于奥陶系碳酸盐岩，上部断裂分段长度小，但垂向断距可大于200m。值得注意的是，在局部火成岩活动区，三叠系卷入了继承性的断裂活动（图 4-13b），很可能存在三叠纪末期的局部断裂活动。

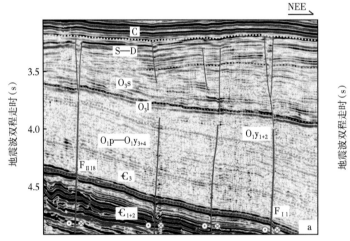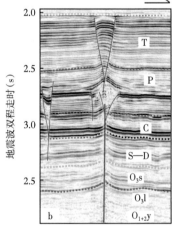

图 4-13　过塔中北斜坡地震剖面

（六）裂缝发育的差异性

塔北地区奥陶系虽然比较连续，但一间房组浅滩相颗粒灰岩与吐木休克组泥灰岩沉积差异较大，并已发生构造隆升（邬光辉等，2016）。良里塔格组沉积前发生古构造抬升与大面积岩溶地貌，对一间房组顶面优质岩溶储层的发育具有重要控制作用。岩心物性统计分析表明（图4-14a），中—上奥陶统石灰岩孔隙度很低，良里塔格组由于台缘带发育，基质孔隙度略高。一间房组（平均为5.78mD）和鹰山组（平均为4.48mD）的渗透率比良里塔格组（平均为0.86mD）与吐木休克组（平均为0.56mD）的渗透率高1个数量级，很可能与上奥陶统沉积前发生的断裂活动相关，造成中—下奥陶统裂缝较发育，导致异常高的渗透率。塔北地区很可能在上奥陶统沉积前也已发生走滑断裂活动。

塔北地区地震剖面显示（图4-14b），部分走滑断裂向上终止于一间房组顶部，出现杂乱反射。同时，断裂带部位一间房组顶部有岩溶地貌，而且上覆良里塔格组碳酸盐岩厚度在横向上发生变化，表明可能已有断裂活动并影响古地貌与沉积。与塔中地区类似，寒武系—奥陶系碳酸盐岩中以压扭构造为主，向上以张扭构造为主。地震剖面可见上部张扭断裂向下延伸并切割下部压扭构造，在一间房组背斜核部形成微地堑（图4-10），不同于下部的压扭背斜构造。另外奥陶系之上的走滑断裂沿早期走滑断裂带局部发育，以雁列构造、地堑与线性构造为主，断裂分布、组合不同于奥陶系碳酸盐岩，上部断裂分段长度小、数量多，但垂向断距大。

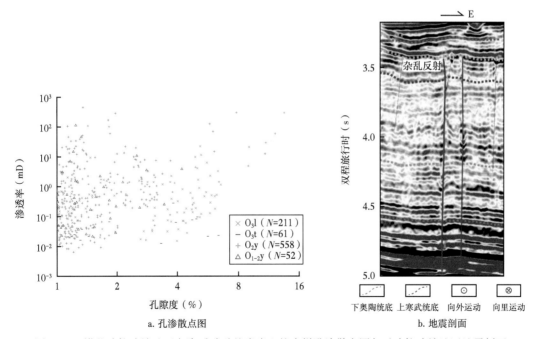

a. 孔渗散点图 b. 地震剖面

图4-14　塔北哈拉哈塘地区奥陶系碳酸盐岩岩心柱塞样孔渗散点图与过哈拉哈塘地区地震剖面
O_3l—良里塔格组；O_3t—吐木休克组；O_2y——间房组；$O_{1-2}y$—鹰山组；N—样品数

综合相关成果，塔里木盆地走滑断裂系统主要形成于中奥陶世，并存在晚奥陶世—中泥盆世、石炭纪—二叠纪等多阶段断裂活动，塔北地区部分北东向走滑断裂在古近纪仍有活动。值得注意的是，由于走滑断裂初始期断距小，不一定发育至地表，以及后期断裂作用的改造，不能简单地以个别地震剖面上走滑断裂终止的层位判断断裂活动时间。

四、不同时期走滑断裂分布

（一）塔北地区重大历史变革期走滑断裂分布

根据断裂的断开的层位、切割关系、区域构造应力场背景等分析，塔北地区主要发育加里东运动晚期、晚海西运动期和燕山运动—喜马拉雅运动早期等三期走滑断层系统。

加里东运动晚期（图4-15），哈拉哈塘地区在近南北向区域构造挤压应力的作用下，受基底结构差异与轮台低凸起边界影响，形成纯剪走滑断层应力场（Wu等，2018）。区内发育一系列北东向与北西向X型剪切断裂，形成菱形交错断裂。初始发育期以直立线性断裂为主，断裂高陡，规模较小，横向上断裂分段。随着构造作用的加强，断裂扩张延伸，断裂连接或叠覆形成大型的走滑断裂带，以北西向右行走滑断层为主。受控于纯剪作用，该期断裂垂向断距较小，平面位移不大，构造变形主要集中在走滑断裂带附近。

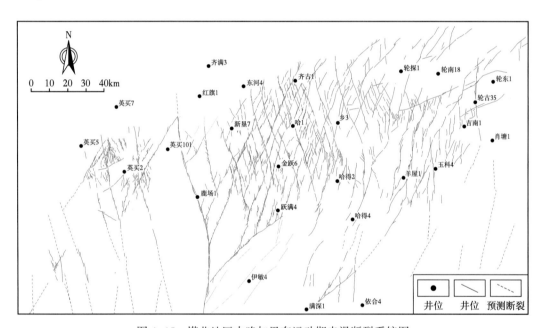

图4-15 塔北地区中晚加里东运动期走滑断裂系统图

塔北地区走滑断裂特征复杂多样，狭长的直立型断裂与花状断裂、半花状断裂发育（图3-50）。在寒武系—奥陶系碳酸盐岩中压扭作用明显，沿断裂带附近局部发育小型短轴背斜、断背斜。

本期断裂控制了奥陶系碳酸盐岩的裂缝发育及其分布，也是大气淡水渗流主要通道，对奥陶系岩溶型储层的发育具有重要的建设性作用。

二叠纪，塔里木盆地中西部火山活动强烈，一系列火成岩沿断裂侵入与喷发，造成早期走滑断层的继承性活动与改造，在工区中西部形成了与火成岩刺穿相关的S型展布的火成岩断裂带。沿火成岩断裂带明显加宽，断距增大，并发育张扭背景下的负花状构造，发育局部拉分小地堑。一些大型断裂带出现继承性活动（图4-16），新生断裂多沿早期主走滑断层持续活动，或是沿走滑带轴部发育新生次级断裂向上延伸，向下在寒武系—奥陶系碳酸盐岩内部与早期断裂合并或相交。本期断裂活动在奥陶系碳酸盐岩中发育张剪性裂缝，造成裂缝的扩张与扩溶作用明显，并与海西运动晚期大面积油气充注期相匹配，对油气运聚成藏具有重要作用。

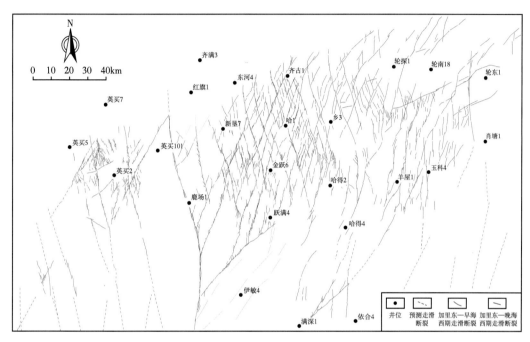

图4-16 塔北地区晚海西运动期走滑断裂系统图

蓝色断层示主要活动断裂

中生代中晚期—古近纪，在张扭构造应力作用下，多条早期大型的北东向走滑断层带再次活动（图4-17），在侏罗系—古近系发育一系列雁列断裂带。单条雁列断层延伸长度一般在2km内，垂向断距多小于100m，形成一系列雁列断裂夹持的微型地堑，但雁列带延伸长超过30km。这类走滑断层向上断至白垩系—古近系底部，向下多合并成单一直立型断裂，并断至奥陶系顶部进入主断裂带，剖面上与二叠系、奥陶系花状构造形成"花上花"的三层或两层结构，下部奥陶系以正花状构造为主，上部为负花状断裂。该期断裂主要分布在东北部哈拉哈塘—塔河地区。

（二）塔中地区重大历史变革期走滑断裂分布

塔中古隆起形成早、定型早，中奥陶世已经形成，以断块运动为主，志留系沉积前基本定型（邬光辉等，2016）。据新的资料分析，塔中地区北东向走滑断层以调节断层（撕裂断层与变换断层）与北西向逆断层同期形成。综合分析，塔中隆起存在多期走滑断裂的继承性活动（图4-18）。塔中地区奥陶系碳酸盐岩走滑断裂活动始于中奥陶世末期，并存在晚奥陶世继承性的压扭断裂活动，志留纪—中泥盆世叠加张扭的雁列断裂活动，石炭纪晚

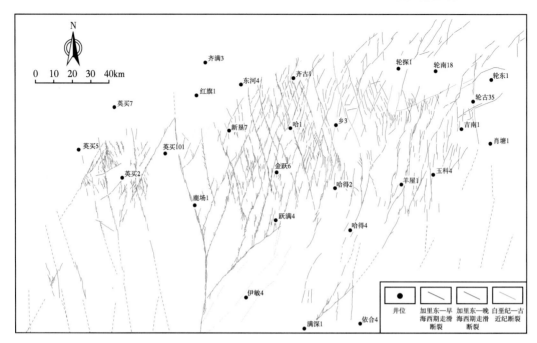

图 4-17 塔北地区白垩纪—古近纪走滑断裂系统图

期—早二叠世存在较弱的继承性断裂活动，局部火成岩发育区可能有三叠纪末期的断裂活动。

塔中古隆起形成于晚奥陶世良里塔格组沉积前，缺失中奥陶统一间房组与上奥陶统吐木休克组，发育一期区域不整合(邬光辉等，2016)。新的三维地震资料分析表明，塔中地区北斜坡不仅有部分逆冲断层向上终止于鹰山组顶部，而且部分走滑断裂发育在良里塔格组之下(图 4-13a)，并被良里塔格组削截，其间为大型不整合面。在古隆起与逆冲断裂带发育过程中，形成了塔中北西向逆冲断裂带与北东向走滑断裂带交错的断裂构造格局。

志留纪—中泥盆世，塔中地区走滑断裂继承性活动(图 4-18)，但以张扭的雁列断裂为主，尽管分段长度小，但垂向断距可大于 200m。断裂向下消失在奥陶系桑塔木组主干断裂之上，少量向下并入中—上奥陶统碳酸盐岩。尽管早期的断裂没有发生显著的位移，但走滑断裂作用通常影响整条断裂带的深部作用，整条断裂会发生开启。断裂分期表明，主干走滑断裂带均发生了新一期的断裂活动。

石炭纪—二叠纪部分走滑断裂带复活(图 4-18)。该期断裂以早期走滑断裂带的局部区段复活为特征，一些区段则停止活动，东部潜山区未见走滑断裂活动。该期断裂以雁列断裂为主，部分为平直线性断裂。值得注意的是，该期断裂以左阶步排列为主，不同于志留纪的右阶步的走滑断裂分布，表明区域应力场发生了反转，从而造成了断裂方向的偏转。

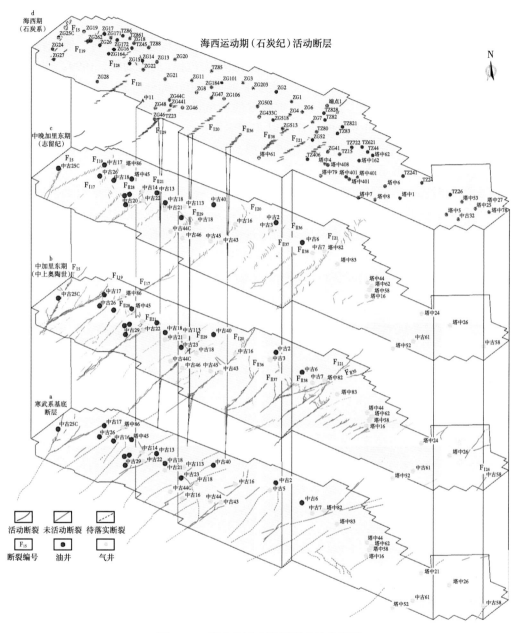

图 4-18 塔中地区走滑断裂系统分期图

第二节 走滑断裂演化过程物理模拟

构造物理模拟是研究走滑断裂几何构造特征和演化过程的有效途径之一，通过设置不同参数的走滑断裂构造模拟实验，研究走滑带断裂演化过程。

一、物模实验方法与设计

构造物理模拟遵循实验相似性基本原理,利用适当的机械装置和材料,通过将原型进行同比例地放大或缩小,在实验室条件下再现地质历史过程(周建勋等,1999;周永胜等,2003;Dooley 等,2012;肖阳等,2018)。实验装置主要由三部分组成:主控台、砂箱实验平台、CT 工作区。主控台用于控制整个实验室的机械设备,砂箱实验平台是物理模拟的主要工作区块,设有砂箱和多级电动杆,以实现多期次、多角度和不同速度的位移过程。CT 工作区的主要功能是对模型进行高精度扫描,再利用相关处理技术,对模型进行三维重建,一定程度上代替了手工切片。

实验进行时,物理模型放置在光滑的桌面上,箱体通常一端固定在桌面上,另外一端设置为可移动的活塞(模拟单向挤压实验),亦可设置为双侧均为移动活塞(模拟双向挤压实验和纯剪实验),活塞运动速度与距离均通过主控台计算机设置,模拟自然界中产生走滑断裂的各种情况。而箱体正上方与侧面均放置相机,设置好拍照时间与间隔,以记录对比走滑断裂变形过程。在实验进行过程中与结束后,进行手工切片或 CT 切片扫描,构建三维立体模型以观察走滑断裂构造演化特征(图 4-19)。

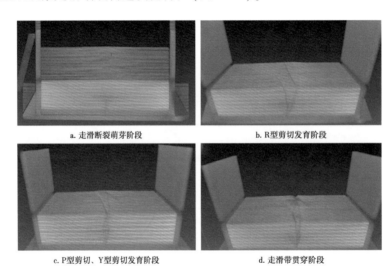

a. 走滑断裂萌芽阶段   b. R 型剪切发育阶段

c. P 型剪切、Y 型剪切发育阶段   d. 走滑带贯穿阶段

图 4-19　基于 CT 扫描的三维重建结果

基于塔中—塔北走滑断裂样式的分析,设计简单剪切模型、纯剪模型。以简单剪切模型为主,设置了多组单侧位移、双侧同向位移、双侧异向位移与左旋走滑、右旋走滑等的交叉组合实验。通过设置走滑性质(左旋和右旋)、驱动类型(单侧位移和双侧位移)、基底性质(塑料和纸板)、盖层材料(石英砂和黏土)、盖层厚度、盖层能干性、埋藏作用、位移速度、位移距离、底板材料、主动侧类型等实验条件,模型的切片工作由手工切片和CT 扫描系统共同完成,以研究不同条件下的走滑构造演化过程。

(1)简单剪切模型:以干燥石英砂为盖层材料,基底由刚性的不连续的塑料底板组成(图 4-20)。盖层铺设过程中以不同颜色的石英砂设置标志层,以便观察其剖面变形特征。在基底剪切运动过程中,底板带动上覆盖层产生走滑构造。

（2）纯剪模型：铺设方法与简单剪切模型一致，材料为干砂和黏土的混合物。在侧向挤压下，模拟一系列 X 型走滑构造。

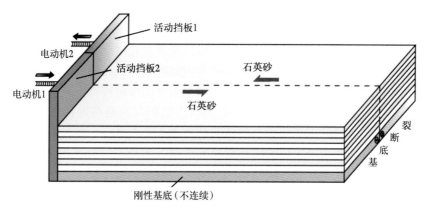

图 4-20 简单剪切模型实验设计简图

基于不同模型进行了 40 余组模拟实验，提取部分参数并对实验结果进行对比分析。基于物理模拟的相似性原理，考虑到大型走滑断裂带长达 50~100km、断裂带间距 10~30km 的实际情况，实验模型设计值 1cm 代表实际值约 1km，长度与宽度的模型比例约为 1∶100000。为进行对比研究，不同实验的设计参数有一定差异。为了便于操作与观察，模型厚度缩小比例往往较小，塔里木盆地走滑断裂发育期沉积地层厚度在 2000~8000m 之间，设计模型厚度 1cm 代表地层厚度 500~1000m，比例为 1∶50000~1∶100000。实验设计的模型厚度变化范围较大，以不同砂层厚度的多组实验体现地层压力的影响，并对雁列断裂样式、夹角等随深度的变化情况进行探讨，但不涉及超压、压力的非均匀分布的研究。为更充分地观测断裂形成演化的过程，设计基底位移量相对较大，比例在 1∶50000，接近地层厚度比例。

松散石英砂的变形特性符合库仑准则，与地壳浅层岩石的变形特性相近，是模拟地壳浅层次脆性构造变形的理想材料，实验采用常用的石英砂模拟盖层。实验中以不同颜色的石英砂作为标志层，以便观察其变形特征。基底模拟由刚性的不连续的木板组成，在电动机的工作下驱动基底两块不连续的刚性底板做剪切运动，带动盖层发生走滑作用。塔里木盆地下古生界碳酸盐岩地层的非均质性强，并可能造成构造样式的差异性。但不是针对其中某一断裂带的具体特征进行模拟，而是以均质性的石英砂模拟断裂带形成演化过程的普遍规律，在宏观尺度上简化为均一地层。同时，实验中也有湿砂、不同规模模型的对比实验，很多实验也存在砂层铺设不一致、底板摩擦差异等问题，不均一性也是存在的，其差异性不再展开探讨。实际地层含水、含油气等可能也会影响断裂特征，实验选材以简单的干燥石英砂为主，其中也有湿砂实验进行对比，但地层流体对断裂带演化及其基本特征影响不明显，此处不展开对比实验分析。实验电动机由计算机控制，运动速率可以精确到 0.001mm/s，实验过程中以 0.025mm/s 的速率进行实验，代表 10^3~10^4 年的短暂地质年代内的断裂形成过程。由于实际地质资料尚难以厘定断裂形成的时间，此处不针对断裂运动速率展开对比研究。

二、典型构造带演化特征

（一）剖面花状构造

广义上的花状构造是指次级断裂和主干断裂在剖面上合并组成类似花状的构造样式，可以细分为正花状构造、负花状构造、半花状构造及花上花构造。

正花状构造、负花状构造是最为常见的走滑构造样式。正花状构造是在局部压扭性环境中形成的，次级断裂自下而上沿着主干断裂向上展开的构造样式。正花状构造在形成过程中，物质沿着主位移带向两侧挤出。负花状构造则相反，是在局部张扭性环境中形成的。在实验中出现了大量的正花状构造和负花状构造（图4-21），而且具有分段性。花状构造是在张扭或者压扭构造应力场下发育的典型构造。实验中，发现花状构造的演化普遍存在斜向走滑作用，因此也伴随着局部构造挤出和下陷。值得注意的是，在压扭实验模型中，也可能出现一系列局部的张扭断裂。同时，在张扭实验中也有压扭的正花状构造，而且横向上容易转化。因此，正花状构造不一定指示压扭构造背景，负花状构造也不一定代表张扭构造背景。

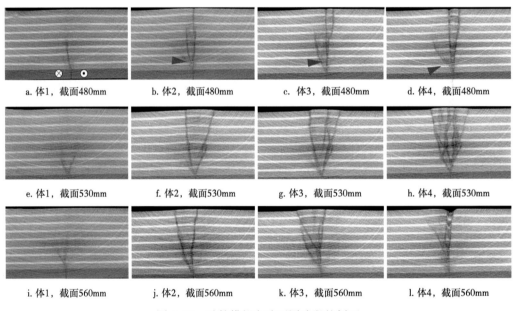

图4-21　砂箱模拟实验不同阶段的剖面

研究发现走滑带在垂向上不同盖层深度具有一定的差异性。通过CT对模型进行切片，经过对剖面的仔细对比，发现局部走滑构造在深部存在未断至盖层表面的断裂，这种"夭折"断裂多出现在走滑断裂带未贯穿阶段切片上（图4-21）。体1为走滑断裂萌芽阶段（$D=9.36mm$，$D/L=1.34\%$），体2为R型剪切断裂发育阶段（$D=17.49mm$，$D/L=2.50\%$），体3为P型、Y型剪切阶段（$D=27.41mm$，$D/L=3.92\%$），体4为走滑带贯穿阶段（$D=51.51mm$，$D/L=7.36\%$）。通过照片对比发现，这种"夭折"断裂大多在R型剪切断裂阶段出现（$D=17.49mm$，$D/L=2.5\%$）。"夭折"断裂通常伴随着主断裂向上发育而形成，往往出现在走滑断裂主动侧，随着位移量的增大，这种断裂在480mm界面处与基底断裂夹角在R型剪切发育阶段夹角为35°，在P型、Y型剪切发育阶段夹角变化为21°，到走滑贯穿阶段夹角又增加到34°；在截面530mm处，断裂在R型剪切发育阶段时夹角为25°，后随着实验的进行与主断裂重合；在截面560mm处，R型剪切发育阶段夹角为18°，P型、Y型剪切发育阶段夹角为23°，走滑带贯穿阶段夹角为17°。这些观测表明，走滑断裂的剖面特征随时随地变化大。

从断裂力学机制角度分析，走滑构造存在垂向发育的差异性，走滑断裂带内部的断裂活动性也是不一样的。初期主要为R型剪切断裂活动，由中部向两端发育生长，两端活动性不强，而且活动时间短暂。通过观察，上述未断至盖层表面的断裂往往与主位移带呈较大的角度斜交，后期走滑作用呈减弱趋势。因此，这些未断至盖层表面的走滑断裂可能与R型剪切两端较弱的活动性有关，其具体的力学机制值得进一步探讨。

（二）雁列构造

雁列走滑构造的实质是R型剪切断裂沿着主位移带的规律性排列，理想的雁列走滑构造应该是具有一定的等间距性，然而由于受岩体的非均质性等条件的影响，雁列构造并非是严格的等间距排列。在物理模拟中，发现不同的地质模型均出现大量雁列构造，并观察到完整的雁列构造仅存在于走滑带发育的某特定阶段，后期由于其他断裂的活动，雁列构造发生连接、错动与叠覆，并形成复杂的分段特征（图4-22）。通过走滑断裂带的演化过程分析，R型剪切断裂总是最先发育，是走滑带发育的初级阶段的主要断裂类型。随着位移的增长，R型剪切断裂发生复杂的变化，并遭受强烈的改造作用。

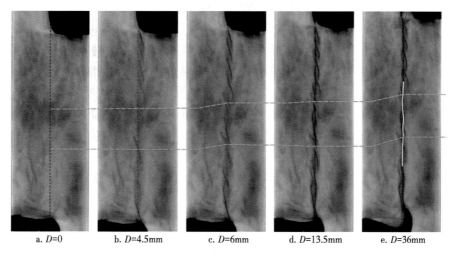

| a. $D=0$ | b. $D=4.5mm$ | c. $D=6mm$ | d. $D=13.5mm$ | e. $D=36mm$ |

图4-22　实验中雁列构造演化特征

雁列构造（红色）向两侧生长，位移量增大，为后期断裂（黄色）错动分段

雁列构造的发育过程可以认为是沿着主位移带向两侧不断扩张生长的过程，但断裂两端活动时间短暂，后期基本不再活动。雁列构造初期在剖面上就表现为花状构造，但初始期花状构造不易区分内部断裂，位移量增大后断裂活动性增强，清晰的花状构造得以体现（图4-23）。

雁列构造发育演化的力学机制可以总结为两个方面：（1）与基底断裂呈小夹角的最大主应力方向决定雁列构造在盖层表面与基底断裂呈 $\Phi/2$ 的定向排列；（2）R 型剪切断裂之间的相互影响对 R 型剪切之间形成的抑制区内应力场有叠加改造作用，进而导致内部发育不同形式的断裂，如低角度 R 型剪切断裂和 P 型剪切断裂。因此，最大主应力方向决定雁列构造的走向，雁列构造的相互作用反过来对构造应力进行叠加改造，从而产生新的构造样式，并对雁列构造进行一定的改造。

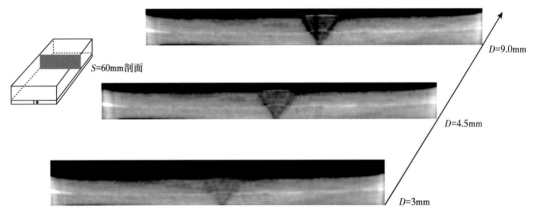

图 4-23　实验 3 中 $S=60\text{mm}$ 处不同时期的剖面演化

（三）辫状走滑构造

辫状走滑构造主要分布在大型的贯穿的走滑断裂带。在强烈的构造应力作用下，断裂常发生弯曲而相互连接，形成压扭断垒与张扭地堑间互的复杂断裂带，在平面上组成类似辫状的构造组合。在物理模拟实验中，发现了大量的辫状构造，它们在平面上是由几条断裂弯曲相互连接而成的（图 4-24）。在实验中发现的辫状构造是有先期形成的 R 型剪切或低角度 R 型剪切弯曲与后期的 P 型、Y 型剪切的共同组合。辫状构造在剖面上呈现正花状构造与负花状构造间互，通常以 R 型剪切为主干断裂，P 型、Y 型剪切在上部与 R 型剪切

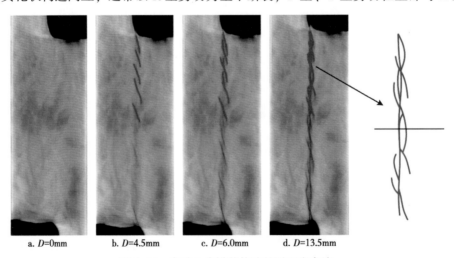

a. $D=0\text{mm}$　　b. $D=4.5\text{mm}$　　c. $D=6.0\text{mm}$　　d. $D=13.5\text{mm}$

图 4-24　实验 3 中辫状构造的平面发育演

发生分离并向上散开。在走滑断裂带的发育早期，雁列构造普遍发育，随着断裂的发育与贯穿逐步演化为辫状构造（图4-25）。

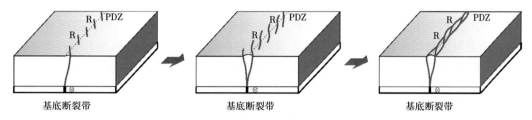

图4-25 雁列构造发育及其演化示意图

二、走滑断裂带贯穿过程

通过9组实验开展了走滑断裂带贯穿过程的研究（表4-1；肖阳等，2018）。1-1组至1-5组实验在基底走滑达一定位移量后将模型输入CT室进行扫描，以建立模型的三维立体图像。考虑到CT扫描范围，用于CT扫描的模型规格统一设计为60cm×20cm，以保证实验结果的有效性。另外，1-6组至1-9组实验采用不同大小的模型进行对比分析，拍照定时记录模型表面变形特征并手动切片，以便于细致观察局部内部结构的变化，并分析模型参数对断裂的影响。通过对简单剪切的各组实验图片进行处理，选取典型图片，按"平面—剖面相结合，深部—浅部相联系"的思路，对走滑断裂进行分析。基于相似的典型现象与结果，通过各组物理模拟实验获得的数据重点分析走滑断裂带形成演化过程。

表4-1 部分物理模拟实验参数表

实验序号	模型大小（cm×cm）	基底性质	盖层材料	盖层厚度（mm）	基底位移量（mm）	切片方式
1-1	60×20	刚性	干燥石英砂	6	62.62	CT
1-2	60×20	刚性	干燥石英砂	12	27.00	CT
1-3	60×20	刚性	干燥石英砂	16	66.00	CT
1-4	60×20	刚性	干燥石英砂	27	60.00	CT
1-5	60×20	刚性	干燥石英砂	46	60.00	CT
1-6	80×30	刚性	含水石英砂	50	33.00	手动
1-7	90×80	刚性	干燥石英砂	40	200.00	手动
1-8	80×30	刚性	干燥石英砂	20	50.00	手动
1-9	80×30	刚性	干燥石英砂	90	100.00	手动

通过一系列简单剪切实验揭示的走滑断裂演化过程分析，尽管不同尺寸的模型中断裂发育特征具有一定差异，但走滑断裂带的形成直至贯穿过程仍呈现大致相同的规律，具有相似的演化过程（图4-26、图4-27）。

走滑断裂带发育过程分析表明，在走滑断裂带活动初期，首先发育一组R型剪切方向的雁列断裂，与主位移带呈约20°斜交角，走滑方向与基底剪切方向一致（图4-26a）。随着基底剪切位移量的增大，优先发育的这一组断裂不断向两端延伸生长，其尾端可能出现与主位移带呈更大角度斜交的尾端断裂或者次级断裂分支。随后，一系列与主位移带呈更小角度（小于20°）的走滑断裂开始发育，并出现与主位移带斜交方向相反的断裂（图4-26b）。随着基底剪切位移量继续增大，走滑带内部断裂相互连接，同时发育平行于主位移带的一组断裂系统（图4-26c）。最后，由一系列断裂相互连接合并形成贯穿的、具有一定宽度的断裂变形带（图4-26d）。伴随断裂向外的侧向扩张，其内部破碎程度不断加大，破碎带宽度也不断加大。

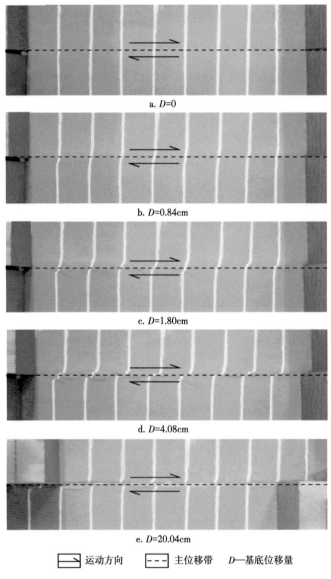

a. D=0

b. D=0.84cm

c. D=1.80cm

d. D=4.08cm

e. D=20.04cm

▭⟶ 运动方向　　▭--- 主位移带　　D—基底位移量

图4-26　实验1-7走滑断裂带演化平面图

根据多组实验观察分析(图4-26至图4-28),简单剪切下走滑断裂带内部断裂可分为五类:(1)优先发育且以较大角度与主位移带斜交的R型剪切断裂;(2)以较小角度与主位移带斜交的低角度R型剪切断裂;(3)R型剪切断裂尾端以较大角度(大于20°)与主位移带斜交的分支断裂(splay faults);(4)以较小角度与主位移带反向斜交(与R型剪切断裂斜交方向相反)的P型剪切(与R型剪切对称分布的压剪破裂)断裂;(5)近平行于主位移带的Y型剪切(与主位移带近平行的剪切破裂面)断裂。走滑断裂带内部几组重要断裂与主位移带的关系分析表明,在盖层表面R型剪切断裂与主位移带的夹角大致等于$\Phi/2$(Φ为材料的内摩擦角),但该夹角随着断裂的演化呈变小的趋势;而低角度R型剪切断裂和P型剪切断裂与主位移带呈低角度斜交(小于$\Phi/2$);Y型剪切断裂方向与主位移带近于平行。在位移量较大或局部运动不均一的情况下,可能出现少量的与主位移带高角度相交的R′型剪切断裂或T型剪切断裂。这两类断裂数量少、形成时间晚,不同实验中分布差异较大,对断裂带的贯穿作用不明显,因此不再展开论述。

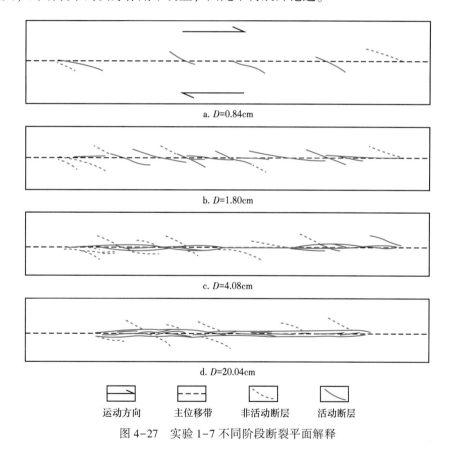

a. D=0.84cm

b. D=1.80cm

c. D=4.08cm

d. D=20.04cm

运动方向　　　主位移带　　　非活动断层　　　活动断层

图4-27　实验1-7不同阶段断裂平面解释

走滑断裂演化过程的模拟实验表明(图4-26、图4-29),基底运动的初始期,应变并未即刻在表层显现,从深部基底至浅部表层的应变传递具有时间间隔,从而导致了深部变形与浅部变形存在一定时间差的发育过程。尽管该时间差可能很短,但却是走滑带发育的重要阶段,并导致走滑断裂带深部与浅部构造样式与特征的差异。

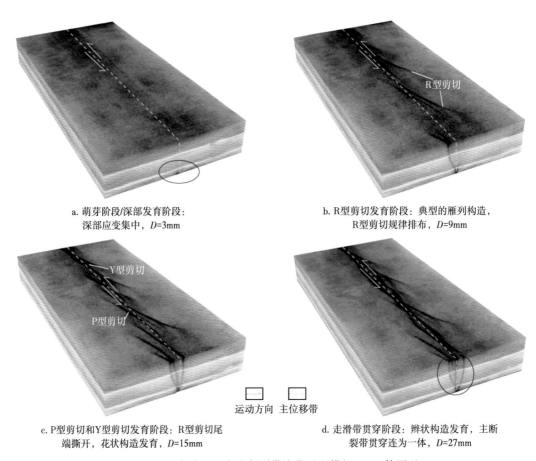

a. 萌芽阶段/深部发育阶段：
深部应变集中，D=3mm

b. R型剪切发育阶段：典型的雁列构造，
R型剪切规律排布，D=9mm

c. P型剪切和Y型剪切发育阶段：R型剪切尾
端撕开，花状构造发育，D=15mm

d. 走滑带贯穿阶段：辫状构造发育，主断
裂带贯穿连为一体，D=27mm

运动方向　主位移带

图4-28　实验1-5走滑断裂带演化过程模拟CT立体图示

利用CT扫描技术，针对模型表面未出现明显变形之前的阶段，在垂向上对模型进行水平切片，每1mm切片一次，以观察变形在垂向上的传递过程。以实验1-4为例（图4-29），在基底位移量在3mm以内，模型表面均未出现明显变形。而在位移量为3~6mm时，可以看到模型表面出现了明显变形。当位移量达6mm时，模型表面出现了一系列R型剪切变形。这说明位移量3mm以内属于由基底向上发育过程中的应变传递阶段。

剖面特征分析也发现，走滑变形有向上传递的特点（图4-28）。当位移量为0时，基底断裂正上方无变形迹象。当位移量为3mm时，基底正上方处出现模糊的变形区域，为基底运动引起的盖层走滑变形。当位移量为9mm时，盖层走滑变形有所增强，在下部出现较为明显的破裂，而且呈向上发散传播。当位移达15mm时，剖面上多条断裂向上散开，呈明显的花状构造。

因此可见，走滑变形由基底向上分阶段传播发育，剖面上走滑断裂初始发育期就可能不是直立型高陡断裂，而是在向上发育的过程中不断散开，并生成新的分支断裂。在不同层面上，走滑带初始呈一定宽度的雁列构造组合，并从深层向浅层扩张。最后在平面上所看到的狭长线性构造带是一系列不同类型、不同演化阶段的断裂集合体。

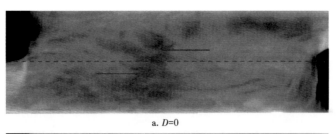

a. *D*=0

b. *D*=3mm

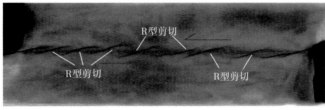

c. *D*=6mm

⟦□□⟧ 运动方向　- - - 主位移带

图 4-29　实验 1-4 基底位移量 6mm 以内模型表面变形特征

　　由实验 1-6 走滑断裂带内部断裂发育情况可以看出（图 4-30），在走滑断裂带活动初期，最先发育一组断裂，与主位移带呈近 20°斜交角，走滑方向与基底剪切方向一致（图 4-30b）。随着基底剪切位移量的增大，优先发育的这一组断裂不断向两端延伸生长，其尾端出现了一组与主位移带呈更大角度斜交的尾端断裂或者分支断裂，一系列与主位移带呈更小角度（小于 20°）的走滑断裂发育，其中两组与主位移带斜交的方向相反（图 4-30c）。基底剪切位移量继续增大，走滑带内部断裂相互连接，同时发育平行于主位移带的一组断裂（图 4-30d）。最终，走滑断裂带趋于成熟，由一系列断裂相互连接合并成具有一定宽度的变形带。其内部破碎程度不断加大，破碎带逐渐发育，伴随一定的侧向扩张。多组实验结果同样也表明，R 型剪切在走滑断裂带发育初期优先发育，接着出现高角度尾端断裂，然后发育低角度 R 型剪切和 P 型剪切，最后 Y 型剪切出现，走滑带发育基本定型。这证明简单剪切实验中这几组断裂的阶段性发育的现象是普遍存在的。

　　为了验证以上结果的可重复性，进行了多组相关简单剪切实验（表 4-1）。多组不同尺度的实验结果也同样表明（图 4-28），R 型剪切断裂在走滑断裂带发育初期优先发育，接着出现高角度尾端断裂，然后发育低角度 R 型剪切断裂，并出现 P 型剪切断裂，随着 Y 型剪切断裂的大量发育，最后走滑带基本贯穿。因此可见，简单剪切实验中这几组断裂的阶段性发育现象是普遍存在的，走滑断裂带从基底向表层发育直至贯穿过程中经历了不同阶段与不同样式的构造变形。

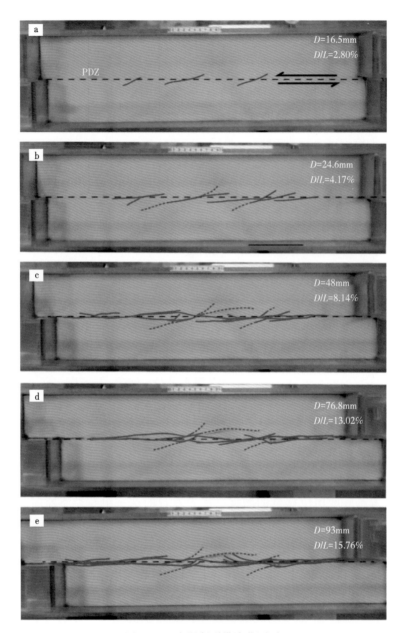

图 4-30　走滑断裂带演化图示

图中的虚线表示非活动断层，实线表示活动断层；D 代表基底位移量；D/L 代表相对位移量（位移量与
箱体长度的比值），PDZ 代表主位移带，与基底断裂在盖层表面的垂直投影重合

　　综合 9 组实验结果，对比不同模型不同时期走滑构造的发育特征，可以将走滑断裂带发生直至在表层成为贯穿构造带的发育过程划分为 4 个阶段（图 4-31，表 4-2）：萌芽阶段（深部变形阶段）、R 型剪切断裂发育阶段、P 型剪切断裂与 Y 型剪切断裂发育阶段、走滑带贯穿阶段（Y 型剪切断裂成熟阶段）。

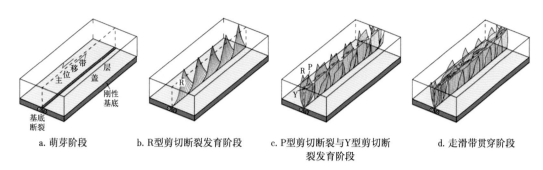

a. 萌芽阶段　　b. R型剪切断裂发育阶段　　c. P型剪切断裂与Y型剪切断裂发育阶段　　d. 走滑带贯穿阶段

图 4-31　走滑断裂带贯穿过程发育模式图

表 4-2　走滑断裂带不同演化阶段的发育特征

发育阶段	活动断裂类型	剖面样式	生长方向	典型构造	断裂截切关系
萌芽阶段	线型走滑	微小断裂的变形带	向上生长	一定宽度的破碎带，未断至表层	无明显截切
R型剪切断裂发育阶段	较高与较低角度R型剪切发育	半花状构造	从中部向两端发育	雁列构造、侧列构造	无明显截切，部分R型剪切连接
P型剪切断裂与Y型剪切断裂发育阶段	P型剪切和Y型剪切活动性强，R型剪切活动减弱	花状构造、半花状构造	沿着主位移带向两端生长	羽状构造、侧列构造	P型剪切和Y型剪切分段截切R型剪切
走滑带贯穿阶段	Y型剪切活动为主，P型剪切活动减弱	花状构造	沿着主位移带连接贯通	羽状构造、辫状构造、堑垒构造	R型剪切被改造，Y型剪切局部截切P型剪切

　　走滑断裂带贯穿过程中，萌芽阶段也是深部构造发育阶段，断裂未断至表层，而后三个阶段均涉及盖层表面形态发育过程。前人的研究往往忽略萌芽阶段，本次实验揭示了萌芽期代表了走滑断裂从基底向盖层表面发育的过程，也在平面及剖面上确认了其走滑构造样式及其演变。实验分析表明，萌芽阶段的走滑构造在剖面上呈向上散开的、具有一定宽度的变形带，断裂细小、相互叠置，不易区分，可能代表早期裂缝、小断裂的形成与连接生长阶段，是花状构造孕育期的表现。

　　多组模拟实验对比分析表明，Y型剪切断裂大量发育的成熟期即进入走滑断裂带贯穿的阶段（图 4-27、图 4-28）。实验观察表明，在走滑断裂带发育的过程中，Y型剪切断裂发育相对滞后。在大量P型剪切断裂形成过程中，Y型剪切断裂的发育多是以新生的破裂面发育为主。但R型、P型剪切断裂破裂面与主位移带的夹角在主位移带附近逐渐变小，并随着长度的增长逐渐与主位移带趋向平行。实验观察发现，有Y型剪切断裂破裂面与R型/P型剪切断裂面合并的现象，或是沿早期近平行于主位移带的R型/P型剪切断裂面发育，这种借用先期构造薄弱带发育的现象在自然界中也很常见。

　　总体而言，Y型剪切断裂的发育不仅晚于R型剪切断裂，而且稍滞后于P型剪切断裂的发育。随着走滑带位移量的增大，Y型剪切断裂活动性增强，并逐渐占有大多位移量。

Y型剪切断裂的发育成熟也标志着走滑带逐渐贯穿连为一体，这可能基于两方面的原因：(1)Y型剪切断裂在走滑带发育后期活动性强，成为位移量的主要载体；(2)Y型剪切断裂逐渐将分散的分支断裂连接为统一变形的主干带，并控制整个走滑带的发育，最终演化为贯穿的走滑带。

三、走滑断裂带贯穿分析

针对简单剪切物理模型进行了三类实验，分别为单侧位移实验、双侧同向位移实验和双侧异向实验，分别模拟研究区不同类型简单剪切走滑断裂贯穿过程。

（一）单侧剪切位移实验

简单剪切物理模型单侧位移实验以图4-32所示的实验为例。其基底位移量为90mm，主动侧位移速度为0.01mm/s，上覆盖层材料为干燥石英砂，厚度为50mm，模型以纸质材料为基底与石英砂相接触，整个模型尺寸为500mm×700mm×300mm。

随着实验的进行，右旋走滑位移量不断产生，形成沿基底断裂分布的多条雁列式走滑断裂等多个走滑派生构造（图4-32）。

在右旋走滑活动早期（$D=12$mm，$D/L=1.71\%$）模型表面逐渐产生由基底断裂向上发展产生的R型剪切断裂，走滑带宽度较窄，在此之前即为走滑断裂萌芽阶段，之后为R型剪切断裂发育阶段。

随着实验的进行，基底断裂位移量不断增加（$D=30$mm，$D/L=4.29\%$），模型表面逐渐形成低角度R型剪切断裂、P型剪切断裂和Y型剪切断裂，同时R型剪切断裂的长度逐渐增加，部分区域由于断裂的挤压作用而轻微隆起，走滑带宽度不断增加，即为P型、Y型剪切断裂发育阶段。

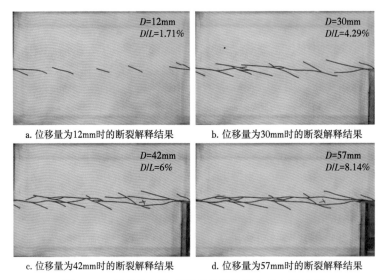

a. 位移量为12mm时的断裂解释结果　　　b. 位移量为30mm时的断裂解释结果

c. 位移量为42mm时的断裂解释结果　　　d. 位移量为57mm时的断裂解释结果

图4-32　简单剪切物理模型单侧位移实验走滑过程

实验继续进行（$D=42$mm，$D/L=6\%$），模型表面发育大量的R型、P型、Y型剪切断裂，此后，断裂大多不再剧烈生长，断裂长度和走滑带宽度几乎不再增加，但随着位移量不断增加，断裂带内部逐渐发育众多微小断裂，断裂破碎带逐渐形成；与此同时，沿主位移带出现断垒和断陷，模型表面发育的派生走滑断裂经由 P 型、Y 型剪切断裂沿主位移带方向连接，即为走滑带贯穿阶段。

后期模型表面断垒和断陷持续发育（$D=57mm$，$D/L=8.14\%$），走滑断裂破碎带发生相互连接，走滑带宽度增长迟滞，变形与应变集中在断裂带内部，形成断裂的局化作用。

(二)双侧同向位移实验

简单剪切物理模型双侧同向位移实验以实验 9 为例（图 4-33）。其主动侧基底位移量为 340mm，主动侧位移速度为 0.04mm/s，从动侧与主动侧同向位移，从动侧位移量为 170mm，从动侧位移速度为 0.02mm/s。

上覆盖层材料为干燥石英砂，厚度为 70mm，模型以塑料材料为基底与石英砂相接触，整个模型尺寸为 600mm×800mm×300mm。

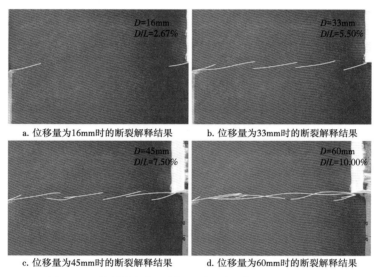

a. 位移量为16mm时的断裂解释结果　　b. 位移量为33mm时的断裂解释结果

c. 位移量为45mm时的断裂解释结果　　d. 位移量为60mm时的断裂解释结果

图 4-33　简单剪切物理模型双侧同向位移实验走滑过程

随着左旋走滑位移量变大，模型表面逐渐出现众多走滑派生构造（图 4-33）。

在左旋走滑活动早期（$D=16mm$，$D/L=2.67\%$），模型表面逐渐产生 R 型剪切断裂，走滑带宽度较窄。此位移量之前为走滑断裂萌芽阶段，之后为 R 型剪切断裂发育阶段。

随着位移量的不断增加（$D=33mm$，$D/L=5.50\%$），模型表面开始出现低角度 R 型剪切断裂、P 型剪切断裂，断裂长度和走滑带宽度继续增加，为 P 型、Y 型剪切断裂发育阶段。

实验继续进行（$D=45mm$，$D/L=7.50\%$），模型表面的 R 型剪切断裂在此阶段不再剧烈生长，P 型、Y 型剪切断裂继续生长以串联各独立走滑派生断裂，走滑带宽度几乎不再增加；随着位移量不断增加，断裂带内部逐渐发育众多细微断裂，断裂破碎带逐渐形成。

最后（$D=60mm$，$D/L=10.00\%$），模型表面发育的走滑派生断裂经由 P 型、Y 型剪切断裂沿基底断裂方向连接，走滑带不断破碎，走滑带宽度不再增加，Y 型剪切断裂继续活动，即为走滑带贯穿阶段。

(三)双侧异向位移实验

简单剪切物理模型双侧异向位移实验以（图4-34）所示的实验为例。其双侧相向位移，位移速度均为0.005mm/s，双侧基底位移量为65mm，双侧相对位移量为130mm。上覆盖层材料为干燥石英砂，厚度为50mm，模型以塑料材料为基底与石英砂相接触，整个模型尺寸为600mm×700mm×300mm。

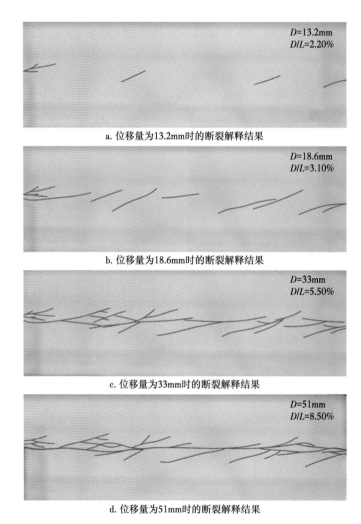

a. 位移量为13.2mm时的断裂解释结果

b. 位移量为18.6mm时的断裂解释结果

c. 位移量为33mm时的断裂解释结果

d. 位移量为51mm时的断裂解释结果

图4-34　简单剪切物理模型双侧异向位移实验走滑过程

随着实验进行，模型表面逐渐出现众多走滑派生构造（图4-34）。

在左旋走滑活动早期（$D=13.2$mm，$D/L=2.20\%$），模型表面出现R型剪切断裂，走滑带宽度较窄，为走滑断裂萌芽阶段和R型剪切断裂发育阶段的分界点。

随着位移量的不断增加（$D=18.6$mm，$D/L=3.10\%$），相对其他模型，双侧异向位移模型表面较快开始出现低角度R型剪切断裂、P型剪切断裂，断裂长度和走滑带宽度继续增加，此位移量后为P型、Y型剪切断裂发育阶段。

实验继续进行($D=33mm$，$D/L=5.50\%$)，模型表面的 R 型、P 型、Y 型剪切断裂长度基本不再变化，走滑带宽度几乎不再增加，随着位移量不断增加，断裂破碎带逐渐形成。

最后($D=51mm$，$D/L=8.50\%$)，模型表面发育的各独立断裂由 P 型、Y 型剪切断裂连接，进入走滑带贯穿阶段。随着位移量不断增加，走滑带不断破碎，内部结构趋于复杂，宽度基本上不再增加。

(四)走滑断裂带贯穿过程位移量分析

综合以上实验分析，同时结合深部构造发育情况，对比同一模型不同时期走滑构造的发育，将走滑带断裂发育划分为四个重要时期，即萌芽时期(深部变形阶段)、R 型剪切断裂发育阶段、P 型剪切与 Y 型剪切断裂发育阶段、走滑带贯穿阶段(Y 型剪切成熟阶段)。

通过各组实验走滑断裂带演化各阶段定量分析，用位移量 D 和相对位移量 D/L(位移量与砂箱模型有效长度的比值)可以描述各阶段演化时间点。以模型表面出现 R 型剪切断裂为特征，可以划分走滑断裂萌芽阶段和 R 型剪切断裂发育阶段的分界点。当模型表面出现 P 型、Y 型剪切断裂时，走滑断裂进入 P 型剪切与 Y 型剪切发育阶段。当 R 型、P 型、Y 型剪切断裂长度不再大幅增加，与主断裂夹角保持不变或者缓慢变小，走滑断裂带不再向主断裂两侧扩展，转而走滑带内部不断发育微小派生走滑断裂，走滑断裂破碎带加速生长，同时由 P 型、Y 型剪切断裂连接各派生断裂使得断裂带贯穿，即为走滑带贯穿阶段。通过统计分析，各阶段的数据见表 4-3。

表 4-3 走滑带断裂不同演化阶段位移量统计表

对比量	实验号	R 型剪切断裂发育阶段	P 型剪切与 Y 型剪切发育阶段	走滑带贯穿阶段
D(mm)	1	12	30	42
	2	9.6	19.2	48
	4	10.8	24	54
	9	16	33	60
	10	19	37	62
	5	13.8	18.6	48
	6	13.2	18.6	51
D/L(%)	1	1.71	4.29	6
	2	1.37	2.74	6.86
	4	1.54	3.43	7.71
	9	2.67	5.5	10
	10	3.17	6.17	10.33
	5	2.3	3.1	8
	6	2.2	3.1	8.5
走滑带断裂演化阶段识别特征		模型表面出现 R 型剪切断裂	出现 P 型、Y 型剪切断裂	至 R 型、P 型、Y 型剪切断裂不再向基底断裂两侧生长，转为走滑带不断破碎

对比各组实验，实验 1、2、4 为走滑断裂简单剪切物理模型的单侧位移实验，实验 9、10 为双侧同向位移实验，实验 5、6 为双侧异向位移实验；实验盖层材料均为干燥石英砂，模型表面发育的走滑断裂带最大宽度未超过模型 2/3，边界留有余量，边界效应较小，故模型大小对走滑断裂演化影响可以忽略，针对走滑断裂简单剪切模型具有一定的代表性。由于各实验存在一定的差异，故统计位移量和相对位移量范围作为走滑断裂带进入各演化阶段的定量特征。统计分析表明，走滑位移量为 9.6~19mm，相对位移量为 1.37%~3.17% 时，走滑断裂由萌芽阶段进入 R 型剪切断裂发育阶段；走滑位移量为 18.6~37mm，相对位移量为 3.1%~6.17% 时，走滑断裂由 R 型剪切断裂发育阶段进入 P 型、Y 型剪切发育阶段；走滑位移量为 42~62mm，相对位移量为 6%~10.33% 时，进入走滑带贯穿阶段。走滑断裂不同模型的不同演化阶段的位移量与相对位移存在大约 1 倍的较大变化区间，可能受到盖层厚度、位移速度等实验差异参数的影响，具体力学机制等还有待进一步分析。

明确走滑断裂演化阶段后，通过 CT 扫描装置，对实验 5 在走滑断裂演化各阶段进行切片扫描，选取 460~580mm 处的切片照片进行数据统计与处理，记录走滑断裂带在各切片位置的宽度和高度（图 4-35、图 4-36）。

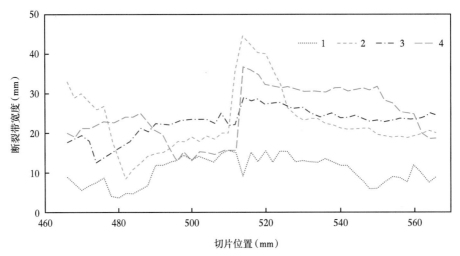

图 4-35　走滑断裂带各演化阶段断裂带宽度变化图
线段 1 为走滑断裂演化的萌芽阶段，线段 2 为 R 型剪切断裂发育阶段，
线段 3 为 P 型、Y 型剪切断裂发育阶段，线段 4 为走滑贯穿阶段

随着实验的进行，走滑断裂不断发育，从萌芽阶段到 P 型、Y 型剪切断裂阶段，断裂带的宽度不断增加。而在走滑带贯穿阶段，走滑带宽度增长停滞，在局部区域开始降低，可能是由于位移量不断增加，走滑带由向外扩展发育转变为走滑带内部作用。同时，R 型剪切断裂发生旋转，与主位移带的夹角减少小。R 型切断裂在螺旋—拖曳作用下，与基底主断裂夹角缓慢降低，导致走滑带宽度在部分区域缩减。走滑带高度在走滑断裂演化的走滑带贯穿阶段之前差异不大，但随着实验继续进行，走滑带产生的张扭作用和压扭作用在走滑带形成一系列的拉分地堑和挤压隆起，在切片位置 520mm 处最大高差 1.11mm（走滑带贯穿阶段相对隆起），在切片位置 558mm 处最大落差 -1.1mm（走滑带贯穿阶段相对下陷），造成断裂带高度起伏差异明显（图 4-36）。

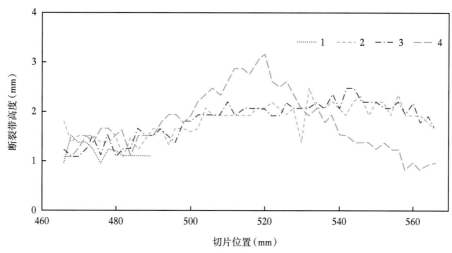

图 4-36 走滑断裂带各演化阶段断裂带高度变化图
线段 1 为走滑断裂演化的萌芽阶段，线段 2 为 R 型剪切断裂发育阶段，
线段 3 为 P 型、Y 型剪切断裂发育阶段，线段 4 为走滑贯穿阶段

总之，实验结果表明简单剪切类的走滑断裂走滑位移量（D）为 9.6~19mm，相对位移量（D/L）为 1.37%~3.17% 时，走滑断裂由萌芽阶段进入 R 型剪切断裂发育阶段；走滑位移量为 18.6~37mm，相对位移量为 3.1%~6.17% 时，走滑断裂由 R 型剪切断裂发育阶段进入 P 型、Y 型剪切发育阶段；走滑位移量为 42~62mm，相对位移量为 6%~10.33% 时，走滑断裂进入走滑带贯穿阶段。

四、启示

塔里木盆地塔中地区、塔北地区近年来发现多种类型的走滑断裂，并与寒武系—奥陶系海相碳酸盐岩油气密切相关。但由于地震资料品质较差，构造复杂，断层准确解释很难，从而影响了油气深层勘探与断裂低部位的油气开采。

结合野外地质建模、构造物理模拟实验分析可见，通常在压扭为主的应力场中，R 型剪切断裂很可能比较发育，而且与主断裂带小角度相交。因此，P 型或 Y 型剪切断裂较多的解释、大夹角的 R 型剪切断裂解释往往不合理，这通常是由于主断裂不清、组合无序造成的。同时，"螺旋—拖曳"模式表明，雁列断裂向下通常倾角增大，走向趋近主断裂带，实际解释中以平直断裂处理可能造成解释的不合理。走滑断裂平面上分布及组合有一定差异，兼顾不同层位的解释非常重要。

实验表明断裂形成的初始阶段，走滑断裂带通常由分段不连续断层组成。因此，小规模断裂带往往由分段的雁列构造、斜列构造组成，实际中容易误判将整条断裂带贯穿连接。同时，断裂的演化时期也不能仅以断裂断至的层位来推断，实验揭示同期走滑断裂向上可以消失在不同深度，断裂活动期需要综合主体断裂消失的层位及其他资料综合分析。

另外，结合模拟实验分析，分支断裂可能在巨厚下古生界碳酸盐岩内部消失，并非一定会发育到断裂活动期的地表。因此，在不同的层位形成断层破碎带发育区与致密区间互，可能沿走滑断裂带形成多层位含油气，走滑断裂带向深层勘探仍有很大的潜力。同时，走滑断裂沿走向上构造特征变化大，即便贯穿的断裂带也存在构造样式与断距的变化，具有明显的分段性。因此，通过走滑带分段性、分层性及其连通性评价与分析，划分不同的储层单元，有利于走滑带海相碳酸盐岩的分块评价与开发。

总之，构造物理模拟实验结合 CT 成像技术再现了走滑断裂带贯穿演化过程，并揭示了雁列构造的发育模式。走滑断裂带形成与贯穿的过程可划分为四个阶段：萌芽阶段、R型剪切断裂发育阶段、P型剪切断裂与 Y型剪切断裂发育阶段、走滑带贯穿阶段。通常 R型剪切断裂形成最早、数量相对较多，在 Y型剪切断裂发育后才从分段构造连接成贯穿的断裂带。走滑带断裂变形通常由基底向盖层递进传播，剖面上逐渐向上散开发育，平面上向外散开后逐渐向主位移带收敛合并。

第三节　走滑断裂形成演化历史剖析

一、走滑断裂带演化模式

(一)塔中地区走滑断裂带演化模式

综合相关资料分析，塔中地区西部与中部地区分布存在两种类型的走滑断裂演化模式（图 4-37）。

塔中地区西部三区发育北向发育的调节走滑断裂带（图 4-37a）。综合资料分析，中奥陶世末期首先发育一系列北东向的雁列（斜列）断裂，形成了北东向走滑断裂的构造格局。随着走滑断裂的分段扩张，开始进入连接生长发育阶段。随着走滑断裂的生长与相互作用，断裂的分支增多，断裂的连接作用加强，并在叠覆部位形成地垒，断裂带逐渐进入贯穿阶段。走滑断裂在晚奥陶世进一步发生尾段生长与外向生长，断裂带的规模增大，并在断裂叠覆区发生局化作用，集中了主要的构造变形与应变。走滑断裂贯穿程度增强，并基本定型。志留纪—中泥盆世，走滑断裂继承性活动，在上部形成雁列断裂，但向下并入主干断层，局部有改造，对深部断裂改造作用微弱。由于断裂转向张扭，此期以张扭断裂为主，发育右阶步雁列走滑断裂，形成负花状构造叠加在下部正花状构造之上。晚石炭世—早二叠世局部断裂带具有微弱的继承活动，纵向上以线性断裂发育为特征，平面上则发育左阶步雁列断裂，不同于下伏地层断裂特征。

塔中地区北斜坡中部发育撕裂断层（图 4-37b）。通过物理模拟实验，撕裂断层发育经历五阶段：(1)差异逆冲阶段：在挤压作用下，首先形成的两排逆冲断层；由于逆冲断层的运动速率不一致，在速率变化的部位开始出现挠曲变形（图 4-38a）；(2)调节走滑断裂发育阶段：随着两侧不一致位移的增大，逆冲断裂带中间出现调节作用的撕裂断裂（图 4-38a）；由于位移量小，断距不明显，可能表现为走滑变形形成的变换带；(3)走滑断裂带形成阶段：随着位移量的增加，沿位移变化带扩张，走滑断裂带形成，调节变形的走滑断裂向外发育形成雁列断裂（图 4-38b）；(4)走滑断裂扩张阶段（图 4-38c）：随着位移量的进一步增长，走滑断裂的扩张，单条断裂的生长加快，并开始出现连接，但位移小，断片之间的相互作用不明显；(5)走滑断裂带贯穿阶段（图 4-38d）。相对位移量大于 3%之后，走

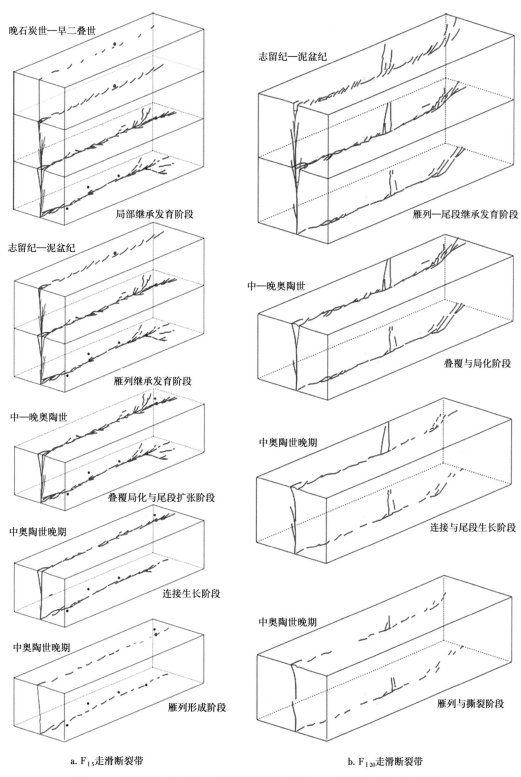

晚石炭世—早二叠世

局部继承发育阶段

志留纪—泥盆纪

雁列继承发育阶段

中—晚奥陶世

叠覆局化与尾段扩张阶段

中奥陶世晚期

连接生长阶段

中奥陶世晚期

雁列形成阶段

a. F_{I5}走滑断裂带

志留纪—泥盆纪

雁列—尾段继承发育阶段

中—晚奥陶世

叠覆与局化阶段

中奥陶世晚期

连接与尾段生长阶段

中奥陶世晚期

雁列与撕裂阶段

b. F_{I20}走滑断裂带

图 4-37　塔中地区西部 F_{I5}走滑断裂带与中部 F_{I20}走滑断裂带演化模式图

滑断裂带 Y 型断裂发育,并发生断裂的叠覆与相互作用。当相对位移量大于 5% 之后,连成贯穿的断裂带,断裂带内部变形复杂,微小断裂发育,逆冲断裂带完全错开。

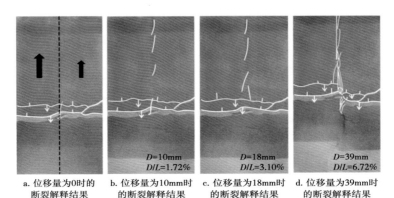

a. 位移量为 0 时的　　b. 位移量为 10mm 时　　c. 位移量为 18mm 时　　d. 位移量为 39mm 时
断裂解释结果　　　　的断裂解释结果　　　　的断裂解释结果　　　　的断裂解释结果

图 4-38　变换断层砂箱实验演化阶段图

通过沿塔中走滑断裂带的断裂要素测量,位移量与变形最强烈的走滑作用集中在塔中北斜坡逆冲断裂带附近,以及北西向的张扭地堑部位,向北位移量急剧减小。分析表明,塔中逆冲断裂带在整体向南反冲过程中,走滑断裂西部块体相对向南运动快,形成左行滑动(图 4-39a),其中西盘北部地区被动整体向南滑动形成断裂尾端破裂,并随位移量的增加而逐渐形成窄深地堑(图 4-39b)。地堑向北,走滑断裂的位移与变形急剧下降。断裂再向北扩张至塔中北缘又出现典型的马尾状构造,形成另一段走滑断裂的尾端(图 4-39c)。一般断层位移在断层中部和叠覆区均同步、渐进地增加,但塔中地区与典型的断层连接过程不同,在叠覆区与逆冲断裂带叠覆区的位移量出现突然的跳跃增长,表明断层发育具有局部断层相互作用和硬连接带的叠加,并发生断裂的局化作用。

综合分析,塔中逆冲断裂带向南斜向运动过程中,受控斜向挤压作用与基底先存构造,产生北东向调节逆冲变形的走滑断裂,进而通过断裂的尾端扩张与连接而不断生长。随着向南逆冲位移不一致的扩大,西侧岩体向南的大量位移造成断裂尾端的裂开,形成尾端北西向地堑(图 4-39)。不同于哈拉哈塘地区应力应变集中在断裂的叠覆区,塔中走滑断裂尾端扩张机制积累了更多的应变与应力,地堑不断加深,在奥陶系碳酸盐岩中地堑深逾 400m。随着断裂的贯穿与断裂的进一步扩张,在断裂尾端向北发育左行走滑断裂(图 4-39c)。与常规的陆内走滑断裂带类似,北部走滑断裂段发育正常的尾端扩张机制形成的马尾状构造。

塔中地区撕裂断层分析表明,该区挤压应力的方向是从南向北,而塔中 10 号逆冲断裂带运动方向是自北向南。在此基础上,调节逆冲断裂带变形的撕裂断裂也是向南的反向运动。分析表明,中奥陶世在调节向南逆冲的构造变形基础上,在塔中 10 号逆冲断裂带及其以北发生撕裂断裂(图 4-37b),随后形成翼尾状地堑,断裂在很小位移过程中就可能发生贯穿,不同于三区的北向发育的走滑断裂带。同时,北部也开始发育南向发育的张扭雁列断裂带;而南部发育北向发育的雁列断裂。在中—晚奥陶世,撕裂断裂带已贯穿,并在逆冲—走滑叠合部位发生构造变形的局化,其中两盘构造高差进一步加大。同时,翼尾状地堑也快速发育,构造高差深达 200m 以上,也是位移与变形局化的主要部位。此外,北部的张扭尾段也逐步连接贯穿，并形成以西翼位移与变形为主的活动盘，断层与破碎带变形强烈，明显比东翼的构造变形与断裂作用更为强烈。由此可见，塔中地区西部走滑断裂带的位移与变形集中在断裂的叠覆区与主干断裂的核部，而塔中北斜坡中部的变形与位移主要分布在断裂破碎带，位于翼尾状地堑与逆冲断裂交会部位。志留纪—中泥盆世，走滑断裂具有显著的继承性活动，以张扭雁列—斜列走滑断裂为主，局部改造强烈，向下切割进入下奥陶统—寒武系，位移远大于西部的走滑断裂带。石炭纪—二叠纪，走滑断裂主要分布在塔中10号断裂带以南（图4-18），北部基本停止活动。

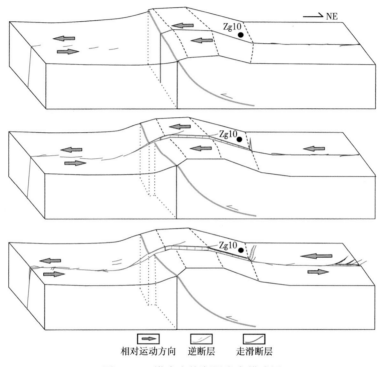

图4-39　塔中变换断层发育模式图

(二)哈拉哈塘地区共轭走滑断裂带

根据断裂的断开的层位、切割关系、区域构造应力场背景等分析，塔北地区主要发育加里东运动晚期、晚海西运动期和燕山运动—喜马拉雅运动早期共三期走滑断层系统（图4-40）。

加里东运动中—晚期，哈拉哈塘地区在近南北向区域构造挤压应力的作用下，受基底结构差异与轮台低凸起边界影响，形成纯剪走滑断层应力场（Wu等，2018）。区内发育一系列北东向与北西向X型剪切破裂带，形成菱形交错断裂（图4-40a）。初始发育期以直立线型断裂为主，断裂高陡，规模较小，横向上断裂分段。随着构造作用的加强，断裂扩张延伸，断裂连接或叠覆形成大型的走滑断裂带，以北西向右行走滑断层为主（图4-40b）。受控纯剪作用，该期断裂垂向断距较小，平面位移不大，构造变形主要集中在断裂带附近，狭长的直立型断裂与花状断裂、半花状断裂发育，压扭作用明显，沿断裂带附近局部发育小型短轴背斜与断背斜。

　　二叠纪，塔里木盆地中西部火山活动强烈，一系列火成岩沿断裂侵入与喷发，造成早期走滑断裂的继承性活动与改造（图4-40c）。在工区中西部形成了与火成岩刺穿相关的呈S型展布的火成岩断裂带，沿火成岩断裂带明显加宽，断距增大，并发育张扭背景下的负花状构造，发育局部拉分小地堑。一些大型断裂带出现继承性活动，新生断裂多沿早期主走滑断层持续活动，或是沿走滑带轴部发育新生次级断裂向上延伸，向下在碳酸盐岩内部与早期断裂合并或相交。

　　中生代中—晚期—古近纪，哈拉哈塘地区在张扭构造应力作用下，多条早期大型的北东向走滑断层带再次活动，在侏罗纪—白垩纪发育一系列雁列断裂带（图4-40d）。单条雁列断层延伸长度一般在1km内，断距多小于50m，形成微型地堑，但一系列左阶步展布的雁列带延伸长超过10km。这类走滑断层向上断至白垩系—古近系底部，向下多合并成单一直立型断裂，并断至奥陶系顶部进入主位移带。剖面上与二叠系、奥陶系花状构造形成"花上花"的三层或两层结构，下部奥陶系以正花状构造为主，上部为负花状构造。该期

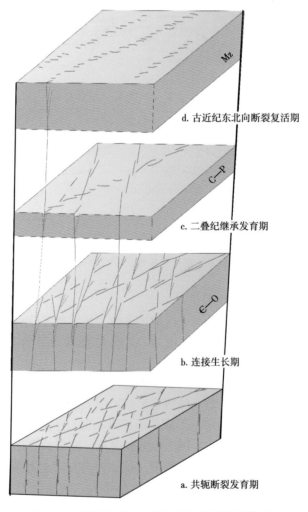

图4-40　哈拉哈塘地区共轭走滑断裂演化模式图

断裂主要分布在东北部哈拉哈塘—塔河地区的北东向走滑断裂带，与该方向走滑断裂带易于再活动有关。

(三)英买力地区走滑断裂带

英买力地区兼具走滑断裂与逆冲断裂，其间关系比较复杂。综合分析，走滑断裂也形成于中—晚加里东运动期，并经历后期的多期改造(图4-41)。

中奥陶世—间房组沉积前，塔北地区东西向宽缓褶皱隆起开始出现雏形，围绕塔北地区水下低隆起形成东西向展布的一间房组缓坡型台地，造成塔北地区奥陶系沉积的南北分异，前期东西分异的沉积面貌逐渐解体。近期发现塔北地区南缘发育良里塔格组台缘带，从轮南地区东面向西经哈拉哈塘至英买力地区，也是围绕塔北古隆起分布，而且良里塔格组沉积前有沉积间断，表明中奥陶世晚期塔北古隆起已形成。塔北一间房组与良里塔格组台地宽缓，缺乏高陡的断裂带，其间没有明显地层缺失，推断该期构造作用来自南部的远程效应，塔北地区隆升没有塔中地区强烈，也没有大型断裂带控制隆起，以低幅度褶皱隆升为主，形成近东西向的水下低隆起，在三级层序顶界面存在短暂的暴露。

在近南北向区域构造挤压应力的作用下，区内同样发育一系列北东向与北西向走滑断裂带。可能受英买力低凸起西部边界影响，北西向走滑断裂带优势发育(图4-41a)。初始发育期以直立线性断裂为主，断裂高陡，平面上以斜列(雁列)断裂为主，分段明显。随着构造作用的加强，断裂发生生长连接，以线性连接为主。北西向走滑断裂线性连接后基本停止生长，其构造高差小、变形弱。而北东向走滑断裂带叠覆生长作用强，断裂连接或叠覆部位变形强，并有次级断裂发育，构造高差大。尽管北西向走滑断裂较多，但北东向走滑断裂带变形强度较大，成熟度较高，形成基本贯穿的走滑断裂带。

| a. 中—晚加里东运动期 | b. 中—晚加里东运动期 | c. 印支运动—燕山运动期 |

图4-41　英买力地区走滑断裂演化模式图

二叠纪末期，塔北全区压扭性构造活动强烈，塔北古隆起的构造活动自东向西扩展，构造作用西强东弱，轮台断隆强烈剥蚀，前寒武纪地层出露。西部英买力地区与温宿凸起基本定型，英买力地区北西向压扭背斜带形成，中—上奥陶统大面积缺失，在寒武系—下奥陶统碳酸盐岩形成断块古潜山。通过对比性研究表明，英买力地区与轮南地区存在很大相似：一是同样依附于轮台断隆，形成于加里运动东期，定型于喜马拉雅运动期的大背斜；二是海相碳酸盐岩经历多期构造改造，古潜山与断裂发育，尽管定型时间有先后，地貌特征不一，但都经历了多期断裂与岩溶发育，构造调整改造强烈。英买力地区与轮南地区也存在很大的差异，其一是英买力地区构造特征更复杂，多期的构造叠加与改造形成多种方向、多种类型、多种成因的断裂系统，整体呈现块断的特点。而轮南地区表现为长期稳定的岩溶大斜坡，地质结构简单；二是英买力地区呈现岩溶地貌的多样性，潜山以断块山为主，出露地层复杂多变，其岩性物性变化快，而轮南地区岩溶地貌简单，岩溶斜坡广泛发育；三是潜山盖层的差异性，除轮南断垒带局部出现三叠系盖层天窗外，轮南地区南部潜山普遍被石炭系中泥岩段优质盖层覆盖，盖层条件优越。而英买力地区潜山区盖层层位与岩性复杂，除白垩系泥岩覆盖区外，还有志留系、侏罗系等不同层位与岩性覆盖的潜山。

在此构造背景下，中晚加里东运动期走滑断裂系统在早海西期可能有一定的继承性活动，但在晚海西运动期英买力地区背斜形成与逆冲断裂发育过程中，走滑断裂经历了较强的改造作用。首先是本区形成了短轴背斜，寒武系盐背斜的发育导致盐下走滑断裂地震响应不清，而且盐下断裂展布与盐上断裂位置有偏差。其次是火成岩的侵入沿北西走向断裂向盐背斜侵入，不仅一部分走滑断裂带的浅层构造被破坏，深部断裂带也缺乏地震响应。此外，逆冲断裂带的形成错动了走滑断裂带，逆冲断裂带上盘、下盘的走滑断裂发生位错，下盘的走滑断裂特征不清晰。因此，由于遭受后期强烈的构造改造，英买力地区走滑断裂的形成演化极为复杂，断裂判识与分期有待进一步研究。尽管该区走滑断裂受到强烈改造，部分地震剖面可见晚海西运动期沿走滑断裂带具有继承性的走滑断裂活动。其断裂活动作用较弱，以线性微小断裂为主，具有张扭特征，向下在奥陶系上部并入主干断裂，深部断裂没有新的位移增长。分析表明，一些走滑断裂带仍有继承性活动。

三叠纪末期，轮台断隆持续隆升，东部构造活动强烈（邬光辉等，2016）。库尔勒鼻隆抬升剥蚀，厚度逾3000m，形成侏罗系覆盖在中—上奥陶统之上的高角度不整合。库尔勒凸起断裂持续发育，发生强烈的隆升剥蚀，与轮台断隆连为一体。英买力地区北东向构造开始形成，改造前期的构造格局，并使北东向的走滑断裂得到加强。侏罗纪晚期的燕山运动造成塔北隆起的进一步隆升剥蚀，轮台凸起—温宿凸起高部位三叠系—侏罗系剥蚀殆尽，斜坡区侏罗系仅残余底部数十米厚的煤系地层。西部温宿凸起断裂活动强烈，北部显生宙全被剥蚀，基底断至地表；南部断裂活动较弱，残余二叠系及其以下地层。在印支运动—燕山运动期，局部走滑断裂有活动，并以张扭断裂为主。据此分析，英买力地区很可能发生了中生界沉积期伸展构造背景下的局部断裂复活，但断裂的性质发生反转，形成小型的雁列断裂带。而深部寒武系—奥陶系随着逆冲断裂的快速发育，形成更大的位移，走滑断裂错动显著，英买力背斜定型（图4-41c）。

(四)满深1井区走滑断裂带

阿满过渡带发育北东向走滑断裂带，并形成贯穿的构造带，其中F_{117}走滑断裂带满深1井区发育典型的辫状构造。

综合分析表明，中奥陶世受来自原特提斯洋闭合的区域挤压作用，在塔中地区北东向走滑断裂带的基础上，走滑断裂向北发育在阿满过渡带形成一系列北东向走滑断裂带（图4-42a）。在走滑断裂发育的初期，以孤立的斜列（雁列）断裂为特征，分段性明显。现今仍有好多走滑断裂带没有贯穿，次级断裂也以雁列断裂为主，揭示初始发育期雁列（斜列）断裂发育的普遍性。该时期走滑断裂规模小，没有显著的位移量，构造高差小、变形弱。

晚加里东运动期，随着挤压作用的加强，走滑断裂扩张并发生连接生长作用。在断裂叠覆部位生长作用不断增强，叠覆部位变形强度增大，次级断裂发育，断裂带实现贯穿。在断裂带贯穿后，走滑断裂带内部的变形增强，逐渐形成地堑、地垒相间的辫状构造，构造变形与位移开始局限在辫状构造内（图4-42b）。

志留纪，走滑断裂复活并发生反转，在上部发育张扭性走滑断裂（图4-42c）。走滑断裂向下切割奥陶系碳酸盐岩顶面，并在奥陶系压扭背斜基础上发育微地堑，在剖面上产生"花上花"构造样式，形成现今的辫状构造特征。走滑断裂继承性活动，并对奥陶系上部的断裂具有改造作用。二叠纪，阿满过渡带发生强烈的火成岩喷发事件，一部分火成岩沿走滑断裂带侵入与喷发，并激发了走滑断裂的再次活动，形成局部的断裂发育与构造叠加（图4-42d），并遭受改造。该期以张扭断裂活动为主，发育小型的雁列断裂，向下并入志留系—奥陶系，对深部寒武系—奥陶系断裂的影响微弱。由于逐渐减弱的断裂活动，走滑断裂主要在寒武系—奥陶系发育，后期的改造作用较弱。但值得注意的是，奥陶系上部大多地堑受控于晚期的断裂叠加作用，因此在断垒之上发育局部的微地堑，是不同时期断裂作用叠加的结果。

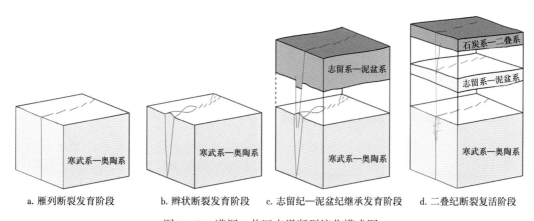

a. 雁列断裂发育阶段　　b. 辫状断裂发育阶段　　c. 志留纪—泥盆纪继承发育阶段　　d. 二叠纪断裂复活阶段

图4-42　满深1井区走滑断裂演化模式图

（五）走滑断裂发育与改造模式

综合走滑断裂演化模式分析，环阿满走滑断裂系统经历了斜列阶段—软连接阶段—硬连接阶段—叠覆局化阶段—抬升剥蚀阶段—埋藏改造阶段等多期的演化过程。在走滑断裂发育的早期，通常以斜列断裂与雁列断裂发育为特征，断裂分段发育，其间缺少相互作用。随着断裂的扩张，逐步形成断裂的软连接。这类断裂组合在塔里木盆地中比较多见，表明断裂带的成熟度较低。随着断裂连接作用的发展，逐步形成断裂的叠覆与相互作用，进入断裂的硬连接阶段。由于克拉通内位移受限，很多断裂叠覆后形成叠覆区的局化作用，构造变形与位移集中位于叠覆区内，断裂走向上的位移减小、横向扩张减弱。中、晚加里东运动期断裂形成后，塔中地区、塔北地区经历构造的抬升剥蚀。在古隆起上走滑断裂遭受大量的剥蚀与破坏，上部花状构造可能消失。同时，走滑断裂遭受后期逆冲断裂的改造。因此，在塔北轮台断垒带、塔中主垒带难以识别早期的走滑断裂行迹。晚奥陶世进入埋藏期后，又经历志留纪—中泥盆世、二叠纪、白垩纪—古近纪等多期的断裂复活，走滑断裂多继承性发育，但也经历了一定的改造作用。尤其是奥陶系上部的断裂特征与组合变化大，叠加了晚期的断裂与构造变形，形成更为复杂的走滑断裂系统。

（六）走滑断裂的叠加改造

由于经历多期不同特征的断裂活动，后期构造作用没有完全改变的状况下，断裂活动多沿早期的断裂带发生，大型的主干断裂带多具有继承性发育的特点。继承性断裂发育有两种表现形式：一是断裂持续性活动，断裂性质、样式、作用范围基本相同；二是沿早期断裂的部位发生作用，但断裂性质、特征出现变化，本区经历晚加里东运动期压扭、晚海西运动期与燕山运动—喜马拉雅运动期的张扭反转作用，由于后期断裂活动较弱，主断裂可能发生不同性质的活动，但主体沿主断裂持续发育。通过本区断裂演化特征分析，走滑断裂纵向上的改造主要有四种模式（图4-43）。

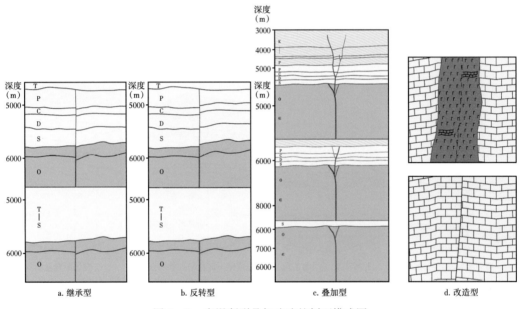

图4-43　走滑断裂叠加改造的剖面模式图

（1）晚期断裂沿早期主断裂继承性发育。受控局部构造应力场没有大的改变，早期的走滑断层从古生代碳酸盐岩向上继承性发育，断裂的性质、类型与样式都没有改变，仅是断裂规模与断穿层位出现变化。一般而言，这类断层晚期的断裂活动较弱，表现在上部的断距较小。

（2）晚期张扭正掉断裂沿早期压扭逆冲断裂发育，形成断裂性质的反转。加里东运动晚期的压扭性断裂，在晚海西运动期、燕山运动—喜马拉雅运动期的张扭构造背景下，断裂仍沿早期的主断裂面发育，但断块从抬升转向下掉，断裂从逆冲转向正断。这类断裂性质的转换比较普遍，地震剖面上正花状构造叠加负花状构造特征清楚，上下构造层呈现显著的不同构造特征。

（3）"花上花"叠加改造。早期断垒带上新生正断层，晚期断裂对早期构造形成叠加改造，并向上发展。在大型走滑断层带上，往往沿断垒带的中部新生断裂，并向上、向下发育，切割并改造早期的断裂，下部与主断裂带合并，形成复杂的多层花状构造。

（4）火成岩活动改造早期的走滑断层带，形成宽大的火成岩断裂带，早期断裂形迹几乎消亡。在两条大型的走滑断层带，可见早期断裂的合并，以及周边小型斜列次生断裂，与本区断裂系统的分布比较一致，可以推断早期断裂的活动。有的区段则缺少早期断裂，或是早期断裂不连续，受火成岩活动而连为一体。

二、走滑断裂带演化历史

环阿满走滑断裂系统的形成演化具有多期性、继承性与迁移性的特征，结合区域地质背景分析可以划分为四个阶段的断裂演化过程。

（一）中—晚奥陶世—断裂发育阶段

近期年代学资料表明，西昆仑山在早奥陶世晚期已进入碰撞聚敛阶段（Ye 等，2008；Zhang 等，2019；Zhu 等，2021），塔里木盆地南部志留系碎屑锆石测年数据也检测到大量的早奥陶世晚期—中奥陶世年龄值，表明塔里木板块南缘已进入挤压构造背景。塔中隆起上奥陶统、下奥陶统之间发育广泛的不整合，其间缺失中奥陶统一间房组、上奥陶统吐木休克组。塔中Ⅰ号断裂带、中央断垒带等北西向的主要挤压断裂带相继发育，塔中北西向古隆起形成，中奥陶世是塔中北西向挤压断裂与古隆起形成的关键时期，也是走滑断裂带形成的关键时间（图4-44）。

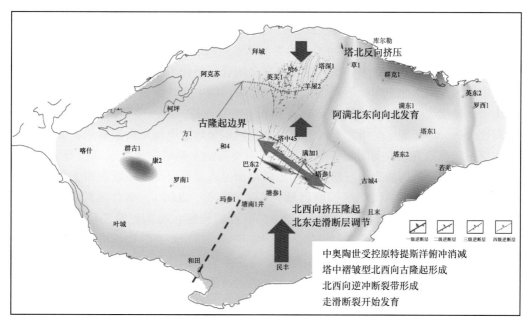

图 4-44　塔里木盆地中奥陶世末碳酸盐岩顶面构造图

中奥陶世末期，古昆仑洋开始俯冲消减，塔里木被动大陆边缘转向活动大陆边缘，塔里木南部地区的台—沟—弧—盆的构造格局形成（Xiao 等，2005；Zhang 等，2019）。鹰山组顶部沉积开始具有分异（邬光辉等，2016），塔西地区大型的台地内部具有地貌的差异，台内滩与台凹的微相差异显现，塔中—巴楚鹰山组隆升暴露。而一间房组的沉积特征与展布更不同于鹰山组（杜金虎，2010），形成厚度薄、面积广泛的缓坡台地，沉积微相横向变化大，揭示板缘的构造活动已开始控制板内的沉积格局。值得注意的是，塔里木盆地南部广泛缺失中奥陶世晚期沉积地层，发育大型的东西走向的古隆起，具有显著的南北挤压特征（邬光辉等，2016），可能揭示原特提斯洋向被俯冲而非南向俯冲的构造环境。

在强烈的区域挤压作用下，板块内部近东西走向的基底古隆起区是区域应力集中部位，其上沉积盖层也相对较薄，区域挤压应力和沉积载荷形成板内挠曲变形，有利于发育挤压型古隆起。在板块南缘区域挤压作用逐渐增加过程中，塔中地区、塔西南地区基底古隆起发育区开始挠曲隆升，形成巴楚—塔中前缘隆起。受远程挤压应力影响，古老克拉通地壳仅出现微弱的褶皱变形，因此一间房组石灰岩出现广泛且稳定的分布，但厚度不足200m，表明其古地貌起伏仍很小。塔里木盆地北部此时仍然处于离散状态，但受南缘碰撞作用，基底古隆起复活活动，出现东西向隆起雏形。在塔北—库车板缘地区发育库车水下低隆，沉积厚度较薄，呈东西向展布，并控制了一间房组的沉积分布。

（二）奥陶纪末期—断裂定型阶段

受原特提斯洋强烈前展俯冲作用形成的南北向区域挤压，晚奥陶世良里塔格组沉积前近东西向的塔西南隆起、塔中隆起、塔北隆起开始形成（邬光辉等，2016），寒武纪—早奥陶世"东西分异"的碳酸盐岩台地转变为良里塔格组"南北分带"的局限碳酸盐岩台地沉积，不同于寒武纪—早奥陶世的构造—古地理格局。奥陶纪末阿尔金洋—古昆仑洋趋近闭合（Zhang等，2017；Li等，2018；Zhang等，2019），塔里木盆地出现整体抬升，奥陶纪地层普遍遭受剥蚀（邬光辉等，2016），但没有发现碰撞造山后的磨拉石建造，而是在塔东地区沉降了桑塔木组厚逾4000m的类前陆盆地的复理石建造，不同于碰撞造山作用下典型的周缘前陆盆地，古大洋很可能没有完全闭合，仍处于俯冲增生阶段。

塔中地区东南部北东向弧形展布的塘北断裂带、塔中7井断裂带为石炭系覆盖的奥陶系潜山带，地层缺失多，形成期难以准确判识（魏国齐等，1998）。通过志留系碎屑锆石测年对比分析，塔东地区、塔北地区检测到来自阿尔金地区奥陶纪火成岩的物源，而塔中地区志留系碎屑锆石缺少奥陶纪年龄数据，表明奥陶纪末期塔中地区东部已有强烈隆升，阻隔了来自阿尔金地区的物源。塘古坳陷地震剖面见志留系向奥陶系断裂带上超覆，沉积研究也认为东南方向在志留纪沉积前已抬升（张金亮等，2007）。结合区域资料（马润则等，2003；吴才来等，2005；邬光辉等，2012），可以推断在奥陶纪晚期塔中隆起东南部北东向断裂带与塘古坳陷冲断带已开始活动，塔中隆起挤压断裂的构造格局形成。

晚奥陶世，随着挤压作用的进一步加强，走滑断裂继承性活动。由于继承性强，在很多断裂带上难以区分中奥陶世末期与晚奥陶世的走滑断裂。地震剖面上，上奥陶统碳酸盐岩的变形特征与中奥陶统相似，断距可能减弱，因此在富满油田上奥陶统中走滑断层特征不显著。相对晚奥陶世碳酸盐岩，中奥陶世的断裂规模更大，裂缝更发育，揭示晚期断裂的叠加与断裂作用减弱。晚奥陶世，走滑断裂系统基本定型。

（三）志留纪—中泥盆世—断裂反转发育阶段

尽管塔里木板块原特提斯洋（古昆仑洋—阿尔金洋）的闭合时间与闭合方式仍有较多疑问（Li等，2018），一般认为原特提斯洋俯冲结束时间在440—420Ma（Zhang等，2018，2019），根据构造—沉积特征推断志留纪很可能处于原特提斯洋俯冲后的伸展阶段。志留纪沉积前，塔东—塔西南地区与塔北地区发生隆升并遭受剥蚀，塔里木盆内形成宽缓的隆坳格局。志留纪，塔里木盆地具有"中间低南北高、以宽缓斜坡过渡"的古地貌，发育辫状河三角洲—滨岸、潮坪、陆棚浅海相的砂泥互层沉积，呈北东—南西向展布（邬光辉等，2020），不同于奥陶纪的构造—沉积格局，不同于奥陶纪构造—沉积格局（邬光辉等，2020）。可能与阿尔金洋的闭合有关，揭示原特提斯洋可能呈现逆时针方向的俯冲闭合。

志留纪，阿尔金洋闭合消减，岛弧活动强烈，南部构造挤压作用不断加强，以及东南方向弧陆碰撞。塔中古隆起遭受来自西南方向的强烈构造作用，在塘古坳陷及塔中隆起东部产生强烈的冲断作用。塔中地区志留系顶部遭受剥蚀，砂泥岩段保存不完整，走滑断裂再次活动，并影响到塔北地区。志留纪以来，古隆起又经历多期强烈构造改造作用，古隆起内部构造变化大。但以寒武系—奥陶系为主的海相碳酸盐岩古隆起继承性发育，古隆起的形态与主体构造面貌变化不大。

志留纪—中泥盆世发生张扭走滑断裂活动，在上奥陶统—志留系发育雁列断裂。不同于早期的压扭断裂，一是张扭正掉的断裂性质的反转；二是以雁列（斜列）断裂类型为主，不同于奥陶系复杂的多种压扭构造类型；三是缺乏水平断距，但垂向断距远高于奥陶系；四是向下多断至奥陶系上部，没有形成断至基底的强烈断裂变形与位移变化。

该期阿满走滑断裂系统的大型走滑断裂带多有活动，向上发散扩展发育至中—下泥盆统，并卷入了强烈的构造变形，断裂带宽、变形复杂，一系列雁列构造沿主断裂带附近发育，其变形特征与奥陶系碳酸盐岩迥异。

（五）晚海西运动期—克拉通内局部断裂复活阶段

石炭纪—二叠纪，阿满走滑断裂系统所在区域以整体升降为主，塔里木盆地进入伸展背景下的克拉通内坳陷阶段。

在塔北地区，走滑断裂以高陡线性断裂向上发育，消失在早二叠世火成岩中。平面上以斜列线性断裂为主，与奥陶系断裂特征类似，但并非所有断裂复活。在剖面上，该期断裂以直立单断断层为主，断裂周围构造变形较弱，但垂向上断距较大，多以张扭下掉位移为主。此期走滑断裂带也没有明显的水平位移显示，垂向位移也较小，而且不同用于深部断裂带。

塔中地区具有微弱的继承活动，中西部广泛发育早二叠世火成岩，地震剖面上火成岩多沿断至基底的走滑断裂带、逆冲断层产出，也有孤立点状突出的。在塔中35井区等局部火成岩发育区周边及顶部可形成小型正断裂发育，有的断裂活动至三叠系底部。另一种表现形式是先期走滑断裂再次活动，或改造前期断裂，以直立型走滑断裂为主，规模很小。

（六）燕山运动—喜马拉雅运动早期—断裂继承性发育阶段

中生代中晚期—古近纪，塔北地区在张扭构造应力作用下，早期大型的北东向走滑断层带再次活动。在侏罗系—古近系发育一系列雁列断裂带，该期断裂主要分布在东北部哈拉哈塘—轮南地区。单条雁列断层延伸长度一般在2km内，断距多小于100m，形成微型地堑，但一系列左阶步展布的雁列带延伸长超过10km。这类走滑断层向上断至白垩系—古近系底部，向下多合并成单一直立型断裂，并断至奥陶系顶部进入主断裂带，剖面上与二叠系、奥陶系花状构造形成"花上花"的三层或两层结构，下部正花状构造范围窄，上部为负花状构造范围宽，而且位置有偏移。根据走滑断裂的分布特点，推断很可能主要形成于喜马拉雅运动早期。

总之，环阿满走滑断裂系统经历多期继承性走滑断裂活动，由于经历多期不同特征的断裂活动，后期构造作用没有完全改变的状况下，断裂活动多沿早期的断裂带发生，大型的主要断裂带多具有继承性发育的特点，同时也有构造反转与调整改造。

第五章 走滑断裂动力学机制

克拉通内走滑断裂成因机理复杂，且经历多期断裂活动，早期构造行迹往往被改造或覆盖；攻关基于板缘应力场、模拟实验，运用多学科动静态一体化分析方法，揭示了塔里木盆地突破传统理论的走滑断裂生长发育机制。

第一节 走滑断裂形成板块动力学机制

一、原特提斯洋闭合的新认识

（一）原特提斯洋闭合研究关键问题

前文论述表明，塔里木盆地走滑断裂系统在中奥陶世末期已形成。研究表明，该时期塔里木板块北部处于南天山洋发育扩张期，北部缺少岩浆活动、构造稳定。而近年研究表明，塔里木板块南缘原特提斯洋（古昆仑洋）在 480—460Ma 向南昆仑山的俯冲（图 5-1；Zhang 等，2018，2019），在 450—420Ma 发生板片断离并导致原特提斯洋的闭合（Zhang 等，2018；Li 等，2018），并发育塔西南周缘前陆盆地（贾承造，1997）。由此可见，塔里木克拉通内走滑断裂系统的形成与塔里木板块南缘原特提斯洋的闭合密切相关。

西昆仑造山带是印度—欧亚构造域与特提斯构造域的重要碰撞结合点，经历了原—古特提斯海洋开合相关的多期构造历史，地质构造复杂，研究程度低、分歧大。一般认为早古生代原特提斯洋闭合时，西昆仑地体可能与塔里木板块发生碰撞（Dong 等，2018），并发生变质作用，晚泥盆世磨拉石不整合变质的前泥盆系层序上。由于资料少，对西昆仑地体古生界演化提出了不同的构造模式，存在俯冲—增生复合体（Yuan 等，2002；Xiao 等，2002，2005；Zhang 等，2007；Ye 等，2008；Jiang 等，2013；Liu 等，2015；Zhang 等，2017）、碰撞造山带（Zhang 等，2018，2019；Wang 等，2020）或岛弧（Zhu 等，2016；Zhang 等，2020）等不同的构造模式。

研究认为，北昆仑地体和南昆仑地体之间的南碰撞造山带导致了 460—400Ma 的原特提斯洋的闭合，以及西昆仑造山带与冈瓦纳北缘的拼合（Yuan 等，2002；Liu 等，2014；Li 等，2018；Zhang 等，2018，2019；Wang 等，2019），原特提斯洋最终闭合时间限制在 440—420Ma（Zhang 等，2018，2019；Wang 等，2020）。然而，也有研究表明，东昆仑地体可能是向北俯冲（Dong 等，2018），而且多个大洋的长期俯冲过程持续到中生代（Xiao 等，2005）。值得注意的是，如果原特提斯洋（古昆仑洋）向南俯冲，塔里木板块南缘长期保持被动大陆边缘背景（图 5-1），中晚奥陶世难以形成大规模的板内走滑断裂系统。

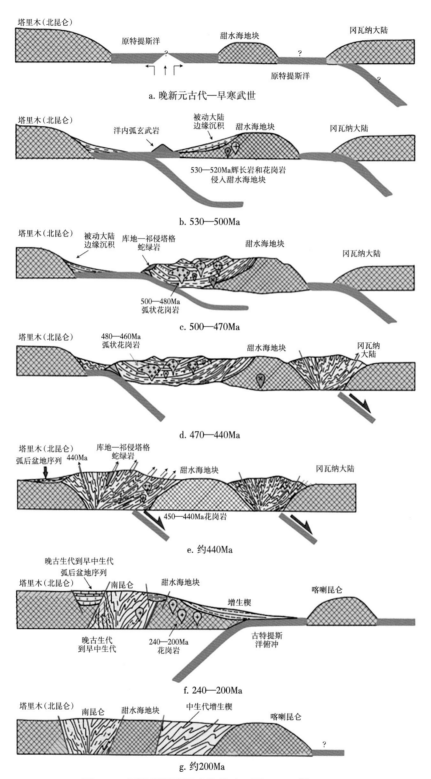

a. 晚新元古代—早寒武世

b. 530—500Ma

c. 500—470Ma

d. 470—440Ma

e. 约440Ma

f. 240—200Ma

g. 约200Ma

图5-1 原特提斯洋闭合演化史（据Zhang等，2018）

（二）岩石地化特征与动力来源分析

中奥陶世末期是塔里木板块南缘的重要构造变革期，综合岩浆岩资料，塔里木克拉通记录了新元古代—早古生代 950—900Ma、850—780Ma、760—720Ma、670—610Ma、540—470Ma 和 460—410Ma 的岩浆活动（图 5-2）。

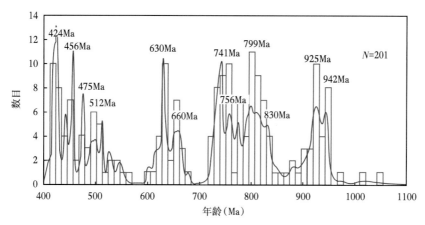

图 5-2 塔里木克拉通新元古代—早古生代岩浆岩 U-Pb 年龄直方图

在空间分布上，950—900Ma 的岩浆活动发生在塔里木外围的阿尔金山与中天山，而在中天山、阿尔金山和塔西南地区 850—780Ma 的岩浆活动则向内迁移至塔里木边缘。

另一方面，约 760Ma 的火成岩延伸至塔里木中部，而随后 750—720Ma 岩浆作用后撤至塔里木东北缘，并与约 740Ma 以来的南华纪裂谷分布一致（Wu 等，2021）。670—610Ma 的岩浆活动逐渐向塔里木北部和西北部的外围迁移，随后发生广泛的震旦纪裂谷沉积。

早古生代的岩浆活动集中在西昆仑地区与阿尔金山（Zhang 等，2015，2019），主要有 540—470Ma 和 460—410Ma 两期岩浆活动，并呈现逐渐加强与向塔里木盆地内部扩张的特点。

塔里木地区发现了大量 460—400Ma 的花岗岩类，并有少量的中—晚寒武世火成岩，它们都具有相似的微量元素模式（图 5-3）。新近研究表明，原特提斯洋于 460Ma 已闭合，并伴随晚奥陶世—中志留纪（450—428Ma）古特提斯洋闭合后的岩浆事件（Zhang 等，2019）。

分析表明，花岗岩类具有相对平缓或右倾斜的重稀土元素（HREE）模式，富含轻稀土元素（LREEs）和碱，显示"海鸥"型稀土元素（REE）模式，$(La/Yb)_N$ 比值相对较高（-28.69～11.89）。弱的负 Eu 异常（$Eu^* = 0.63～1.00$），并有一个平缓的上凹模式。花岗岩样品具有相似的微量元素模式（图 5-3b），富集大离子亲石元素 Rb（121.5～214.0mg/L）、Th（15.1～85.0mg/L）和 U（2.35～11.40mg/L），Ba 和 Sr 含量相对较低，高场强元素（HFSE）富集 Zr（13～164mg/L）和 Hf（4.3～13.2mg/L），明显亏损 Nb、Ta、Sr、Ba、P、Ti、Eu。在 TAS 图上为花岗闪长岩，具有碱性—钙碱性特征，属于高钾系列和钾玄岩类（图 5-4a、b）。

在构造环境判别图上，几乎所有的样品都位于火山弧和后造山带内，与俯冲相关的花岗岩类的地球化学特征相一致（Pearce 等，1984）。长英质岩石具有 LILEs 富集、HFSEs 亏

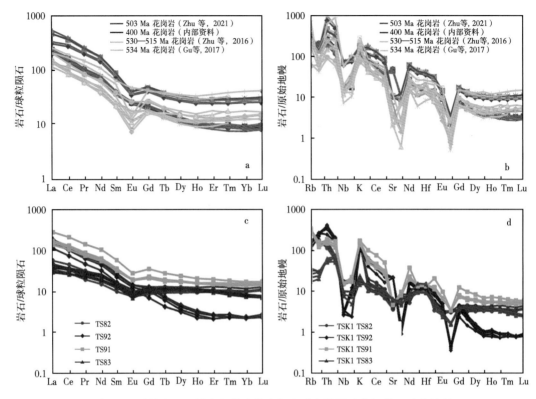

图 5-3 西昆仑地区早古生代岩浆岩与变质岩微量元素与稀土元素特征

损，HREE 模式相当平坦，负 Eu 异常（图 5-3a、b），Th/Yb、La/Yb 和 Ta/Yb 值高，Ce/Pb 值低等大陆弧花岗岩特征。同时，寒武系—早奥陶世钙碱性花岗岩具有负 Eu 异常（图 5-3a、c），与俯冲环境的特征一致。

镁铁质岩石（830—610Ma）主要是地球化学性质变化较大的拉斑玄武岩，一般具有相对高 LREE 的平坦 REE 模式，Ba、Th、U 等大离子亲石元素（LILE）富集，以及 HFSEs 中 Nb、Ta、Sr、P 和 Ti 的亏损。这些特征通常解释为陆内裂谷环境，但是镁铁质—超镁铁质侵入岩（820—735Ma）具有中等的 LREE 富集、明显的负 Nb-Ta 异常，而且具有低的 εNd (t) 值（1~-11）和较高的初始 $^{87}Sr/^{86}Sr$ 比值（0.706~0.710），类似俯冲作用下的玄武岩地球化学特征（Mullen 等，2014；Xia 等，2019），可能是受地壳物质污染的与俯冲机制有关的岩浆岩。在构造判别图上，样品多位于火山弧和后造山带内。花岗岩类的地球化学特征与俯冲相关岩浆相一致（图 5-4c）。

近年来，Pearce 等（1984）的经典火山弧花岗岩体被划分为火山弧和板片失效两种模式（Whalen 等，2019）。塔里木地区花岗岩类多为板片失效域（图 5-4d）。这与它们作为小深成岩体而不是火山弧形带的产出是一致的，说明板片失效对火成岩的形成具有重要作用。研究表明，原特提斯洋的俯冲于约 460Ma 已结束，并伴随晚奥陶世—中志留世（450—428Ma）俯冲后的岩浆事件（Zhang 等，2019）。

通过研究区寒武系—奥陶系（变质）碎屑岩取样分析（Zhu 等，2021），主量元素的质量

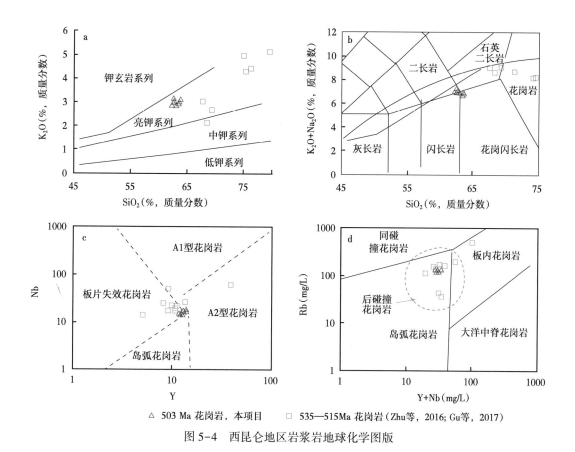

△ 503 Ma 花岗岩，本项目　　□ 535—515Ma 花岗岩（Zhu 等，2016；Gu 等，2017）

图 5-4　西昆仑地区岩浆岩地球化学图版

分数分别为：SiO_2（67.81%～73.17%）、Al_2O_3（10.05%～15.04%）、Fe_2O_3（1.02%～4.36%）、MgO（0.31%～2.06%）和 K_2O（0.43%～2.36%）含量较高，Na_2O（2.87%～5.20%）含量较高。另一些样品 SiO_2 含量低（55.28%～58.53%），Al_2O_3 含量高（16.48%～18.46%），Fe_2O_3（8.19%～9.67%），MgO（3.79%～4.69%）和 K_2O（4.16%～5.07%），Na_2O 含量相对较低（2.29%～4.10%）。对比澳大利亚太古代页岩（PAAS；McLennan，1989），Fe_2O_3、K_2O、MgO 和 Na_2O 含量较高，SiO_2 和 Al_2O_3 含量较低。变质沉积岩的 SiO_2/Al_2O_3 比值（3.1～6.9）与同类型岩浆的 SiO_2/Al_2O_3 比值（3～5）相似，表明其成熟度低。变质沉积岩样品表现出均匀的稀土模式（图 5-3c）。样品具有较弱的 Eu 负异常（$Eu/Eu^* = 0.59～0.82$），略高于 PAAS（0.63，Taylor 和 McLennan，1985）。微量元素方面，铁镁元素 Cr、Co、Ni 含量较低，HFSE（Zr、Hf、Y、Th、U）含量较低，相对于 PAAS，LILE（Rb、Sr、Ba）含量较低。在上地壳标准化"蜘蛛"图（图 5-3d）中，它们都显示出几乎一致的模式。

　　碎屑岩地球化学分析表明，早古生代碎屑岩来源于寒武系—早奥陶世火成岩，碎屑岩的全岩地球化学可以用来约束早古生代的构造环境（Zhu 等，2021）。一般来说，碎屑岩中的主量元素（SiO_2、Al_2O_3、Fe_2O_3、MgO、K_2O 和 Na_2O）和微量元素（La、Th、Co、Zr、Sc、Ti 和 REEs）随不同类型的构造环境而变化（Bhatia，1986）。变质沉积岩中 SiO_2 相对较低，Al_2O_3、TiO_2 和 SiO_2/Al_2O_3 较高，与大陆岛弧环境具有较强的亲缘性（Bhatia，1983；Bhatia 等，1986）。其微量元素 $[Zr、Hf、Zr/Hf、Zr/Th、（La/Yb）N、Eu/Eu^*]$ 的含量和比值与大陆岛弧及一些活动大陆边缘和海洋岛弧一致（Bhatia，1983；Bhatia 等，1986）。在 La-Th-Sc 和 Th-Sc-Zr/10 构造环境判识图中（图 5-5；Bhatia 等，1986），样品均位于大陆岛弧区域，这与火成岩元素的构造判别结果是一致的。

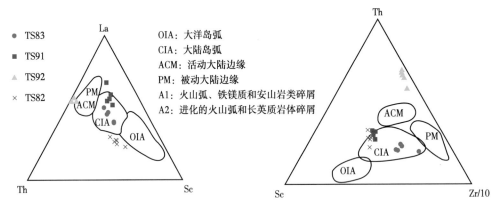

图 5-5　西昆仑地区碎屑岩构造背景判识图版

碎屑锆石年龄谱也有助于确定沉积岩的构造背景，因为汇聚板块边缘携带的锆石颗粒年龄通常接近沉积时代，而碰撞环境和伸展背景包含来自下伏基底的更老年龄（Cawood 等，2012）。据此统计分析，编制累计比例（结晶年龄—沉积年龄）图。结果表明，样品均落在碰撞环境（图 5-6）。这与塔里木地区早古生代的俯冲环境认识一致（Zhang 等，2017），但与早期认为的寒武纪—早奥陶世的被动大陆边缘背景不一致。综上所述，西昆仑地区早古生代可能存在一个长期的俯冲环境。

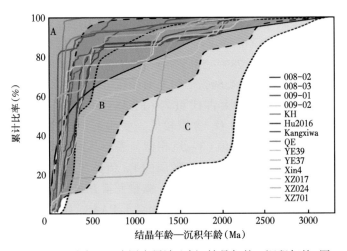

图 5-6　西昆仑地区碎屑岩累计比例（结晶年龄—沉积年龄）图

研究表明，在聚敛板块边缘的可以发生前展式或后撤式俯冲作用，这取决于上冲板块与下冲板块的相对运动（Collins，2002；Cawood 等，2007，2009；Stern 等，2018；Burchfiel 等，2018），并可能与重力和阻力之间的动态平衡有关（Lallemand 等，2008；Giuseppe 等，2009）。通常前展俯冲发生在俯冲速率低于板块整体收敛速率时，而后撤俯冲发生在俯冲速率高于板块整体收敛速率时。前者导致地壳增厚、重熔和弧后前陆盆地的发育，而后者可能造成地壳变薄和弧后裂谷作用（Cawood 等，2009；Ge 等，2014）。从前展俯冲到后撤俯冲的转换可能通过地幔流动的改变触发地幔上涌，从而导致大陆开始裂解（Collins，2002；Cawood 等，2007，2009；Collins 等，2011；Heron，2018）。但目前尚不确定这是否与俯冲从前展到后撤的转换相吻合，或发生在晚些时候。

从地球化学的角度来看，前展俯冲带随着地壳卷入程度的增加而富集了 Hf 同位素组成，而后撤俯冲带由于减少了古地壳成分的卷入而导致更多的 Hf 同位素组成（Griffin 等，2006；Kemp 等，2009；Peterson 等，2016）。与后撤和前展俯冲相对应的锆石 $\varepsilon Hf(t)$ 数据通常分别显示出明显的上升和下降趋势，因此可以区分这两种俯冲类型（Han 等，2016；Zhang 等，2019）。然而，由于锆石 $\varepsilon Hf(t)$ 数据测量的差异，以及俯冲机制转换过程仍然没有得到很好的约束，而且可能随着时间和不同的俯冲带而变化，因此很难确定前展俯冲和后撤俯冲之间的具体转换时间（Cawood 等，2009；Collins 等，2011；Ge 等，2014；Han 等，2016；Zhang 等，2019）。西昆仑地区 540—400Ma 锆石的 $\varepsilon Hf(t)$ 值在 $-15 \sim 15$ 之间变化（图 5-7），位于亏损地幔和新生地壳范围之间（Dhuime 等，2011）。$\varepsilon Hf(t)$ 值明显呈现三段分布，540—500Ma 呈明显的下降趋势，500—460Ma 呈上升趋势，460—400Ma 则出现显著的下降趋势。这些 $\varepsilon Hf(t)$ 值的时间趋势可能反映了新生地壳和改造地壳比例的变化，下降趋势表明地壳改造作用增强的物源，而增加趋势表明新生地壳物源的增加，在聚敛边缘环境中与前展俯冲和后撤俯冲之间的构造转换一致（Wu 等，2021）。通过综合资料分析，Hf 同位素对塔里木克拉通地壳改造具有重要贡献（图 5-7），与少量来源于亏损地幔的补充，主要来源于通过沉积物俯冲形成地壳的俯冲剥蚀与下地壳拆沉的俯冲环境相一致，其构造转换期大约在 460Ma。

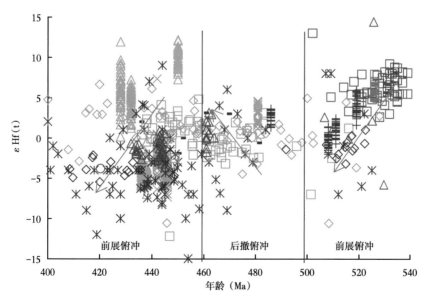

图 5-7　塔里木克拉通 540—400Ma 岩浆锆石的 $\varepsilon Hf(t)$ 与 U-Pb 年龄对比图

中奥陶世末期，随着前展式俯冲向后撤式俯冲的构造转换，塔里木盆地内部从伸展转向挤压，地层、沉积与构造开始出现分异，塔北、塔中、塔西南此三大近东西走向碳酸盐岩古隆起已开始出现雏形（图5-8），而且塔西南古隆起与塔中古隆起活动更强烈，发生大面积的抬升剥蚀，广泛缺失一间房组组—吐木休克组。中奥陶世晚期一间房组沉积从东西分区转变为南北分带，至上奥陶统良里塔格组沉积时期形成塔北—阿满—塔中"两台夹一盆"的南北向沉积分异。

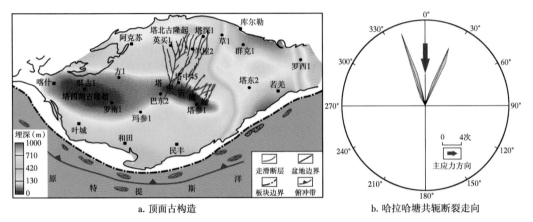

a. 顶面古构造   b. 哈拉哈塘共轭断裂走向

图5-8　中奥陶世末奥陶系碳酸盐岩顶面古构造图及哈拉哈塘共轭断裂走向

综合分析，塔里木板块南缘聚敛作用产生的远程挤压是克拉通内走滑断裂形成的动力来源。

二、先期基地构造与断裂形成

塔里木盆地南部基底发育一系列北东向高磁异常带，从前寒武系火成岩分析很可能是大约1.9Ga哥伦比亚超大陆汇聚期南北塔里木拼合形成的侵入岩体（Yang等，2018；Wu等，2020），构成先存基底薄弱带。根据塔里木盆地重磁电揭示的基底结构与深大断裂分析，塔中—阿满地区发育北东向与北西向基底先存构造，有助于走滑断裂成核与先存断裂的复活。在走滑断裂自下而上的发育过程中，受近南北向主应力作用，塔里木基底早期北东向与北西向的先存构造是局部应力作用的有利部位，影响断裂的形成与发育。

结合重磁电资料分析，塔里木盆地结晶基底为前南华纪的早新元古代变质岩，在高磁异常带残余古元古代造山带岩浆岩，东南隆起前寒武纪基底遭受志留纪—泥盆纪区域变质作用，基底存在一系列基底深大断裂（图5-9）。其中东南部发育北东向深大走滑断层，北部、西部发育北西向深大走滑断层（邬光辉等，2016）。这与环阿满走滑断裂系统的分布相似，其中以近南北向的F_{15}走滑断裂带为界，在其东部发育北东向走滑断裂，而其西部发育北西向走滑断裂。揭示基底的先期构造可能对走滑断裂带的走向与分布具有重要的作用。

综上所述，基底的结构所具有先存构造与先期断裂对显生宙走滑断裂系统的形成与分布具有重要作用，是后期走滑断裂发育与分布的基础。

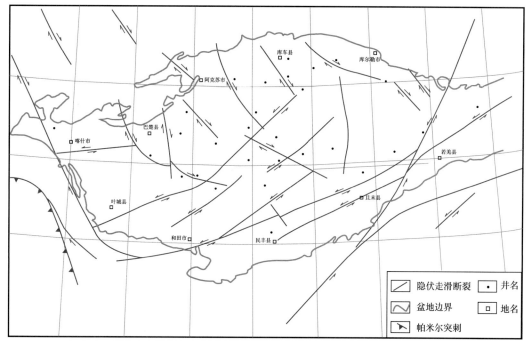

图 5-9　塔里木盆地基底隐伏走滑断裂系统（据邬光辉等，2016）

三、中奥陶世古隆起开始隆升

早寒武世，塔里木板块内部进入稳定的弱伸展环境，发生广泛的海侵，下寒武统玉尔吐斯组向塔北与塔南基底隆起区超覆沉积（邬光辉等，2016）。在板块内部宽缓的地形基础上，受近东西向的弱伸展作用，海平面逐渐上升，形成宽广陆表浅海，开始发育克拉通内稳定的碳酸盐岩台地。塔里木盆地东西分异开始形成，中西部为塔西克拉通内台地，中东部为满东克拉通内坳陷，东部罗布泊地区发育罗西台地，形成"两台一盆"的古地理格局。

近年来，塔里木板块南缘研究取得较多进展，揭示古昆仑洋在早奥陶世已发生俯冲消减，在早奥陶世末期进入碰撞阶段（Li 等，2018；Zhang 等，2019）。阿尔金地区的研究成果表明，奥陶纪晚期，塔里木板块与柴达木地块发生碰撞（Zhang 等，2015），并导致了南阿尔金洋盆最终闭合，推断其洋盆的俯冲削减作用发生在早—中奥陶世。因此，在早奥陶世塔里木板块内部虽尚未发生大规模的构造运动，但周边板块已进入挤压聚敛阶段，考虑到板块内部的构造响应一般较为滞后，推断早奥陶世是塔里木板块内部进入挤压作用阶段的上限。

塔里木盆地寒武系—下奥陶统蓬莱坝组在盆地内部分布相对稳定，具有继承性发育的特征（杜金虎，2010）。但早奥陶世晚期—中奥陶世早期的鹰山组沉积厚度变化大，鹰山组沉积时期塔里木盆地内部的地层开始出现差异。至中奥陶统一间房组沉积时，开始出现地层岩性的明显变化（邬光辉等，2016）。西部一间房组从巴楚地区台地边缘礁滩体向柯坪逐步转变为萨尔干组泥岩，直接覆盖在大湾沟组台地相碳酸盐岩之上。东部下奥陶统上部黑土凹组出现相当于凝缩层段的暗色泥岩地层，覆盖在下奥陶统碳酸盐岩之上。而西部下奥陶统仍是大面积台地相碳酸盐岩，表明存在地层层序的差异与分化。而一间房组沉积时期的岩性与下伏地层明显不同，表明中奥陶统一间房组沉积前已进入新的构造—沉积环境，表明已发生构造转换并控制了沉积的差异。

寒武纪—早奥陶世塔里木盆地东西分区特征明显，中奥陶世则出现沉积相带的南北分异，塔北南缘一间房组高能相带呈东西展布，并未沿轮南—古城下奥陶统南北向的台缘带展布（图5-10），表明一间房组沉积期已发生沉积环境的转变。塔中—巴楚地区大面积缺失一间房组，而巴楚北部一间房组台地边缘礁滩体直接覆盖在鹰山组台内碳酸盐岩之上，满西地区一间房组也逐渐相变为泥岩，其沉积相带也不同于鹰山组。早奥陶世末期，塔里木板块与全球同步发生大型的沉积基准面变化，中奥陶世，塔里木盆地内部已发生明显的地层沉积分异，由此推测中奥陶世一间房组沉积前应当是构造体制转换的下限时期。

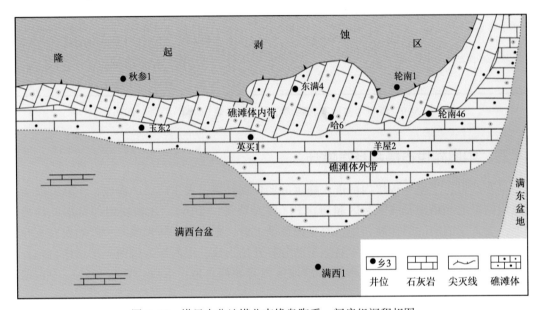

图5-10 塔里木盆地塔北南缘奥陶系一间房组沉积相图

塔中古隆起寒武系—下奥陶统与北部坳陷区为连续沉积，中—下奥陶统鹰山组顶面发育大型的不整合。值得关注的是，位于剥蚀区的鹰山组明显比下盘地层厚（图5-11），其厚度差异达300m。不论其是沉积加厚还是构造作用形成的增厚现象，均表明塔中古隆起已开始出现雏形，并产生了南北地层分带的格局。一间房组围绕塔北古隆起南缘展布（图5-10），而且近期研究发现在哈拉哈塘地区一间房组的顶面发育大型河道，具有自北向南的流向，揭示塔北古隆起已开始显现，构造隆升造成的南北分异是一间房组沉积发生重大变迁的基础。因此推断，早奥陶世末期，塔里木盆地塔中隆起、塔北隆起的雏形已开始出现。

综合分析，早奥陶世末期，塔里木板块具有从伸展环境转向挤压环境的构造背景，中奥陶世塔里木盆地内部已发生明显的构造、沉积分异，在中奥陶世一间房组沉积前，塔里

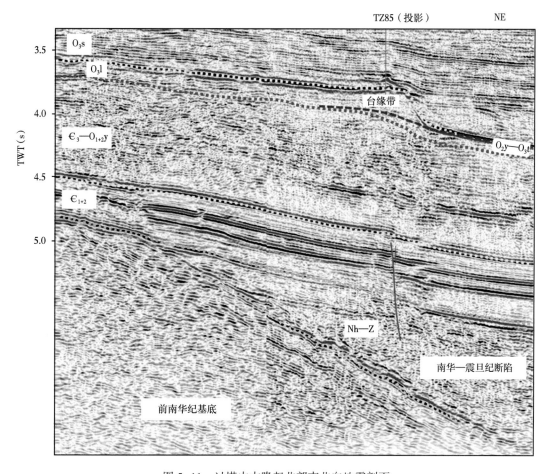

图 5-11 过塔中古隆起北部南北向地震剖面

上奥陶统良里塔格组(O₃l)发育增厚台缘带，隆起上多缺失一间房组—吐木休克组(O₂y—O₃t)，

可见隆起上下奥陶统有加厚现象，中—下寒武统见小型正断层，南华系—震旦系发育大型箕状断陷

木盆地内部已进入挤压环境。

早奥陶世末期，塔里木板块南缘呈现显著的活动大陆边缘特征，形成"台—沟—弧—盆"的构造格局（Xiao 等，2005；Zhang 等，2019），塔里木板块南缘挠曲下沉出现弧后前陆盆地。在强烈的区域挤压作用下，塔里木板块内部近东西走向的基底古隆起区是区域应力集中部位，其上的沉积盖层也相对较薄，区域挤压应力和沉积载荷形成板内挠曲变形，有利于发育挤压型古隆起。来自塔里木板块南缘区域挤压作用逐渐增加过程中，塔中和塔西南基底古隆起发育区开始隆升，形成巴楚—塔中前缘隆起。塔里木盆地北部仍然处于离散状态，但受南缘碰撞作用，基底古隆起复活，温宿—轮台东西向隆起出现雏形。在塔北—库车板缘地区发育库车水下低隆，沉积厚度较薄，呈东西向展布，并控制了一间房组的沉积分布。

综合分析，在中奥陶世塔里木板块内部开始进入区域挤压背景，在基底古隆起的基础上，发育巴楚—塔中弧后前缘古隆起及塔北水下低隆起，下古生界碳酸盐岩古隆起出现雏形，奠定了后期塔中、塔北与塔西南三大古隆起发育的基础，为挤压型古隆起。

四、构造环境与沉积岩相变化

中奥陶世是塔里木盆地内部从伸展转向挤压的关键时期，地层、沉积与构造开始出现分异，塔北、塔中、塔西南此三大近东西走向碳酸盐岩隆起已开始出现雏形，而且塔西南与塔中古隆起活动更强烈，发生大面积的抬升剥蚀，大多缺失一间房组—吐木休克组。中奥陶世晚期一间房组沉积从东西分区转变为南北分带，至上奥陶统良里塔格组沉积时期形成塔北—阿满—塔中"两台夹一盆"的南北向沉积分异。

中奥陶世末期，古昆仑洋俯冲消减，塔里木南部地区的"台—沟—弧—盆"的构造格局形成（Xiao 等，2005；Zhang 等，2019）。鹰山组顶部沉积开始具有分异（邬光辉等，2016），塔西大型的台地内部具有地貌的差异，台内滩与台凹的微相差异显现，塔中—巴楚鹰山组隆升暴露。而一间房组的沉积特征与展布更不同于鹰山组（杜金虎，2010；能源等，2016），形成厚度薄、面积广泛的缓坡台地，沉积微相横向变化大，揭示板缘的构造活动已开始控制板内的沉积格局。值得注意的是，塔里木盆地南部广泛缺失中奥陶世晚期沉积地层，发育大型的东西走向的古隆起，具有显著的南北挤压特征（邬光辉等，2016），可能揭示原特提斯洋向北俯冲而非向南俯冲的构造环境。

晚奥陶世良里塔格组沉积前，塔里木盆地受南北向区域挤压作用（杜金虎，2010；张光亚等，2015），近东西向的塔西南、塔中、塔北三大古隆起开始形成（能源等，2016）。塔里木盆地由前期"东西分异"的碳酸盐岩台地转变为"南北分带"的局限碳酸盐岩台地沉积。奥陶纪末阿尔金岛弧向北俯冲造成古昆仑洋趋近闭合（Li 等，2018；Zhang 等，2018，2019），但很可能没有完全闭合。塔里木盆地出现整体抬升，奥陶纪地层普遍遭受剥蚀（邬光辉等，2016），但没有发现碰撞造山后的磨拉石建造，而是沉降了桑塔木组厚逾 4000m 类前陆盆地的复理石建造，不同于碰撞造山作用下典型的周缘前陆盆地。原特提斯洋俯冲结束时间在 440—420Ma（Zhang 等，2018，2019），此期志留系发育俯冲后的陆内滨浅海相碎屑岩沉积（邬光辉等，2020），可能与阿尔金洋的闭合有关，揭示原特提斯洋可能呈现逆时针方向的闭合。

由此可见，随着塔里木板块南部原特提斯洋的闭合，在后撤—前展式俯冲转换作用下形成了东西向的弱伸展构造环境，发育稳定的寒武纪—中奥陶世的碳酸盐岩沉积，不同于威尔逊旋回的成年期—衰退期的被动大陆边缘—活动大陆边缘早期的构造—沉积特征。而在中—晚奥陶世—志留纪塔里木盆地具有明显构造挤压作用，并出现构造隆升与剥蚀，形成俯冲增生作用下的挤压坳陷，但缺少碰撞造山的磨拉石建造，不同于经典威尔逊旋回的终结期—遗迹期的碰撞造山形成的前陆盆地。

值得注意的是，环阿满走滑断裂系统大致以塔中隆起控制的良里塔格组台缘带与塔北隆起控制的一间房组台缘带为界形成南北方向的分区（图 5-12）。塔中隆起良里塔格组镶边台缘带沿塔中古隆起北部边界分布，并控制鹰山组分布，构成塔中隆起北部的构造与岩相边界。塔中走滑断裂带多以马尾状构造终止于台缘带，仅有几条大型走滑断裂带向阿满过渡带延伸。塔北南坡共轭走滑断裂分布于一间房组宽缓的缓坡型台地上，在台地的岩相结构向南变化部位消失，表明岩相差异对走滑断裂的生长发育与分布具有一定的控制作用。由此可见，先期岩相也可能影响走滑断裂的发育与分布。

同时，基底薄弱面可能对寒武系—奥陶系碳酸盐岩的岩石物理性质具有一定的影响，有利于断裂向上突破。综合分析，中奥陶世晚期，塔中地区北西西向逆冲断裂带在斜向冲断作用下，受基底北东向基底先存构造的影响，有利于与主应力方向小角度的走滑断裂发育，从而形成一系列具有调节作用的北东向优势方位的走滑断裂带。

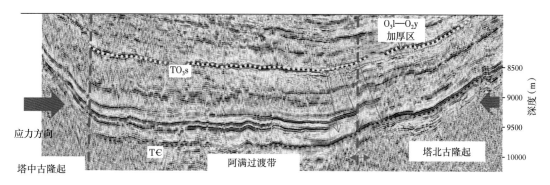

图 5-12　塔中—塔北地区地震剖面示古隆起与台缘带边界（T 代表地震反射层位）

五、区域应力场及主应力方向

尽管古应力方向难以恢复，且走滑断裂走向与主应力方向会有较大的夹角变化范围，但早期形成的共轭走滑断裂可以指示主应力方向。哈拉哈塘地区奥陶系碳酸盐岩发育对称的北北西向与北北东向共轭走滑断裂，记录了中—晚奥陶世的断裂格局，可以用来判断断裂形成期的主应力方向。

北北西向走滑断裂的走向多位于$\angle 330° \sim \angle 360°$，北北东向走滑断裂走向多位于$\angle 16° \sim \angle 30°$，其间的二分角大约为$\angle 2°$（图 5-8b）。由于共轭走滑断裂二分角一般与最大压应力方向一致，表明走滑断裂形成期为近南北向主应力方向（以现今位置推断）。

近南北向的主应力方向与近东西向展布的塔北古隆起、塔西南古隆起近于垂直，形成克拉通内褶皱隆起。中奥陶世，塔北地区构造隆升微弱，其南部哈拉哈塘地区构造平缓、地质结构相对均一，在近南北向的远程区域挤压作用有利于形成共轭走滑断裂带。

受区域应力场的影响，以哈拉哈塘地区为中心，东西方向分别以北北东向与北北西向走滑断裂发育为特征。同时，塔北南缘部分走滑断裂带自北向南发育，并以向南散开的马尾状构造终止，代表断裂作用自北向南传递，可能指示塔北地区形成自北向南的反向挤压作用。

北西向的塔中古隆起及其北西走向逆冲断裂与南北向主应力方向斜交，导致古隆起褶皱与逆冲过程中发生起调节作用的北东向走滑断裂。塔中北斜坡 11 条北东向主干断裂的走向位于$\angle 30° \sim \angle 39°$，与上述近南北向主应力方向低角度斜交，也符合安德森断裂模式。由此推断，在近南北方向区域应力场控制了北东向与北西向走滑断裂分布的格局。

六、板块内走滑断裂成因模式

综上所述，中奥陶世，原特提斯洋闭合产生近南北向的远程挤压作用控制了环阿满走滑断裂系统的形成与分布（图5-13），先存构造与岩相影响走滑断裂南北分区的差异性。

中奥陶世晚期，塔西南地区发育宽缓的塔西南古隆起雏形（图5-13a），呈现整体隆升的构造格局，缺少断裂活动，形成了近东西向宽缓褶皱古隆起。塔西南地区鹰山组大面积出露，也缺失一间房组与吐木休克组，形成与塔中地区一体宽广且平缓的风化壳。上奥陶统良里塔格组台地分布在古隆起范围内，西北部一间房组台缘礁滩体与下伏鹰山组具有明显的沉积间断，为古隆起的边缘向坳陷过渡的缓斜坡区。东南部和田河气田周缘良里塔格组直接覆盖在鹰山组之上，沿古隆起边缘坡折带发育良里塔格组陡坡型台缘带。

塔中Ⅰ号断裂带发生北东向冲断运动，北东向大型隆起形成（图5-13a）。同时塔中隆起发生较为强烈的抬升剥蚀，鹰山组残余厚度很薄，甚至缺失。除断裂带外，塔中地区以整体抬升为主，呈现宽缓的褶皱隆升。同时，塔中古隆起存在广泛的沉积间断，缺失中奥陶统一间房组与上奥陶统吐木休克组。出露地表的鹰山组碳酸盐岩发生广泛的岩溶作用，形成第一期广泛分布的碳酸盐岩风化壳。北部塔中Ⅰ号断裂带的活动奠定了坡折带的发育背景，形成塔中地区与北部坳陷的沉积与构造边界，并控制了晚奥陶世良里塔格组大型台缘带的分布。

很显然，塔中古隆起与塔西南古隆起呈斜列展布，需要断裂构造调节其间的构造变形，发育构造单元边界的F_{I5}走滑断裂带，以调节塔中地区与塔西南地区构造变形的差异（图5-13a）。随着塔中地区北西向逆冲断裂带的发育，在基底结构差异的基础上，发育调

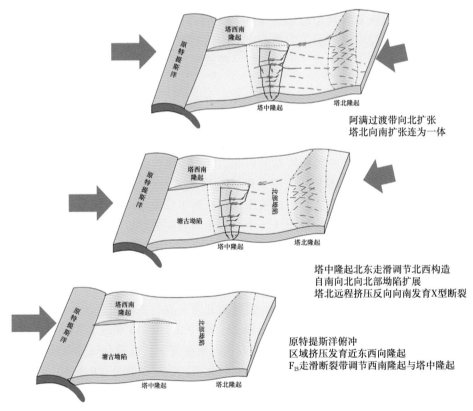

图5-13 塔里木盆地板内走滑断裂系统成因模式图

节走滑断裂带的撕裂断层，从而调整古隆起内部的变形。塔中隆起的北部边界的塔中 I 号构造带则成为走滑断裂带向北发育的边界，形成一系列翼尾状构造与马尾状构造（图 5-13b）。

塔北地区也产生近东西向的隆升，成为近东西向的水下低隆起。虽然未发生较大的地层缺失，但中奥陶统一间房组已开始围绕古隆起沉积（图 5-10），前期东西分异的沉积面貌解体。塔北南缘一间房组沉积期发育从北向南流向的古河道，在上奥陶统沉积前塔北隆起的轴部可能有大面积的暴露区，并造成良里塔格组台缘带的退积迁移。近期在塔北南缘发现良里塔格组台缘带，同样也是围绕塔北古隆起分布，且在良里塔格组沉积前具有沉积间断，表明中奥陶世晚期塔北古隆起已形成。

塔北地区一间房组与良里塔格组台地宽缓，缺乏高陡的断裂带，其间没有发现明显的地层缺失，以低幅度褶皱隆升为主，形成近东西向的水下低隆起，仅在三级层序顶界面存在短暂的抬升暴露。在这样宽缓的构造背景与比较均一的基底结构基础上，有利于形成共轭走滑断裂（图 5-13b）。同时，在北部坳陷的阿满过渡带，随着塔中地区走滑断裂向北扩张，形成一系列北东向的走滑断裂带。

随走滑断裂带的不断扩张与生长，形成连为一体的环阿满走滑断裂系统（图 5-13c）。值得注意的是，塔里木盆地走滑断裂系统在良里塔格组沉积前已基本定型，对应后撤—前展俯冲转换期，是构造活动最强烈的时期。而后期的断裂基本是在早期走滑断裂发育的基础上，继承性发育与连接生长，形成贯穿的走滑断裂系统。

第二节　走滑断裂发育机制的物理模式

影响走滑断裂形成演化的因素很多，通过 40 组构造物理模拟实验研究走滑断裂生长发育的控制因素与发育机制。

一、单剪走滑断裂发育主控因素

（一）盖层厚度变化对走滑断裂带的影响

1. 盖层厚度对走滑断裂带的影响

盖层厚度是断裂构造物理模拟实验的重要参数，Cloos（1928）、Riedel（1929）、Tchalenko（1968）、Wilcox 等（1973）通过多次实验发现实验中的剪切断裂虽然彼此之间有轻微的重叠，但其长度大体是盖层厚度的 1~2 倍。Atmaoui 等（2006）发现在一定的剪切强度下，随着盖层厚度的增加，走滑断裂破碎带宽度增加，R 型剪切断裂数量成比例减少，且第一个 R 型剪切断裂出现所需位移量增加，在模型表面同时出现更多的重叠。

为探究盖层厚度对走滑构造发育的影响，设计了四组不同盖层厚度、不同走滑性质的对比试验。实验 1 与实验 2 的基本参数一致，模型尺寸为 500mm×700mm×300mm 大小的硬塑料盒，底板之上黏附与石英砂摩擦系数较大的纸张，实验 8 与实验 9 则为 600mm×800mm×300mm 大小的塑料盒，底板直接与石英砂相接触，其与石英砂摩擦系数较小，实验 1 与实验 2 和实验 8 与实验 9 之间除盖层厚度不一致可作为对比实验之外，亦可反映在不同走滑类型之下（左旋与右旋、单侧位移与双侧位移等）盖层厚度对走滑断裂发育的影响作用。实验设计参数见表5-1。

表5-1　不同厚度对比组实验基本参数

实验因素	实验序号	盖层厚度（mm）	位移速度（mm/s）	模型大小（mm×mm）	基底性质	走滑性质	驱动类型
盖层厚度	1	50	0.01	500×700	纸质	右旋	单侧位移
	2	80	0.01	500×700	纸质	右旋	单侧位移
	8	70	0.04*0.005	600×800	塑料	左旋	双侧同向
	9	100	0.04*0.005	600×800	塑料	左旋	双侧同向

注：*：分隔底板主动侧系数与被动侧参数。

实际测量各实验模型表面走滑断裂长度和走滑带宽度进行对比分析（图5-14），通过测量不同位移量模型表面断裂长度与走滑带宽度分析走滑断裂的发育，取各断裂长度平均值指代模型断裂发育情况。走滑断裂的长度为断裂与盖层水平面相切的曲线长度，而走滑带的宽度是指垂直主位移带剖面上变形最宽处的水平距离，主要反映两条R型剪切所限制的变形范围，一般只统计走滑带发育成熟情况（表5-2）。

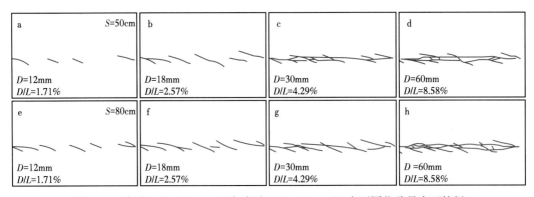

图5-14　实验1（a、b、c、d）与实验2（e、f、g、h）在不同位移量表面特征

表5-2　不同厚度对比组断裂长度实验统计结果

实验号	相对位移量 D/L（%）				走滑带宽度（mm）
	1.71	2.57	4.29	8.58	
1	41	77	88	109	38
2	72	99	118	131	56
8	55	93	109	133	69
9	63	118	128	141	86

表5-2中走滑带宽度为相对位移量 $D/L=8.58\%$ 时测量值。由以上统计结果可以看出，在其他条件保持一致的前提下，走滑断裂的长度与走滑带宽度随盖层厚度增大而增大，两者之间呈正相关关系，线性关系较为明显（图5-15）。实验1盖层厚度为50mm，在走滑断裂发育的全阶段，断裂长度变化范围近似为盖层厚度的0.82~2.18倍。同理，实验2的断

裂长度为盖层厚度的 0.90~1.64 倍，实验 8 的断裂长度为盖层厚度的 0.79~1.90 倍，实验 9 的断裂长度为盖层厚度的 0.63~1.41 倍。由此可见，针对本实验的简单剪切两类模型的走滑断裂构造物理模拟实验，断裂长度大致为盖层厚度的 0.8~2.2 倍。

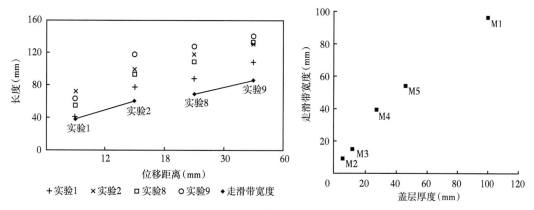

图 5-15　对比组实验在不同位移量表面数据变化图

本研究对比了简单剪切模型单侧位移实验和双向同侧实验，在实验设置上相对较弱的双侧基底动力使得相对于双侧异向实验位移变化由基底断裂向盖层传播的更缓慢，同时局部剪切应力更容易发生，导致和前人实验结果存在差异。

2. **盖层能干性对走滑断裂的影响**

盖层能干性不同导致走滑带变形程度不同。为探究盖层能干性对走滑断裂的影响，设置了一组对比实验，保持其他实验条件不变，仅改变盖层能干性，即分别以湿砂（含水量饱和）和干砂模拟具有不同能干性的盖层。

前人常以黏土和干燥石英砂做实验材料来研究盖层能干性对断裂的影响。有人认为黏土的黏结力太高，应该只用于模拟高黏结力的天然岩石（Mandl，1988）。Naylor 等（1986）认为，黏土实验时间短（通常为几个小时），可以防止水的流失，从而产生恒定的有效围压，产生与围压无关的屈服强度摩擦分量，因此他们认为湿黏土在断裂前具有延展性，黏土更适合作为模拟下地壳岩石的模型，但是湿黏土的可塑性使它们无法精确模拟上层地壳沉积岩的脆性变形。Naylor 等（1986）、Vendeville 等（1987）、McClay（1990）认为干燥、无黏性的石英砂是更合适的模拟建模的介质。Nadaya Cubas（2013）发现材料软化程度越高，局部变形越大，软化速率影响推力的大小，而内聚力的影响很小。

采用湿石英砂和干燥石英砂模拟盖层，实验结果如图 5-16 所示。两者出现的走滑变形程度相差较大。湿砂模型（图 5-16 右）走滑变形比较剧烈，出现了分布在走滑带上的一系列雁列构造，同时模型中出现明显的张扭区（白色虚线）和压扭区（黑色虚线）。分析认为，在剪切作用的同时伴随内部块体的转动，可以同时发生局部的拉伸断陷与挤压地垒。在材料为干砂实验时极少发生张扭断陷，且局部张扭构造规模小、断距小。同时，转动的块体内部没有明显的变形。干砂模型中走滑断裂带变形程度较湿砂模型微弱，张扭区表现不明显。分析表明，这可能是由于干砂内聚力几乎为零，变形靠颗粒传播，从而展现出递进变形的特点。

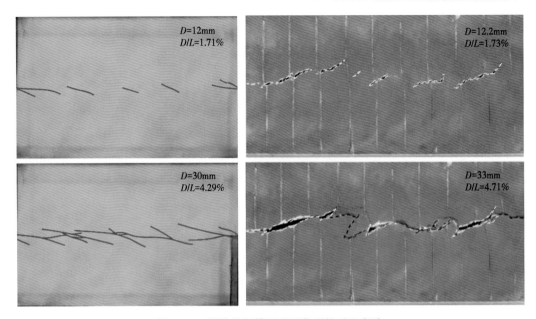

图 5-16　简单剪切模型盖层能干性对比实验

红色为断裂，白色为张扭区，黑色为压扭区

（二）走滑断裂带再次活动应力场的差异

埋藏作用首先改变盖层厚度，进而可以改变走滑断裂带宽度及表面构造复杂程度。为研究埋藏作用对走滑构造发育的影响，设计了一组改进实验，在实验 1 的基础上改变实验参数，即初始盖层厚度为 6mm，基底剪切位移量达 6mm 时加干砂至 16mm，再活动；位移量达 15mm 后加干砂至 46mm，继续活动至最终位移量达 62.62mm，整个实验过程通过加砂模拟埋藏过程。

实验结果表明，埋藏作用对走滑断裂带的影响不仅表现为改变走滑断裂带宽度，而且对构造样式也具有较大的影响，具体表现在"花上花"构造样式的发育和构造反转的出现（图 5-17）。

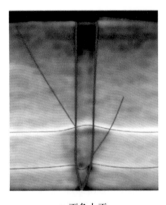

a. 下负上正　　　　　　　　　b. 上负下正

图 5-17　埋藏作用产生的构造反转（位移量为 60mm 时的剖面）

构造反转的根本原因在于构造应力场的改变。埋藏作用改变盖层厚度，原来的表层被后期沉积覆盖，则早期的构造应力场发生了改变，最大主应力方向发生一定的旋转。在模拟实验中，构造反转具体体现为下部为张扭性的负花状构造，上部为压扭性的正花状构造。分析认为，埋藏之后盖层厚度发生变化，原盖层表面构造及深部构造受垂向岩体重力的叠加，构造应力场出现一定的改变，并造成断裂的生长发生变化。其中，力学机制与模式很复杂，具体的力学机制有待进一步研究。

哈拉哈塘地区"花上花"构造的走滑构造特征形成于多期的构造活动的背景，由于断裂的继承性发育特征，出现在多层花状构造。地震资料分析处理发现在哈拉哈塘地区经过晚加里东运动期、晚海西运动期、燕山运动期的三期走滑断裂活动，形成三层花状构造。哈拉哈塘地区下部以正花状构造为主，上部为负花状构造，多在分支断裂上斜向生长发育，而且上下构造活动强度有差异，上部的构造活动更为强烈。

因此，一般认为可能是区域构造应力场从挤压转向伸展造成的结果。但是，实验揭示可能有另外一种可能性，即可能由于盖层加厚，后期埋藏过程中局部应力场发生改变的结果，或两种因素都存在，从而造成不同时期的花状构造的性质、分布的位置可能不同。

(三)位移速度对走滑断裂形成演化影响

位移速度对走滑断裂的形成演化具有重要作用，但往往难以准确测定(石峰，2014)。滑动速率是活动断裂定量研究的重要参数(许斌斌等，2019)，是指在一段时间内断裂两盘相对运动的平均速度，是断裂带上应变能累计速率的重要表现，常被用于评价断裂的地震危险性。宋键(2010)通过对喜马拉雅运动东构造结区域主要断裂的运动学特征进行模拟研究发现，多期次的不同位移速度的走滑断裂活动是区域构造变形重要成因。刘昌伟等(2019)通过对下地壳拖曳作用产生的剪切力物理模拟实验和地层真实情况拟合得出了鲜水河断裂、小江断裂的走滑速率。

但前人的研究多以今溯古，侧重于通过物理模拟等实验手段解析走滑断裂真实的位移速度。为探究位移速度对走滑构造发育的影响，提取了九组实验做对比(表5-3)。

表5-3　位移速度实验设计参数

实验因素	实验序号	位移速度(mm/s)	盖层厚度(mm)	模型大小(mm×mm)	基底性质	走滑性质	驱动类型
位移速度	1	0.01	50	500×700	纸质	右旋	单侧位移
	3	0.02	50	500×700	纸质	右旋	单侧位移
	4	0.005	50	500×700	纸质	右旋	单侧位移
	6	0.0025 * 0.0025	50	500×700	塑料	左旋	双侧异向
	7	0.005 * 0.005	50	500×700	塑料	左旋	双侧异向
	8	0.04 * 0.005	70	600×800	塑料	左旋	双侧同向
	10	0.04 * 0.02	70	600×800	塑料	左旋	双侧同向
	11	0.04 * 0.01	70	600×800	塑料	左旋	双侧同向
	12	0.04	70	600×800	塑料	左旋	单侧位移

注：*两侧分别为分隔底板主动侧参数与被动侧参数。

实验1、3、4为一个模型，底板为纸质，模型大小为500mm×700mm，均进行单侧位移的右旋走滑（图5-18），盖层厚度为50mm，位移速度分别为0.01mm/s、0.02mm/s和0.005mm/s。实验6、7为塑料底板模型，进行双侧异向的左旋走滑实验，其位移速度分别为0.0025mm/s和0.005mm/s，则其相对速度分别为0.005mm/s和0.01mm/s。

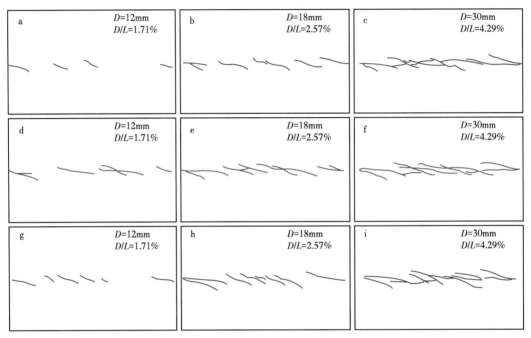

图5-18　位移速度对比组实验表面数据变化图

a、b、c为实验1，d、e、f为实验3，g、h、i为实验4

实验8、10、11为600mm×800mm×300mm大小的塑料底板模型，进行双侧同向的左旋走滑实验，而实验12可以看作为一侧位移速度为0的双侧同向左旋走滑，故这四组实验的走滑实验的主动侧位移速度为0.04mm/s，被动侧位移速度则分别为0.005mm/s、0.02mm/s、0.01mm/s和0，其相对移动速度则分别为0.035mm/s、0.02mm/s、0.03mm/s和0.04mm/s。通过这九组对比试验，测量各实验模型表面走滑断裂长度和走滑带宽度进行对比分析（表5-4）。

表5-4　位移速度对比实验统计结果

实验号	D/L（%）				走滑带宽度（mm）
	1.71	2.57	4.29	8.58	
实验1	41	77	88	109	38
实验3	40	71	83	99	47
实验4	50	86	93	118	36
实验6	66	87	95	120	48
实验7	54	80	89	109	59

续表

实验号	D/L（%）				走滑带宽度（mm）
	1.71	2.57	4.29	8.58	
实验8	38	53	72	81	35
实验10	48	69	77	92	31
实验11	44	61	71	85	36
实验12	32	50	67	80	42

由以上统计结果可以看出，在其他条件保持一致的前提下，断裂的长度随相对位移速度的降低而增大，但在走滑断裂发育中后期，长度差异不大。走滑断裂带宽度则随位移速度降低而减小，具较明显的正相关关系，且线性关系较为明显（图5-19）。

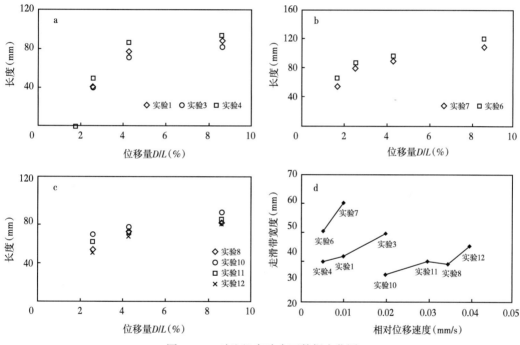

图 5-19　对比组实验表面数据变化图

（四）主动侧类型对走滑断裂发育的影响

为探究主动侧类型对走滑构造发育的影响，设计了四组不同走滑性质的对比试验，实验数据见表5-5所示。实验4所使用模型大小为500mm×700mm×300mm，实验5的模型尺寸为600mm×700mm×300mm。虽然模型有所差异，由对模型运动过程CT扫描切片图片可知，走滑断裂发育全过程模型表面的走滑带宽度可以视作从基底到盖层整个走滑断裂体系的最宽部位，虽然盖层以下部分也有未发育到表面的断裂，但其宽度与盖层走滑带宽度相差不大，而实验模型表面走滑带宽度远小于模型宽度，所以可以忽略模型大小差异。

表 5-5　主动侧类型实验设计参数

实验因素	实验序号	位移速度（mm/s）	走滑性质	驱动类型	盖层厚度（mm）
主动侧类型	4	0.005	左旋	单侧位移	50
	5	0.0025 * 0.0025	左旋	双侧异向	50
	11	0.04	左旋	单侧位移	70
	12	0.04 * 0.02	右旋	双侧同向	70

注：* 两侧分别为分隔底板主动侧参数与被动侧参数。

实验 4 为单侧位移实验，主动侧位移速度为 0.005mm/s，实验 5 为双侧位移，两侧位移速度均为 0.0025mm/s，实验相对速度则为 0.005mm/s，与实验 4 的相对速度一致。两个实验的底板均为塑料，上覆为干燥石英砂，盖层厚度均为 50mm。通过在相同的环境下的运动，对比研究单侧位移与双侧位移对走滑断裂演化的影响（图 5-20）。

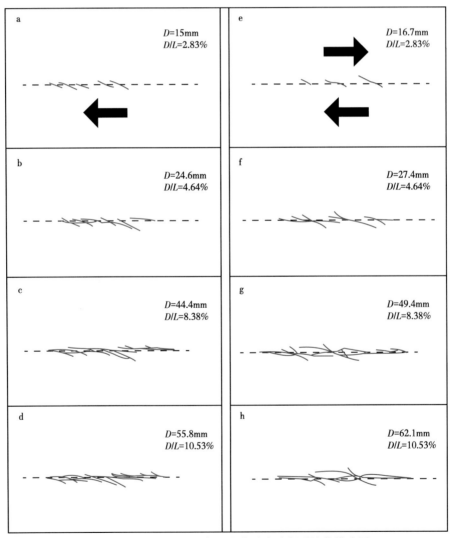

图 5-20　单侧位移与双侧异向位移实验断裂演化模式图
a~d 为实验 4，e~h 为实验 5

实验 11、12 则在 600mm×800mm×300mm 规格的模型中进行，均为双侧同向驱动，不同的是实验 11 为左旋走滑，而实验 12 为右旋走滑，主动侧位移和从动侧位移分别为 0.04mm/s 和 0.02mm/s。两个实验均以塑料材料为底板，上覆干燥石英砂，盖层厚度为 70mm。其余所有参数均一致，设置单因素变量实验，通过对比提取主动侧左旋与右旋对走滑断裂演化的影响（图 5-21）。

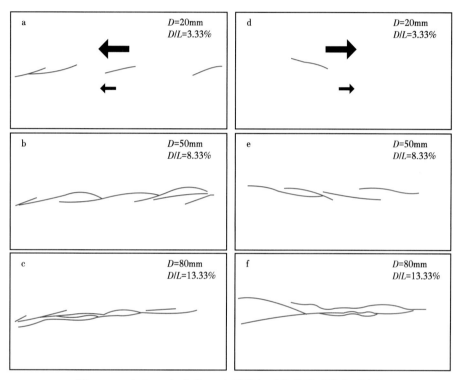

图 5-21　实验 11 与实验 12 在同等相对位移量下的表面特征
a、b、c 为实验 11，d、e、f 为实验 12

实验结束后，通过对置于模型正上方的相机照片整理，选取关键节点照片进行参数分析，提取构造物理模型各阶段表面走滑断裂及其派生构造长度、断裂带宽度等参数进行测量并作图分析变化趋势，对比不同实验和不同模型，分析对控制因素的影响效果并得出结论。测量各实验模型表面走滑断裂长度和走滑带宽度进行对比分析。实验结果见表 5-6、表 5-7。

由以上统计结果可以看出，在其他条件保持一致的前提下，单侧位移相比双侧位移的走滑模型断裂发育更短，走滑断裂破碎带更窄。

表 5-6　主动侧类型实验统计结果 1

实验号	D/L（%）				走滑带宽度（mm）
	2.83	4.64	8.38	10.53	
实验 4	47	76	98	109	32
实验 5	69	99	128	138	48

表 5-7　主动侧类型实验统计结果 2

实验号	D/L(%)		走滑带宽度
	3.33	8.33	（mm）
实验 11	61	132	29
实验 12	63	126	33

通过图 5-22 对比双侧位移相比单侧位移，走滑带宽度显著增加。从图 5-23 对比亦可看出，双侧位移走滑模型断裂发育相对于基底断裂更为对称，而单侧位移断裂更偏向于主动侧发育。

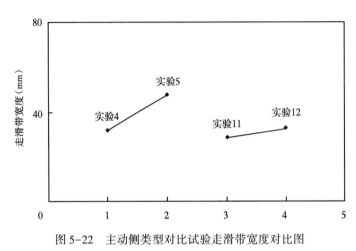

图 5-22　主动侧类型对比试验走滑带宽度对比图

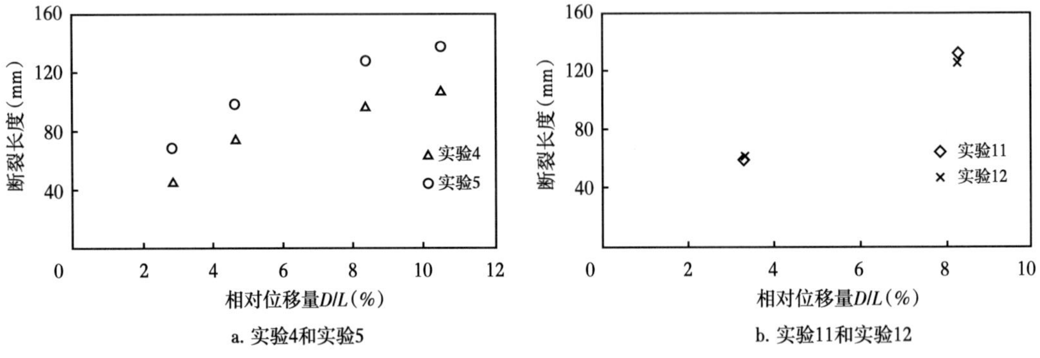

a. 实验4和实验5　　　　　　　　b. 实验11和实验12

图 5-23　主动侧类型对比实验表面断裂长度对比图

二、单剪走滑断裂生长发育机制

（一）走滑断裂生长机制

走滑断裂带发育过程中，可能出现多组与主位移带呈不同方向不同角度斜交的断裂，即实验中出现的 R 型剪切断裂、尾端断裂、低角度 R 型剪切断裂、P 型剪切断裂、Y 型剪切断裂等。以上五种断裂的发育差异性主要体现在断裂走向与活动性等方面，但归根结底是断裂力学机制上的差异。以 R 型剪切断裂为例（图 5-24），实验模型中的 R 型剪切断裂在盖层内部呈螺旋式的三维结构，即在不同深度下，R 型剪切断裂与主位移带斜交角度具有递变性，在基底处与基底断裂基本重合，向上则斜交角度呈变大趋势。

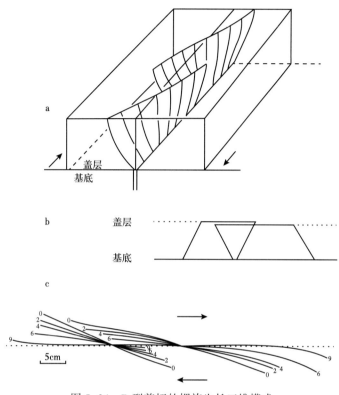

图 5-24　R 型剪切的螺旋生长三维模式

R 型剪切其特殊的三维空间结构的成因在于最大主应方向在不同深度的方向不一样。如图 5-25 所示，R 型剪切在不同深度下最大主应力方向具有递变性。在盖层表面，最大主应力方向与主位移带方向呈 45°，R 型剪切在表面与主位移带呈 $\Phi/2$（Naylor 等，1986）（Φ 为材料的内摩擦角），随着深度的增大，主应力方向发生变化，与主位移带的角度逐渐变小，在深部发育的 R 型剪切与主位移带的角度也相应变小。总之，最大主应力的旋转导致了 R 型剪切在垂向上的螺旋三维空间结构。

而对于整个走滑带来说，不仅仅发育 R 型剪切，同时发育 P 型剪切、Y 型剪切和低角度 R 型剪切，而这些断裂发育的力学机制与 R 型剪切的力学机制不一样（图 5-26）。走滑带发育的最初状态，表面最大主应力与基底断裂呈 45°斜交，发育的 R 型剪切与基底断裂呈 $\Phi/2$ 斜交（Φ 为材料的内摩擦角）。随着位移量的增大，R 型剪切不断向两端生长，尾端的最大主应力方向发生一定的变化，在 R 型剪切的尾端产生与基底断裂高角度（大于 $\Phi/2$）斜交的尾端断裂，这些断裂出现在 R 型剪切尾端的释放侧。而在抑制侧，R 型剪切相互之间的相互作用，导致最大主应力方向发生一定的旋转，与 R 型剪切走向基本一致，进而导致与基底断裂呈反向斜交的低角度（小于 $\Phi/2$）断裂。

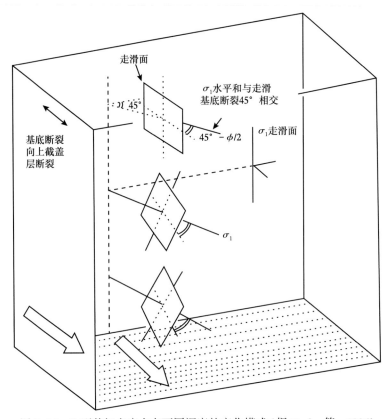

图 5-25　R 型剪切主应力在不同深度的变化模式（据 Naylor 等，1986）

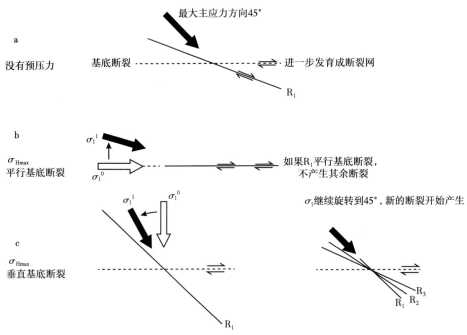

图 5-26　走滑带发育的力学机制示意图（据 Naylor 等，1986）

(二) 雁列构造发育机制

走滑断裂带发育过程中，出现多组与主位移带呈不同方向、不同角度斜交的断裂，其中 R 型剪切断裂最为发育，形成的雁列构造不仅构造样式特殊，且在自然界中普遍发育，受到广泛关注。研究表明，R 型剪切断裂在盖层内部呈"螺旋式"三维结构 (Dooley 等，2012；肖阳等，2018)，即在不同深度下，R 型剪切断裂与主位移带斜交角度具有递变性，在深部与基底断裂基本重合，向上则斜交角度呈变大趋势。

通过 9 组实验对雁列构造进行三维建模，R 型剪切断裂的"螺旋式"几何特征明显 (见第四章第二节)，主要体现在不同深度断裂的走向和/或倾向变化。在此基础上，通过 CT 成像技术，对实验 1~3 中出现的雁列构造在不同深度的断裂长度、与主位移带的夹角进行定量统计分析 (图 5-27)，对比在不同深度下的雁列构造发育特征。

通过 CT 技术成像后进行测量表明 (图 5-27a)，深部雁列构造长度比浅部长，而鲜少有人关注该现象。从模型表面向深部，回归分析 R 型剪切断裂的长度随深度呈线性增加。图 5-27 中除 R₃ 断裂外，其他断裂长度的增长速度大约是深度增长速度的两倍，表明在不

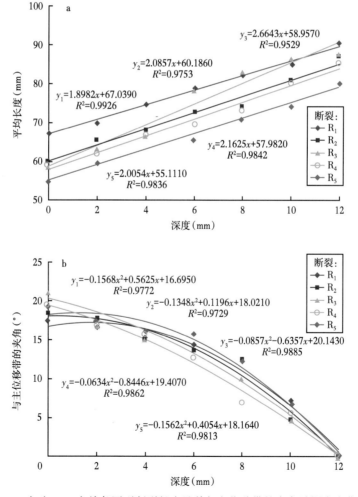

图 5-27　实验 1~3 中单条雁列断裂长度及其与主位移带的夹角随深度变化趋势

同深度上断裂的长度具有较大变化。受诸多因素影响，实际地质体没有如此明显的线性关系，但大多实例揭示雁列构造的长度也是随深度增长而加大。

实验结果表明，R型剪切断裂与主位移带的夹角随深度增加而降低（图5-27b）。在模型表面，该夹角一般为20°。随着深度的增大，断裂夹角缓慢降低。在断裂的下部，夹角开始快速降低。至断裂根部，R型剪切断裂趋向与主位移带平行。

通过实验分析可见，盖层厚度越大，夹角降低的速率越小，表明盖层厚度是影响断裂夹角的重要因素。尽管相对于模型长度与宽度，实验中厚度的差异所代表的地层厚度差异更大，而实际地质体的厚度变化可能小很多，但实验揭示的R型剪切断裂与主位移带的夹角随深度增加而下降的趋势是存在的。在实例解剖中，雁列构造也往往呈现与主位移带不同的夹角，这很可能与盖层厚度差异有关。通常而言，R型剪切断裂与主位移带的夹角往往被视为岩层内摩擦角（Sylvester，1988；Dooley等，2012）。但本次不同厚度的实验表明，不同长度和不同深度断裂的夹角有较大差异，不能简单应用该方法判别内摩擦角。

前人研究表明，R型剪切断裂在不同深度下最大主应力方向具有递变性（Naylor等，1986；Dooley等，2012）。在干砂剪切实验初始期的盖层表面，最大主应力方向与主位移带方向通常呈45°，R型剪切断裂在表面与主位移带夹角接近 $\Phi/2$（Φ 为材料的内摩擦角）。由于走滑断裂带的应力与应变自下向上传递，沿走滑带的剪切应力自下向上逐渐变小，从而导致最大主应力的方向在不同深度发生改变。不同设置的实验结果均表明，随着深度的增大，水平方向的剪切应力加大，最大主应力方向与主位移带的角度逐渐变小，在深部发育的R型剪切与主位移带的角度也相应变小。雁列构造与主位移带角度的变化反映了最大主应力方向的改变，即从浅部往深部，最大主应力与主位移带的夹角越来越小，呈现一定角度的旋转（图5-28），最大主应力的旋转导致了R型剪切断裂在垂向上的"螺旋"三维空间结构。

同时，雁列构造从深部向浅部发育的过程中存在深部对浅部的"拖曳"作用（Naylor等，1986；Dooley等，2012）。实验过程中，"拖曳"效应造成R型剪切断裂特征在不同深度上出现变化，雁列断裂长度与地层厚度具有很高的线性相关性，即断裂长度的增长速度大约是地层厚度增长速度的两倍，而断裂与主位移带的夹角随深度增大而快速变小，两者呈现二次函数关系（图5-27）。在变形传递过程中，未发生明显变形的被动层为下部明显变形的主动层所"拖曳"，导致层间出现微弱滑脱及层间剪切应力，进而导致雁列构造在三维空间上呈现"螺旋"形几何特征（图5-28、图5-29）。

综合分析表明，在走滑作用由深部向浅部发育的过程中，首先发生明显变形的基底成为主动层，而未发生明显变形的盖层为被动层。随着雁列构造向上发育，被动层被主动层"拖拽"，导致不同深度剪切应力的差异，从而造成最大主应力方向随深度的减小而降低，与主位移带的夹角随深度的减小而变大，导致雁列构造呈现三维"螺旋—拖曳式"几何结构。综合分析，在具有一定厚度的盖层中，雁列构造的发育主要呈现四个基本特征：（1）基底断裂的活动引起上覆盖层的剪切变形；（2）构造变形由基底向盖层表面传递；（3）未发生明显变形的被动层被下部明显变形的主动层所"拖拽"；（4）"拖拽"效应主要体现在不同深度断裂长度及其与主位移带夹角的变化。

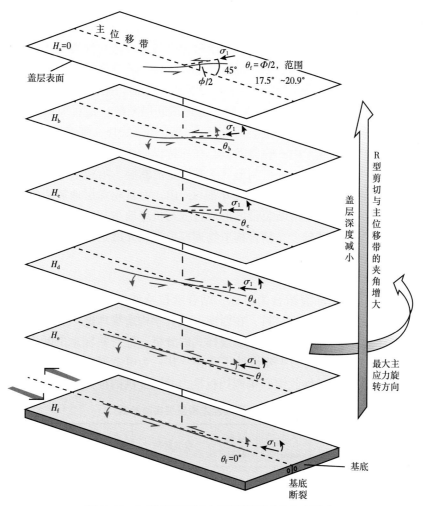

图 5-28　R 型剪切断裂在不同深度下的发育模式

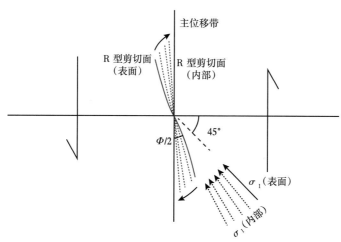

图 5-29　单条 R 型剪切在不同深度下长度的变化及最大主应力方向（据 Naylor 等，1986，有修改）

三、共轭走滑断层生长发育机制

根据走滑断层的力学机制一般将走滑断层分为单剪与纯剪两种类型，由于纯剪机制下发育"X"型共轭断层难以调节断层之间的应变与位移，通常难以形成大型的走滑断裂带（Sylvester，1988；Woodcock 等，1994；Ismat，2015）。然而，塔里木盆地哈拉哈塘地区发现长度达 100km、面积逾 10000km² 的 X 型共轭走滑断层系统，是目前塔里木盆地内发现的保存最好的大型共轭走滑断层系统。研究认为（Wu 等，2018；邬光辉等，2021），哈拉哈塘地区共轭走滑断层形成于中—晚奥陶世，在原特提斯洋闭合期间的远程挤压应力作用下，通过相继滑动机制与连接生长机制形成了共轭走滑断层。哈拉哈塘地区共轭走滑断层的特征与成因极为复杂，造成复杂的油气分布与产出。而且超深层地震资料品质差，走滑断裂的解释模式分歧较大，走滑断裂带的形成过程与机理缺少相关实验。因此，在精细刻画走滑断层的几何学特征基础上，结合构造物理模拟深入开展走滑断层的成因研究对油气勘探开发具有重要的指导作用。

(一)实验设计

实验以模拟 X 型纯剪断裂组合为目标，结合哈拉哈塘 X 型共轭断层的构造背景，运用相似性原理，以石英和黏土为材料，在西南石油大学构造物理模拟实验室进行了 X 型剪切断裂约束条件的逼近模拟。结合走滑断裂样式的分析，针对共轭走滑断裂的形成演化过程，实验参数见表5-8。驱动力主要设计了两种，其一为电缸通过挡板将主推应力传递给砂体，其二为底板橡皮的弹性收缩和单侧挡板推力共同提供的推力。

表 5-8　X 型共轭走滑断裂实验参数

序号	驱动类型	模型大小（mm×mm）	底板材料	盖层材料	盖层厚（mm）	位移速度（mm/s）	备注
1	电缸推力	410×340	无	砂+黏土（3:1）	60	0.04	未压实
2	电缸推力	470×340	无	湿砂	50	0.03	半压实自由边界
3	底板橡胶皮拉力+两边主应力推力	370×320	无	砂+黏土（3:1）	60	0.025	半压实自由边界
4	底板橡胶皮拉力+两边主应力推力	370×320	无	砂+黏土（3:1）	80	0.025	半压实自由边界
5	底板橡胶皮拉力+两边主应力推力	400×340	橡胶	砂+黏土（3:1）	80	0.01	压实
6	电缸推力	250×320	无	砂+黏土（3:1）	120	0.025	压实
7	双侧向挤压	400×400	塑料	砂+黏土（3:2）	300	0.04	压实

基于比例化模型的相似性原理，以挤压背景下纯剪走滑断裂带长 50~100km 的实例为参照，实验长度与宽度的模型设计 1cm 代表自然界约 1km，长度与宽度的模型比例大约在 1:100000。为进行对比研究，不同实验的数据有一定差异（表5-8）。模型厚度缩小比例往

往较低以便于操作与观察，根据断裂发育期地层厚度在 3000~6000m 之间，设计模型厚度 1cm 大约代表 0.5~1km 的地层厚度，比例大约在 1:50000~1:100000 之间。在具体的实验过程中，采用松散石英砂模拟地壳浅层次脆性构造变形，基底模拟由刚性的不连续的木板组成，在电动机的工作下驱动基底两块不连续的刚性底板做剪切运动，带动盖层发生走滑作用。同时，由于实际地层流体可能也会影响断裂，实验中也有湿砂、不同规模模型的对比实验。实验电动机由计算机控制，运动速率可以精确到 0.001mm/s，实验过程中以 0.025mm/s 的运动速率进行实验，代表 $10^3 \sim 10^4$ 年的短暂地质时间内的断裂形成过程。

(二)实验结果

在模型设计的基础上，开展了双侧电缸推力作用下的模拟实验（图 5-30a）。在双侧推力的作用下，并且模型长度较大。无论用砂体或是砂体和黏土的组合材料进行实验，在厚度较薄的情况下实验均出现推覆构造，而且中部最初无明显的变形，表明应力集中在板缘并向板内扩张。当实验材料为湿砂时，推覆现象更为明显，见明显的块体抬升。随着推覆构造的进一步发展，在中部形成隆起，并伴随张裂缝的发育。

而在底板橡皮的弹性收缩和单侧挡板推力作用下的实验中，将弹性橡胶皮与电缸连接在一起，并将其拉伸至较大弹性处固定。实验开始时缓慢释放电缸，构成以底板橡皮弹性收缩为主要作用力的主压应力。实验材料以砂和黏土按3:1的比例混合。分自由边界和光滑玻璃挡板为边界两种。如第3、4组为自由边界（图 5-30b），实验盖层厚度不一，当盖层较薄时，易于发生推覆构造，形成张裂缝。当厚度较大时，推覆构造发育的同时，张裂缝也较为发育。形成以张裂缝为主的 X 型裂缝组合形式。第 5 组实验为光滑玻璃挡板下的实验，实验结果也出现逆冲构造，未见显著的走滑断裂，但有少量张性断裂。

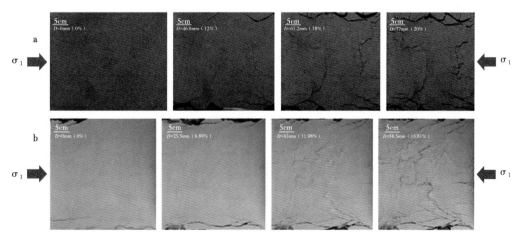

图 5-30　挡板推力传递型实验
a 为第 2 组实验；b 为第 4 组实验

在第 6 组实验中，盖层厚度较大（120mm），主推应力方向长度较小（250mm），在这一实验参数下（图 5-31），张性断裂发育，推覆构造不明显，但见中部隆起，局部有剪切断裂。

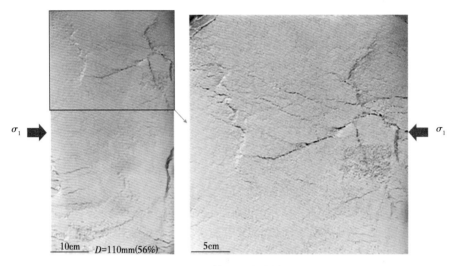

图 5-31　第 6 组实验结果

通过增加盖层厚度，纯剪物理模实验 7 取得了较好的结果（图 5-32）。模型双侧向挤压 100mm，位移速度均为 0.04mm/s。模型以塑料材料为基底，上覆材料为干砂与黏土为 3:2 的比例混合物，厚度为 120mm。随着挤压量变大，模型表面 X 型走滑断裂逐渐增多。在挤压初期（$D=16$mm，$D/L=4\%$），模型表层开始出露断裂迹线，与挤压方向垂直或大角度相交。当 $D=32$mm、$D/L=8\%$ 时，模型表层垂直压力方向断裂迹线基本成型，发育了两条趋于对称的逆冲断裂迹线。并且在平行挤压力方向模型两侧出现一组与挤压力呈约 45°

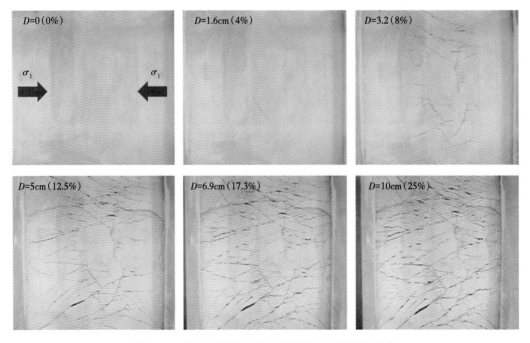

图 5-32　第 7 组纯剪实验中 X 型剪切走滑断裂分布

夹角的走滑断裂。当 $D=50mm$，$D/L=12.5\%$ 时，由于受到持续的挤压作用，模型表面呈现以水平方向为长轴的众多 X 型走滑断裂，并且在模型的中部形成挤压隆起区域。随着位移量增大（$D=69mm$，$D/L=17.3\%$），模型表面的 X 型剪切断裂继续增多，断裂交叉截切现象越发明显，其中特定走向（左下—右上）的走滑断裂呈现优势发育特征。最后（$D=100mm$，$D/L=25\%$），模型表面趋于定形，表面 X 型剪切断裂发育完善，优势组走滑断裂发育显著，模型中部挤压隆起区也形成断裂。X 型剪切断裂一般相互截切，呈小角度的剪切关系，交汇部位形成较宽的破碎带。分析表明，这些断裂在早期纯剪作用的结果，通常规模较小，但延伸可能较远。这些断裂多具有压扭特征，分析 X 型剪切走滑断裂是刚性体在挤压应力下形成的脆性断裂的平面组合。在断裂的平面组合中，出现对称的 X 型剪切变形带是识别走滑断裂的重要标志，这种特征通过构造平面图能清晰地反映出来。在平面上出现了局部两组走滑断裂相互切穿的现象，这是由两组断裂的发育时期和活动性差异所导致的。

（三）共轭走滑断裂形成地质条件

实验结果表明，纯剪共轭走滑断裂很难形成，需要苛刻的形成地质条件。

1. 有一定盖层厚度、无先期或先存断裂

1~5 组实验设计的砂层比较薄，均出现了逆冲断裂。分析表明，这是由于地层厚度较薄时，最小主应力集中在垂向上，在水平挤压作用的最大主应力作用下，尽管初始可能出现纯剪断裂，但最终以逆冲断裂发育为特征。这些设计虽然参照了实际地层厚度，但没有考虑卷入走滑的基底岩层厚度。

由此可见，哈拉哈塘地区走滑断裂形成的构造应力来自基底的挤压，断裂的发育是自下而上的过程，并揭示原特提斯洋的闭合没有在塔里木板块边缘发生强烈的板块碰撞，可能是深部俯冲机制。

同时，一旦有先期的单剪断裂发生，后期构造变形往往集中在先期的断裂部位，形成应力与变形局化部位，从而破坏共轭断裂的发育。此外，由于初期设计的砂箱宽度较小，产生了明显的边界效应（图 5-30），揭示先存结构与构造对断裂的发生具有重要的影响作用。在将实验砂层的宽度改变为大于挤压方向的长度时，则出现了较好的结果（图 5-31、图 5-32），表明先存的边界效应影响很大。

2. 岩石物理均一性好、有一定的黏塑性

砂箱实验中，尽管砂层铺设尽量保存一致，但实验中两底板之间与砂层内部出现或多或少的非均一性，同时存在边界效应，因此实验没有出现完全共轭的菱形断裂系统，不同于岩石力学实验与露头的典型共轭断裂。

分析表明，由于砂箱内部的非均一性与底板两侧接触面受力的差异，运动过程中容易造成砂子受力与运动的不一致性。实验 7 共轭断裂发育过程中，也出现了中部的隆起区，并造成断裂发育的差异。因此可见，共轭走滑断裂发生需要岩体高度均一的岩石物性。实验也表明，随着黏土量的增加，共轭断裂更加容易发生（图 5-32）。分析表明，黏土的增加或水分的增加后，砂子黏性增强，内部受力更加均匀，有利于共轭断裂的发生。

塔里木盆地走滑断裂系统以单剪的北东向断层为主，仅在哈拉哈塘地区出现共轭走滑断层（杨海军等，2020；王清华等，2021）。分析表明，走滑断裂形成于中—晚奥陶世，在原特提斯洋闭合期间形成远程挤压作用（邬光辉等，2021）。其他地区基底结构有差异、构造有起伏或岩相有差异，而哈拉哈塘地区基底为相对均一的变质岩（邬光辉等，2016），寒武系—中—下奥陶统为相对均一的碳酸盐岩台地，地形平缓、岩石物理差异小（杜金虎，2010），有利于形成共轭走滑断层。同时，碳酸盐岩地层孔隙中含水，可能有助于共轭走滑断裂的发生。

3. 运动速率较高、双向挤压

实验表明，在较低的挤压速率下，容易形成一组走滑断裂的优势发育，并形成应力与应变的局化。而快速的构造缩短过程中，应力很快遍及不同部位的砂体，可能导致同时的纯剪应力突破岩石的破裂极限，同时发生断裂，有利于形成安德森模式下的共轭走滑断裂。

值得注意的是，实验中的运动速率依比率放大，远大于地史时期大多克拉通内部的变形速率，因此分析，克拉通内一般变形强度弱、变形速率低，从而制约了共轭走滑断层的发育，塔里木盆地分布也较少。同时，在单向挤压作用下，实验中没有出现共轭走滑断裂系统。分析可见，在单向挤压作用下，砂层受力是逐渐递减的，砂层受力不均导致断裂难以对称发育。而在双向挤压作用下，尤其是砂体的长度较短时（如实验7），共轭走滑断裂容易发生。

分析表明，哈拉哈塘地区不仅位于岩石物理比较均一的宽缓平台区，还位于南部挤压作用与北部反向挤压作用的双向挤压应力背景。哈拉哈塘地区断裂向南以马尾状构造尖灭，而南部阿满过渡带的走滑断裂向北形成马尾状断裂消亡，表明走滑断裂在该地区受到南北双向的应力作用，从而有利于形成共轭走滑断裂。

（四）共轭走滑断裂相继发育机制

实验室岩石在安德森断裂机制下，简单的、均匀的应力形成的库仑破裂作用，容易产生与最大主应力呈25°~30°的夹角的共轭断裂（Faulkner等，2010）。但是砂箱实验揭示地下岩体的非均一性、先期构造与先存构造都可能影响断裂的发生与分布（图5-30至图5-32），形成不对称的共轭断裂。一系列的实验及相关文献表明，砂箱实验难以形成对称性很好的共轭走滑断裂。

中奥陶世，哈拉哈塘地区的岩石物理与应力场相对均一，很多构造缝的分布具有共轭特征（邬光辉等，2021），有利于形成较为对称的共轭剪切断裂带，为共轭断层的发育提供了基础。由于共轭断裂相互阻碍水平滑动，难以同时运动，相继滑动（sequential slip）而非同时运动可能是共轭断裂发育的主要机制（Wu等，2018）。但是，这种理想状态在有一定位移的断层中很少见。共轭断裂形成后，断层交叉部位水平滑动受阻（图5-33a），此时通过相继滑动可能调节走滑断层的相互错动（图5-33b、c），从而发生持续的断裂变形。

然而，相继滑动通常发生在断裂期相对较短的时间内，并在交叉部位形成菱形微小断裂调节构造变形（图5-33c）（Ismat，2015）。但是，实验表明相继滑动通常难以实现，随着位移的增长，其间很可能发生某一方向断裂的优先发育，并没有出现菱形的调节断裂区（图5-30、图5-31），哈拉哈塘地区走滑断裂交汇部位也没有发现明显的菱形调节带。分析其原因在于，哈拉哈塘地区走滑断裂相继滑动后很快形成北西向断裂的优先发育，形成以北西向走滑断裂错动北东向走滑断裂为主的格局（图5-33d），并在位移量上形成不对称的分布。另外多期相互截切和垂向运动形成花状构造（Morley 等，1990），断裂向下减小位移（Faulds 等，1998），也可以调节共轭断层位移平衡问题。因此可见，相继滑动机制在哈拉哈塘共轭走滑断层形成过程中的作用可能较弱。

哈拉哈塘地区走滑断裂研究认为，在安德森破裂形成菱形对称分布裂缝的基础上，通过相继滑动与切割调节截切部位变形，尾端扩张生长与连接生长等非安德森破裂模式是断裂形成与发育的主要机制，同时通过叠覆区强烈的断裂弱化与局化作用调节位移与变形，从而形成不断连接增长但位移增量极少的"小位移"长走滑断裂带。实验也揭示了连接生长机制控制了断裂水平方向上的扩张与发育，但是实验中连接生长发生在位移很小（相对位移量小于 10%）、时间很短的情况下（图 5-31、图 5-32），而且很难呈线性与对称发育。近期的走滑断层精细解释也表明，哈拉哈塘地区的走滑断裂对称性交叉，尤其是微小断层变化大。同时，实验中尾段断裂生长不明显、应力应变局化特征不显著，揭示哈拉哈塘地区的断裂解释有待深入，或是存在新的断裂机制。

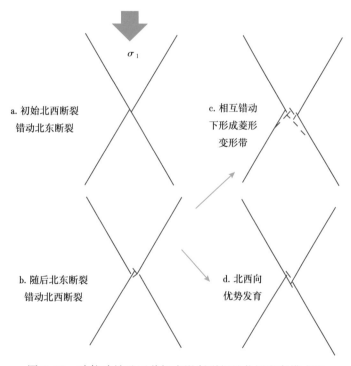

图 5-33　哈拉哈塘地区共轭走滑断裂相继截切发育模式图

实验表明，相继滑动难以实现，其间很可能发生某一方向断裂的优先发育，从而呈现不对称的断裂组合（图 5-33）。而且后期断裂的改造作用增强，以优先发育的断层发育为特征，而另一组受抑制。这种现象在其他相关物理模拟实验中也普遍存在，揭示自然界中难以形成大规模的纯剪共轭走滑断层。而且实验也表明（图 5-33），相对位移量超过 5% 以后，断裂已不具有纯剪特征，以单剪作用为主，断裂垂向位移与变形增大。

哈拉哈塘地区走滑断裂研究分析表明，加里东期北西向的走滑断层发育，在奥陶系碳酸盐岩上部断层两盘高差超过 100m，而北东向走走滑断层高差多小于 50m，北西向走滑断层优先发育。这可能与北西向走滑断裂早期发育程度高有关，与实验揭示的断裂发育初期就出现的非完全对称特征相近。而晚期以东北向走滑断层继承性活动为主，而且向下并入主断层，对早期断层的改造作用很小。当然，北东向断层可能错开北西向断层，但水平位移量位于200m内。在此条件下，哈拉哈塘地区保存了全球罕见的古生代共轭走滑断层系统。

总之，形成共轭走滑断裂需要有一定盖层厚度、无先期或先存断裂，岩石物理均一性好、有一定的黏塑性，运动速率较高、双向挤压等三方面的苛刻条件。自然界与实验中均难以形成对称的纯剪共轭走滑断层系统，大多转向一组方向优势发育的单剪走滑断裂。塔里木盆地哈拉哈塘地区共轭走滑断裂的分布可能存在不对称性，相继发育作用较弱，以北西向单剪断裂优势发育为主，连接生长与小位移继承性发育是形成与保存大型共轭走滑断裂系统的主控因素。

第三节　走滑断裂的生长机制

走滑断裂具有复杂的生长机制，在断裂几何学与运动学研究的基础上，开展了断层要素的定量评价，从而探讨环阿满走滑断裂系统的生长机制。

一、破裂机制概述

许多断裂带表现出复杂的分段性及其相互作用和连接作用，并对断裂带岩石的力学性质和流体流动特性有重要影响（Walsh 等，1991；Cartwright 等，1995；Peacock 等，2002；Morley 等，2007；Faulkner 等，2010；Fossen 等，2016）。孤立段通过软连接生长并与相邻段相互作用，最终通过硬连接形成较长的断层，不同于单一断层独立扩张生长（Walsh 等，1991；Cartwright 等，1995；Peacock 等，2002；Morley 等，2007；Faulkner 等，2010；Fossen 等，2016），其断层破碎带的生长也不同于安德森破裂机制模式。断层相互作用和连接过程中的构造模式随应力条件、滑动机制、断层几何形状、演化阶段和岩石性质而变化（Peacock 等，1991；Peacock，2002，2017；Davatzes 等，2003；Cridera 等，2004；Soliva 等，2004；Kim 等，2005；Ghosh 等，2008；Pennacchioni 等，2013）。

非安德森破裂机制在断裂的形成与发育过程中具有重要的作用（图5-34）。断裂破碎带的生长主要基于外向偏移的破裂机制，主要包括安德森模式与断裂端点相互作用模式、断裂端点的扩张模式、断面摩擦模式和动力破裂模式等非安德森破裂机制（Mitchell 等，2009；Faulkner 等，2011）。在不同的岩石物理与边界条件下，还可能出现复杂的非安德森断裂机制（Yin 等，2008；Wu 等，2016；Nespoli 等，2019）。

安德森断裂模式是在均一的介质、均匀的应力作用下形成的库伦破裂作用，形成的断裂通常与最大主应力呈25°~30°的夹角。安德森断裂分布规律明确，已得到广泛的应用。断裂端点相互作用模式发生在断裂连接与交会部位（Mitchell 等，2009；Peacock 等，2017），断裂间的相互作用通常在断裂端点连接的部位形成张性裂缝，并分隔断裂。这种模式下在断裂破碎带产生的裂缝也多与最大主应力方向一致，但通常集中在断裂连接部位（Blenkinsop，2008；Griffith 等，2009）。断裂端点扩张模式表明在断裂尾端的破裂作用带，

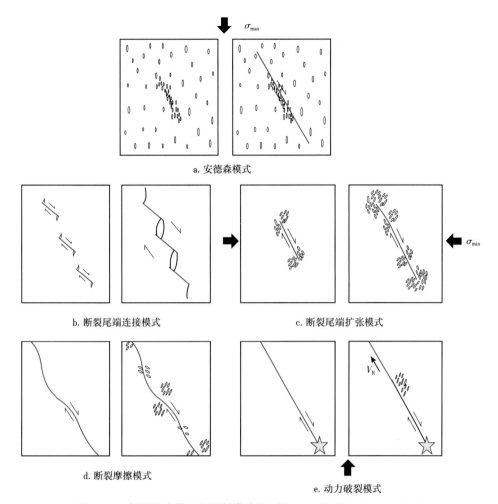

图 5-34　断层破碎带生长机制模式图（据 Mitchell 和 Faulkner，2009）

裂缝破裂形成在断裂形成前的短暂时间内，这是基于非线性和屈服极限后的裂缝力学机制（Faulkner 等，2010；Peacock 等，2017）。在这种模式下微裂缝的密度会随距断面距离的增加而减小，反映应力向断裂端点越近越集中。产生的微裂缝与断面的夹角会有高角度到低角度的较大变化，主要受控于是拉张还是挤压的局部应力。另一种断面摩擦模式与断裂摩擦作用相关，其断裂破碎主要归因于先期断面上的连续滑动所产生的累积破裂（Chester 等，2000；Blenkinsop，2008）。这种模式下最大主应力方向可能发生从平行至垂直断面的变化，并造成微裂缝方向发生相应的较大变化。动力破裂模式所产生的偏移断裂破碎与地震破裂事件相关（Wilson 等，2003），极为复杂，是天然地震研究的难点问题。尽管破碎带的规模可能较小，这种模式下由地震破碎末端产生的微裂缝通常形成近似于迁移断裂端点模式下的裂缝方位（Cowie 等，1992）。这五种机制在自然界中表现形式复杂多样，往往难以区分。

二、断层要素分析

(一)连接生长地震响应

在走滑断层体系中，小型断裂带(长度小于5km)几乎都为直立型单一断层，而其他较大的断裂带沿断层走向存在次级的断裂和叠覆带。大型断裂带的位移和宽度一般沿断层走向变化(Kim 等，2005；Torabi 等，2011)。环阿满走滑断裂系统中，即使在奥陶系碳酸盐岩顶部，不同断裂带的构造高差(垂直位移)也会沿断层走向发生变化。虽然构造落差的变化主要取决于断层的几何形状，尤其是断层的横向分段和连接作用。因此，构造高差或断裂破碎带宽度可以用来进行断层分段。在地震资料精细解释的基础上，开展了断层要素的定量评价(图5-35)。

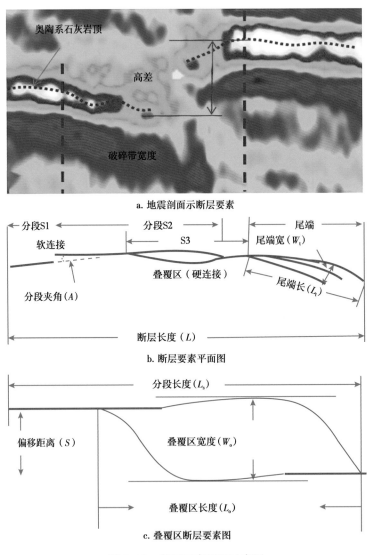

a. 地震剖面示断层要素

b. 断层要素平面图

c. 叠覆区断层要素图

图5-35　断层要素测量示意图

根据奥陶系碳酸盐岩顶部的断裂解释成果，小规模断裂带一般由近平行的孤立段组成。断层在一定距离内几乎呈线性扩展，彼此孤立。孤立段断层近垂直，位移小（高差小于30m）。从断层的中心向两段之间的分隔区位移减小，两段之间位移的减少或缺失表明没有连接和相互作用。尽管发生叠覆，软连接段之间未发生强的相互作用，每段各具孤立的断层发育。尽管很难识别分段之间的相互作用，软连接段通常是近平行和雁列排列，断层之间没有明显的变形。同时，一般也存在较小的位移（构造高差小于30m），且从分段中心向叠覆区方向的构造高差逐渐减小，说明相互作用较弱。

在地震剖面上，硬连接带显示出复杂的断裂网络，其叠覆区域更为复杂。两个断层段向下汇聚合并，形成连接的同一断层，在剖面上形成花状构造。叠覆区奥陶系碳酸盐岩顶部与围岩相比，有明显的地形变化，说明叠覆区具有较强的相互作用和变形。沿断裂带的分支断层复杂多样，并形成复杂的断层组合，断裂分叉交织可形成辫状构造，断块沿断裂带旋转可产生一系列短轴背斜，同时也显示出一些次级断层从断层两侧向外扩张。断裂带宽的断层叠覆区表现出更强的变形和更复杂的断层组合。奥陶系碳酸盐岩叠覆区存在显著的高差，高差可达200m，远大于软连接区域。相反，在分段断层的主干部位，构造高差剖面表现出位移与软连接相近的较低数值。由此可见，叠覆区集中了强烈的局部变形。

地震相干数据体显示，长度小于3km的小型断裂多呈孤立的、不连接的分段，分段之间具有数百米间隔。断裂发生叠覆且未发生相互作用时，呈现软连接，其间两段位移均减小。而在断裂贯穿与相互作用的叠覆区，断裂相互连接或以次级断裂连接，并形成硬连接区，产生次级断裂，发育强烈变形的地堑或地垒，位移量快速增长。根据相干数据体和地震剖面分析，呈现斜列（雁列）的孤立、软连接状态的小型走滑断裂分段性明显；而硬连接叠覆区断裂连接作用复杂，分段特征不明显。

（二）断层的长度与位移

断层的长度与位移的关系通常呈幂律分布，而且随断层长度增长，位移速率增长会降低（Torabi等，2011）。由于井下走滑断层的水平位移难以获得，如前文所述采用构造高差代替走滑断层位移进行断层参数分析。

沿大型走滑断裂带走向，往往发育一系列正向隆升断块与负向下掉的地堑，在解释的地震剖面上，主位移带的断层核往往连同破碎带呈现杂乱反射，断点不清，断层两盘的垂向位移拾取困难（图5-35），误差较大。同时，由于受构造牵引、局部褶曲、次级断层的影响，垂直断距的数值往往低于实际值（Kim等，2004；Wu等，2019）。有鉴于此，通过同一层位断层两盘的最高点与最低点的差值获得的构造高差（ΔH）更接近实际垂直断距，可以更好地反映断裂带构造变形的强度（图5-35）。另外，在拾取破碎带宽度的同时，可以获得较为准确的两盘构造高差（ΔH）。因此，实际统计中利用构造高差（ΔH）代替垂直位移进行统计分析。选取一定地震剖面间距，沿走滑断裂带走向在地震剖面上测量构造高差（ΔH）。

统计分析表明，走滑断层的位移与高差具有较好的正相关性（图5-36）。分别对奥陶系碳酸盐岩顶部走滑断层进行了水平位移和垂向位移（高差）的测量，通过计算总位移与测量断层高差的相关关系分析（图5-36），断层位移与高差具有较好的正相关性。其中有分散数据导致相关系数较低，尤其是对小断层数据更分散。这可能是由于小断层的数据更难准确测量，同时断层水平位移进行内插有误差。

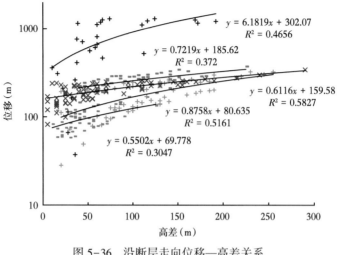

图 5-36　沿断层走向位移—高差关系

三、走滑断层生长发育机制

（一）断层分段性

研究表明塔里木盆地走滑断裂带具有显著的分段性（邬光辉，2016；邓尚等，2018；马德波等，2019；Wu 等，2020）。但由于地震资料分辨率低，一般情况下走滑断裂的分段很难判识。

根据实际地质情况，笔者提出了构造高差判识断层分段性的方法。尽管断层总长度与断层的位移没有很好的相关系数，但断层分段长度与分段的最大构造高差（D_{smx}）具有更好的相关性（图 5-37a）。表明断层的位移与断层分段长度的关系更密切。较大的长度分段具有更大的高差，段与段之间的相互作用也更多。在硬连接段（图 5-37b），相邻两段的最大高差（D_{smx}）和长度（L_{as}）分别在 37～136m（平均值 74.7m）和 7.7～36.6km（平均值 19.3km）范围内。然而，软连接段具有相对较低的 D_{smx}（13～70m，平均值 42.3m）与 L_{as} 数

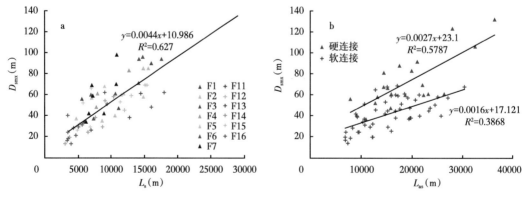

图 5-37　哈拉哈塘地区断层分段长度—高差关系图

值（6.7~30.4km，平均值15.5km）。在D_{smx}—L_{as}图中（图5-37b），无论是硬连接段还是软连接段，D_{smx}均随L_{as}增大而增大，但硬连接段的相关系数高于软连接段。此外，硬连接段的D_{smx}/L_{as}比值要高于软连接段，这表明在硬连接段后有更多的高差积累。

在断层段最大高差（D_{omx}）—间距（s）图中（Wu等，2019），大部分大的高差值发生在硬连接叠覆区，且随着硬连接段的间距增大，高差数值迅速增加。然而，亚平行和不平行的软链连接段之间的间距和高差之间的正相关系数较低。这一关系表明位移补偿（Choi等，2012）依赖于断层的走向和沿走滑断层的间距。弯曲的硬连接的相关系数完全不同于其他不平行或近平行的软连接；其原因可能在于弯曲的硬连接可以调节更多的不同走滑方向的倾向滑动分量，也表明更大的间距可以提供更多的空间来容纳倾向滑动分量。在log-log图中（图5-38），分段的最大高差与分段长度有明显的相关性，而与断层总长度的相关关系比较差，这说明走滑断层的生长与断层分段密切相关。

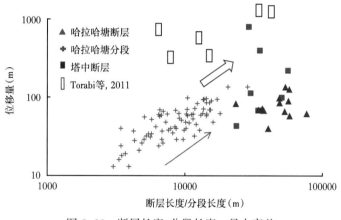

图5-38　断层长度/分段长度—最大高差

综合分析，塔里木盆地走滑断裂带具有分段生长机制。在走滑断裂形成过程中，由于垂向地层压力的差异，断层破裂不是垂直面状发生，而是"螺旋拖曳"机制（图5-28；Dooley等，2012），因此走滑断裂形成阶段以R型剪切断裂组合的雁列断裂发育为特征。在此机制下，首先形成分段的雁列（斜列）走滑断裂（图5-39）。这在小规模走滑断裂带与次级断裂带中常见，揭示走滑断裂带经历早期的分段发育阶段。随着断裂作用的加强，分段断裂独立发育，位移与长度同步增长。分段高差与长度良好的相关性表明，走滑断裂普遍具有分段生长的特征。在分段发生叠覆后，其间的断裂作用开始复杂，分段的构造高差与分段长度的相关性逐渐变差。但是，不同区段之间仍有较明显的差别，分段之间界线分明，表明仍然是分段发育。

（二）安德森机制

安德森模式是在简单的、均匀的应力作用下形成的库伦破裂作用，形成的断裂通常与最大主应力呈25°~30°的夹角（Scholz，2002；Faulkner等，2010）。实验和理论证实该模式下断裂的形成是通过很多张性微裂缝的相互作用与合并而成（Scholz，2002）。这些微裂缝通常与最大主应力的方向平行，而且应力场相对均一，围绕断裂的与安德森断裂作用相关的微裂缝往往与断面呈小夹角（Mitchell等，2009）。除断面周缘的聚集外，受大规模的远

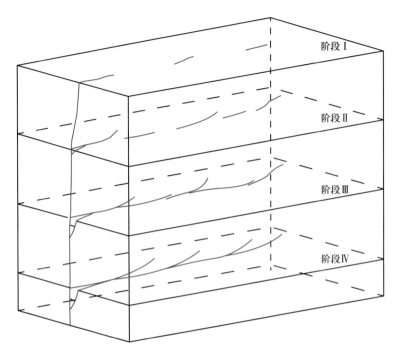

图 5-39　塔中雁列（斜列）走滑断裂生长模式图

距离应力作用，微裂缝广泛分布，并因此导致裂缝密度不会随距断裂的距离发生较大变化。

　　哈拉哈塘地区基底结构差异小、构造平缓，先存结构与先期构造不发育，岩石物理性质相对均一（Wu 等，2018），在远程挤压作用下有利于安德森模式下共轭裂缝的成核与发育，并逐渐扩张形成较为对称的共轭剪切断裂带。

　　虽然后期断裂的发育存在多种非安德森机制（Wu 等，2020），但断裂的初始形成机制符合安德森模式。同时，测井裂缝走向分析表明，其中大部分裂缝的走向以一组方向为主，而且与断层呈小于 30°夹角分布，推断是安德森断裂机制的产物。

　　在近南北向挤压作用下，塔中地区北东向走滑断裂带与最大主应力方向也呈小角度夹角（图 5-40），一般低于 30°夹角。而且其中 R 型剪切断裂与最大主应力夹角更小，接近 20°夹角。尽管受基底与逆冲断裂带的制约，走滑断裂发生的机制符合安德森模式。在安德森断裂机制作用下，塔中地区变换断层也呈北东向发育。少量北西向走滑断裂受局部应力场变化及次级断断裂的组合分布的影响。

（三）尾端扩张与连接生长

　　非安德森破裂机制在断裂的形成与发育过程中具有重要的作用（Wu 等，2020）。地震精细解释结果显示，一些环阿满走滑断裂尾端发育马尾状构造，这些断裂通常呈弧形向外散开，断距逐渐减小、断面不规则。这种断裂构造的形成多基于非线性和屈服极限后的断裂力学机制（Faulkner 等，2011），断裂形成前的短暂时间内在断裂尾端形成外向偏移的破裂带，属于断裂尾端扩张模式（图 5-34）。随着断裂向外扩展，尾端外向偏移的破碎带可能形成次级断裂，这种断裂与主断裂的夹角变化大，不同于 Riedel 剪切破裂。断裂尾端向

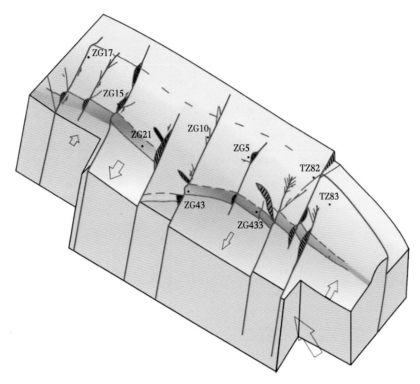

图 5-40 塔中北斜坡中部走滑断裂模式图

前发育或是连接生长后，尾端外向偏移的破裂生长往往受到抑制。环阿满走滑断裂系统发育一系列尾段马尾状构造、翼尾状构造与扫帚状构造。塔北地区断裂尾端构造主要分布在其南部，而塔中—阿满地区尾端构造主要向北发育，揭示了不同的断裂生长方向。

尾端散开构造一般可以用来指示断裂的发育方向，同时也揭示了尾端扩张的生长机制。笔者通过断层要素分析，揭示尾端生长机制。以哈拉哈塘地区为例，奥陶系碳酸盐岩顶部的主要断裂带中，尾端断裂带的长度（L_t）和宽度（W_t）的变化范围分别为 1.7~9.2km，330~2860m（图 5-41）。与叠覆区相比，16~58m（平均值为 31.8m）的最大高差（D_{tmx}）相对较小。尾端长度、宽度和高差之间存在良好的正相关关系。大断裂带的宽度或长度与大断裂带相一致，也与大高差相一致。这一结果表明断层长度与尾端破碎带之间具有良好的相关关系（Kim 等，2005），也表明不同的滑移模式终止于尾端（Kim 等，2003，2004）。断层尾端的长宽比主要在 2~9 之间，并与高差呈负相关关系（图 5-42d），表明具有弯曲分支断层的倾角滑移分量较多。虽然数据仍然存在较大的分散性，但这种相关性与叠覆区有较大的不同，表明叠覆区存在较为复杂的变形。尽管这些要素之间的相关系数较低，但在断层尾端的高差和长度与断层总长度也呈正相关关系（图 5-41e、f）。

断层要素分析表明，环阿满走滑断裂系统尾端断裂生长机制大多符合断裂端点扩张模式。在断裂尾端的破裂作用带，裂缝破裂在断裂形成前的短暂时间内形成，这是基于非线性的和屈服极限后的裂缝力学机制模式（Scholz，2002；Mitchell 等，2009）。当破裂作用带发生迁移时，就会留下微裂缝形成的破碎带（Scholz，2002）。该破裂作用带的规模取决于

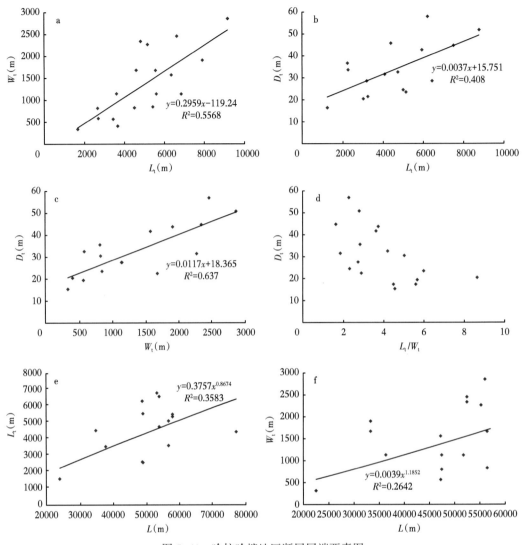

图5-41 哈拉哈塘地区断层尾端要素图

断裂端点的应力大小，这与活动断裂的长度和远程应力有关，并揭示断裂破碎带的宽度可能与破裂作用带的宽度相关（Mitchell 等，2009）。因此，在这种模式下，微裂缝的密度会随距断面距离的增加而减小，反映应力离断裂端点越近越集中（Mitchell 等，2009）。同时，产生的微裂缝与断面的夹角会有高角度到低角度的较大变化，主要受控于是拉张还是挤压的局部应力。

断裂尾端相互作用模式发生在断裂连接与交会部位，断裂间的相互作用通常在断裂端点连接的部位形成张性裂缝，并分隔断裂（Mitchell 等，2009；Faulkner 等，2011）。野外露头、实验与理论都已证实在剪切作用下，会在连接的相对独立的断裂端点形成张性裂缝（Blenkinsop，2008；Faulkner 等，2011）。当断裂间发生相互作用时，随后的断裂作用会沿这些破裂产生连接。这种模式下在断裂破碎带产生的裂缝也多与最大主应力方向一致，但通常集中在断裂连接部位。

塔中 F_{II29} 走滑断裂带具有典型的尾端扩张与相互作用特征（图 5-42）。该断裂带发育三段向北散开的尾段马尾状构造，已形成贯穿的走滑断裂带。分析表明，该断裂带首先发育斜列断裂（阶段Ⅰ），其间独立发育，并具有向北发育的特征。随着断裂的尾端扩张，逐步发育各自的尾端断裂（阶段Ⅱ），断裂的长度与位移也逐渐增大。但此阶段分段断裂尚未发生连接与相互作用。随着尾端扩张的进一步发育，分段之间开始发生连接，并逐步连为一体（阶段Ⅲ）。在分段连接之后，走滑断裂的尾端扩张受阻，断裂尾端发生连接与相互作用（阶段Ⅳ），尾端断裂与构造更为发育。尾端断裂向外扩张加强，次级断裂与主断裂的夹角加大，散开程度更大。随着尾端断裂的相互作用，走滑断裂带逐步贯穿。

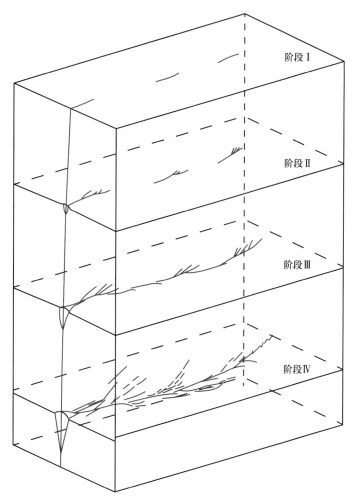

图 5-42 塔中 F_{II29} 走滑断裂带尾段发育模式图

综合分析表明，塔中 F_{I21} 走滑断裂带的地堑不是典型的拉分地堑，而是断裂尾端不一致的相互作用的结果（图 5-43）。该断裂带具有左行左阶的断裂特征，也符合拉分地堑的特征。在断裂发育的初始阶段，南段以向南运动形成调节塔中 10 号逆冲带的变换断层，北段正常左行发育，具有向北发育的特征，其间独立发育（阶段Ⅰ）。随着断裂的尾端扩张，南段逐步发育北向发育的尾端断裂（阶段Ⅱ），但形成的是翼尾状地堑。而北段以断裂扩张为主，没有尾端断裂。随着断裂的发育，该断裂带以南段北向发育为特征，翼尾状地堑不断扩张，并与北段开始连接（阶段Ⅲ）。在分段连接之后，走滑断裂的尾端扩张受阻，断裂尾端发生连接与相互作用（阶段Ⅳ），出现典型的尾端相互作用特征。拉分作用开始加强，叠覆区逐步形成垂向位移大于200m的窄深地堑；且地堑内次级断裂发育，变形复杂。地堑外围构造变形微弱，变形与位移局限在地堑之内，不同于其他尾堑特征。

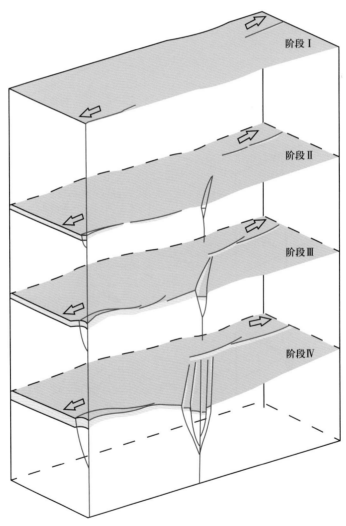

图 5-43　塔中 F_{I21} 走滑断裂带拉分地堑发育模式图

（四）断层的连接生长机制

不同于常规的安德森破裂的扩张方式，在走滑断层系统中断层可能以雁列断层段、阶步断层段、近平行断层段开始，然后通过断层连接演化为贯穿断裂带（Aydin 等，1990；Willemse 等，1997；Kim 等，2005；Ghosh 等，2008；Aydin 等，2010；Savage 等，2011；Rotevatn 等，2012）。即使在微观结构上，在岩心和薄片上也有呈雁行状排列和斜向排列的裂缝（图 5-44a、d）。裂缝重叠现象在很多井中都很常见（图 5-44e），其中几乎平行的裂缝可以连接在一起形成贯通裂缝带。这些特征可能揭示非安德森破裂机制及其连接生长的模式。

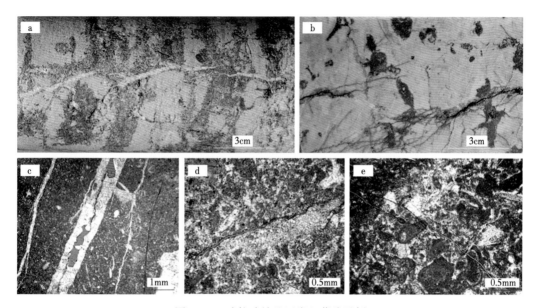

图 5-44 哈拉哈塘地区岩心薄片示例
a 为雁列生长；b 为尾端扩张；c 为裂缝复活与扩张；d 为尾端分支；e 为裂缝连接

岩心薄片可以观察到很多缺乏相互作用的软连接裂缝，以及一些在叠覆区具有裂缝相互作用或位移调节的硬连接。从图中 5-34 可以看出，断裂带的早期发育是通过叠覆和尾端的扩张来完成的，说明研究区也存在类似的断裂发育机制。叠覆区多口井的岩心采收率不高或较低，岩心破碎，被破坏较多，可能解释是裂缝网络相互作用对岩心破坏程度较高（邬光辉等，2016）。这些微观断裂带的几何和力学现象通常与中尺度断裂带的报道非常相似（Kelly 等，1998；Kim 等，2006；Peacock 等，2012），即在断层演化过程中，孤立断层段和软连接断层段先于硬连接断层段（图 5-45a）。

在哈拉哈塘地区沿大型走滑断裂带，走滑的横向变化频繁，由不同构造样式的多段组成（邬光辉等，2016；Wu 等，2019）。根据奥陶系碳酸盐岩顶部的地震解释，一条主干断裂带可以划分为 3~8 段。大断裂带通常由沿断层走向的次平行孤立段、软连接叠覆区和硬连接复杂的叠覆区。除了孤立断层本身的生长符合安德森机制外，走滑断层生长的主要机制可能主要来自断层段的连接生长（Walsh 等，1991；Peacock 等，1991；Walsh 等，2003；Kim 等，2005；Rotevatn 等，2012；Fossen 等，2016），这与地震破裂过程一致，取决于分段强度和断层成熟度（Manighetti 等，2007；Michell 等，2009）。此外，连接过程对长度和位移比起着重要作用，因为断裂叠覆和连接生长可以使断裂长度加倍（图 5-45）。

在断层尾端生长及其断层叠覆之后，断层叠覆区可能产生断层尾端相互作用（Peacock 等，1991；Fosson 等，2016）。塔里木盆地走滑断裂带的分段间多近于平行，有利于在叠覆

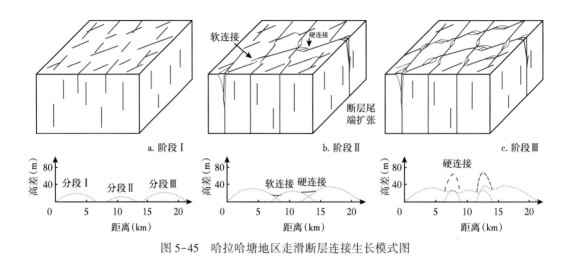

图 5-45　哈拉哈塘地区走滑断层连接生长模式图

区内发生断层的连接和相互作用。虽然有时很难区分较弱的硬连接叠覆段和软连接叠覆段，但可以通过相对较高的高差和最大高差与长度（距离）之间良好的相关性来进行区分，特别是在断层弯曲叠覆区。在此阶段，有较多的叠覆区发生贯穿，但位移量仍较低（图 5-45b）。

　　一般而言，在断层中部和叠覆区的位移均同步、渐进地增加（Peacock 等，1991；Kim 等，2000；Kim 等，2005；Ghosh 等，2008；Pennacchioni 等，2013），但哈拉哈塘地区与典型的断层连接过程不同，在叠覆区的位移量出现突然的跳跃增长。沿独立段和软连接段的所有高差值都小于 60m，而沿叠覆区存在超过 140m 的快速增加。位移高值集中在几何形状复杂、不对称滑移、复杂变形与相互作用的复杂的硬连接叠覆区。分析表明，断层发育具有局部断层相互作用和硬连接带叠覆生长作用（Duffy 等，2015；Fossen 等，2016）。叠覆区垂直位移异常高的增加（图 5-45c）可能表明由于向叠覆区次级断层主滑动方向的斜向滑动，造成沿走滑断层方向位移补偿（Choi 等，2012）。这可以作为走滑断层系统中连接演化阶段在地震剖面的良好指标。这种特殊性可能与哈拉哈塘地区保存相对较好对称的共轭走滑系统相关，由于共轭走滑断层走向滑移受到限制，不能形成规模水平位移的贯穿走滑带，从而造成应力与变形在叠覆区的局化作用。

（五）叠覆生长与局化机制

　　分析表明，大型走滑断裂带一般由 3~5 段及其叠覆区组成，这些叠覆部位集中了最大的应变和变形。而叠覆区宽度和长度也出现多个阶段（图 5-46），很可能与走滑断层的阶段性生长叠加相关。在长（L）—宽（W）图中（图 5-46a），哈拉哈塘断层叠覆区的最大宽度与叠覆长度呈正相关关系。当叠覆长度小于 4.8km 时，叠覆宽度随着长度的增加而增大，说明断层在长度和宽度上都有增长。但当叠覆长度在 5~10km 之间时，宽度在 200m 内增长缓慢。对于这种规模的断层，可以发现其中一条断裂带中有两个以上的叠覆区。因此，分段段的叠覆可能导致断层长度的增加，而断层宽度的扩展在叠覆区域受到限制。值得注意的是，当叠覆长度在 4.4~6.2km 之间时，宽度随长度的增加波动较大。由于缺乏数据，叠覆长度在 10~12km 之间的过渡情况反映不清楚。但在 2km 左右的长度范围内，宽度迅速增加约 1km。在此之后，少量数据表明，叠覆宽度增长停止，而断层长度仍在增加。断层长度可达 40km 以上，叠覆宽度限制在 2.2km 以内。另一方面，叠覆宽度/长度—长度具有较好的幂律相关性。因此，宽度/长度可以看作是一个简单的线性关系，整体的宽度/长度的比值约为 0.1。但是，叠覆宽度/长度的比值随着长度的增加而频繁变化（图 5-46b），当叠覆长度小于 2km 时，叠覆宽度/长度的比值从 0.39 迅速下降到 0.18。在短暂稳定阶段后，当长度为 4~6km 时，宽度/长度的比值再次下降。然后，随着长度的增加，这个比值只是略有下降。

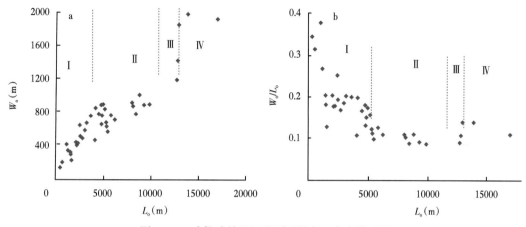

图 5-46　哈拉哈塘地区叠覆区长度—宽度关系图

在硬连接叠覆区，叠覆区长度（L_o）、宽度（W_o）与最大高差（D_{omx}）呈正相关关系（图 5-47a~c），断层要素在硬连接叠覆区表现出较好的相关性。相对于 D_{omx}—L_o 和 D_{omx}—W_o 图，W_o—L_o 图具有较好的相关性，这支持前人（Aydin 等，1982）提出的断层发育过程中叠覆长度和宽度之间存在密切的关系。然而，L_o/W_o 与叠覆区其他要素相关性较差（图 5-47d），这意味着 L_o/W_o 并不能很好地反映走滑断裂系统的运动学或力学行为。综合分析，叠覆区的生长特征呈现 4 阶段阶梯状生长模式（图 5-48），这与断层的多期叠覆生长相关，不同于经典的走滑断层生长模式。

经统计分析，哈拉哈塘地区主要断裂长度为 10~60km。次级断层长度在 2~15km 之间变化（不包括由于地震分辨率和解释的限制而小于 2km 长度的小断层）。虽然水平位移可以通过古河道的位错、微相和地震属性的变化估计（邬光辉等，2016），但水平位移数据很少，而且精度较低，因此用断层垂向位移（构造高差）分析。结果表明，断层长度变化较大，而最大高差变化范围较小。最大位移/长度的比值 2~10，属于类似规模断层范围之外（Kim 等，2005）。通过统计分析（图 5-49），最大高差与断层长度之间存在良好的正相关关系。在位移—长度图中，最大落差随断层长度的增大而增大。值得关注的是，长度—高差关系明显分为两段。当断层长度小于 38km 时，最大高差小于 60m，高差随断层长度较缓慢地增大。在此之后，随着断层长度的增加，发生了一次快速的高差增长。这一变化表明该地区从长度增加到位移增加的断裂机制可能发生变化，不同于经典的断层长度—位移模式。

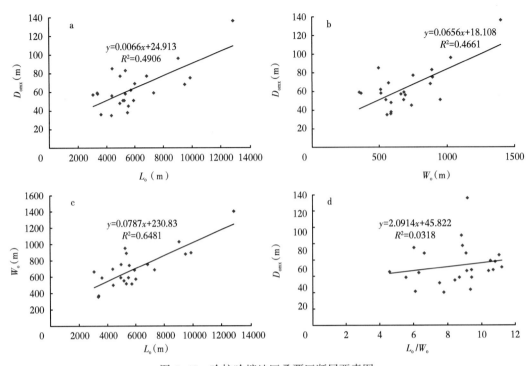

图 5-47 哈拉哈塘地区叠覆区断层要素图

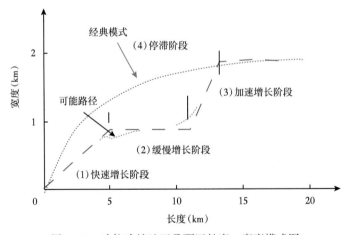

图 5-48 哈拉哈塘地区叠覆区长度—宽度模式图

综合相关资料分析，塔里木盆地大型走滑断裂叠覆区发生了显著的局化作用。在板块内部，走滑断层难以发生大规模的位移。随着走滑断裂分段生长与叠覆连接生长作用的进行，断裂作用与构造变形局限在叠覆区内，进入断裂局化发育阶段。统计分析表明，走滑断裂带水平位移小，位移与变形主要集中在叠覆区并不断增长，形成强烈的局化作用，以调节断裂带的变形，不同于一般的断裂弱化机制。在此基础上，走滑断裂实现长度的不断增长，并保持较小的水平位移，形成"小位移"长断裂带。值得注意的是，非安德森破裂也受先期安德森破裂的影响，二者也可以同时发育，从而造成断裂的复杂分布。

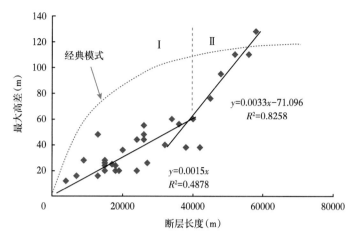

图 5-49 哈拉哈塘地区断层长度—高差关系图

四、走滑断裂形成演化机制

(一)共轭走滑断裂

共轭断裂大多用安德森模式解释，在均匀应力作用下形成与最大主应力呈 25°~30° 夹角的对称断裂。哈拉哈塘地区基底结构差异小、构造平缓，先存构造与先期构造不发育，岩石物理性质相对均一，在远程挤压作用下有利于安德森模式下共轭裂缝的成核与发育，并逐渐扩张形成较为对称的共轭剪切断裂带（图 5-50a）。但是，哈拉哈塘地区共轭走滑断裂的二面角为 26°~51°，平均值约为 40°，低于理想状态下的 50°~60° 的夹角。分析表明，该区沉积盖层厚度超过 3000m，围岩压差较大，可能降低剪切破裂角。此外，在长期较弱的远程挤压作用下，应力状态的变化与岩石力学的差异也会影响共轭断裂的对称性与二面角大小。通过压溶、多期相互截切等机制和岩体向上运动形成花状构造，可以调节维持共轭断层交汇区域的体积平衡，并通过逐渐减小位移量或降低体积而向下消失。因此，塔北共轭走滑断裂的生长发育也可能存在非安德森破裂机制。

由于共轭断裂相互阻碍水平滑动，相继滑动而非同时运动可能是共轭断裂发育的重要机制。哈拉哈塘地区 X 形共轭断裂形成后，在断层交会部位水平位移受限（图 5-50b），可以通过相继滑动造成断裂的相互错动（图 5-50b~d），从而发生持续的断裂变形。这种相继滑动通常发生在同期断裂活动的相对较短时间范围内，并在交叉部位形成菱形微小断裂调节构造变形（图 5-50c、d）。而哈拉哈塘地区走滑断裂交会部位并没有出现明显的菱形变形带，其原因可能是共轭走滑断裂相互错动的位移量很小，相继滑动后很快形成北西向断裂的优先发育，以北西向错动北东向断裂为主（图 5-50d），并在位移量上形成不对称的分布。尽管北东向断裂后期再活动强度大，但北西向走滑断裂在寒武系—奥陶系活动强度大、成熟度高。随着东北向断裂晚期的复活，有的部位可见北西向断裂被北东向断裂错开，但位移量较小，相互错动的水平位移多小于 200m，因此保存了极少见的断裂长达 70km 的陆内共轭走滑断裂系统。

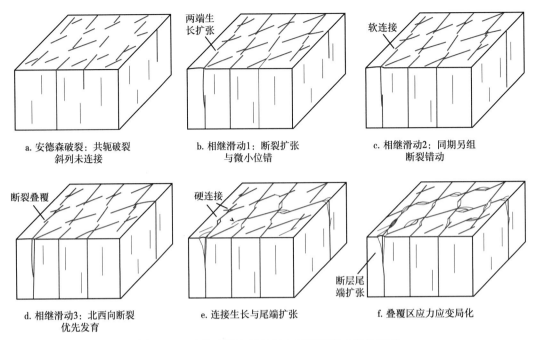

a. 安德森破裂：共轭破裂斜列未连接

b. 相继滑动1：断裂扩张与微小位错

c. 相继滑动2：同期另组断裂错动

d. 相继滑动3：北西向断裂优先发育

e. 连接生长与尾端扩张

f. 叠覆区应力应变局化

图 5-50　哈拉哈塘地区共轭走滑断裂形成演化模式

（二）变换走滑断裂

相对塔北地区而言，塔中地区走滑断裂带也具有分段性，同样具有连接生长机制导致的断裂长度扩展与倍增。但塔中走滑断裂的扩张与生长没有共轭断裂的阻碍，走滑断裂的断距更大，断裂的贯通程度更高，其中的连接生长部位与两端呈渐变过渡，叠覆区位移与应变的局化作用没有哈拉哈塘地区强烈。塔中地区走滑断裂规模更大，断裂连接生长的叠覆区与斜列段都有较大的位移与变形，通过物理模拟实验，变换断层发育经历以下 5 个阶段：

（1）差异逆冲阶段：形成的两排逆冲断层；

（2）调节构造发育阶段：两侧不一致收缩，中间出现调节带；

（3）走滑断裂发生阶段：沿调节带向外发育雁列断裂；

（4）走滑断裂扩张阶段：断裂扩张、连接生长，走滑断裂带形成；

（5）走滑断裂带贯穿阶段。Y 型剪切断裂发育，连成贯穿的断裂带。

通过沿塔中走滑断裂带的断裂要素测量，位移量与变形最强烈的走滑作用集中在塔中北斜坡逆冲断裂带附近，以及北西向的张扭地堑部位，向北位移量急剧减小。分析表明，塔中逆冲断裂带在整体向南反冲过程中，走滑断裂西部块体相对向南运动快，形成左行滑动（图 5-51a），其中西盘北部地区被动整体向南滑动形成断裂尾端破裂，并随位移的增长而逐渐形成窄深地堑（图 5-51b）。地堑向北，走滑断裂的位移与变形急剧下降。断裂再向北扩张至塔中北缘又出现典型的马尾状构造，形成另一段走滑断裂的尾端（图 5-51c）。一般断层位移在断层中部和叠覆区均同步、渐进地增加，但塔中地区与典型的断层连接过程不同，在叠覆区与逆冲断裂带叠覆区的位移量出现突然的跳跃增长，表明断层发育具有局部断层相互作用和硬连接带叠覆生长。

综合分析,塔中地区逆冲断裂带向南斜向运动过程中,受控斜向挤压作用与基底先存构造,产生北东向调节逆冲变形的走滑断裂,进而通过断裂的尾端扩张与连接而不断生长。随着向南逆冲位移不一致的扩大,西侧岩体向南的大量位移造成断裂尾端的裂开,形成尾端北西向地堑(图5-51)。不同于哈拉哈塘地区应力、应变集中在断裂的叠覆区,塔中走滑断裂尾端扩张机制积聚了更多的应变与应力,地堑不断加深,在奥陶系碳酸盐岩中地堑深逾400m。随着断裂的贯穿与断裂的进一步扩展,在断裂尾端向北发育左行走滑断裂(图5-51c)。与常规的陆内走滑断裂带类似,北部走滑断裂段发育正常的尾端扩张机制形成的马尾状构造。

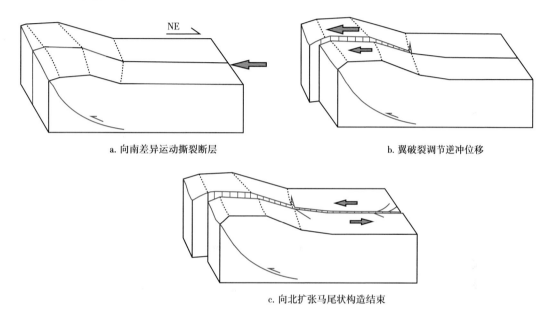

a. 向南差异运动撕裂断层　　　　　　　　b. 翼破裂调节逆冲位移

c. 向北扩张马尾状构造结束

图5-51　塔中变换断层成因模式图

(三)走滑断裂连接生长典型实例

塔中地区西部与阿满过渡带的板内走滑断裂带,不同于常规的安德森破裂扩张方式,在走滑断层系统中,断层可能以雁列断层段、阶步断层段、次平行断层段开始,然后通过断层连接演化为贯穿断裂带,这种典型模式在实验中得到验证。

综合实验结果,对比不同模型不同时期走滑构造的发育特征,可以将走滑断裂带发生直至在表层成为贯穿构造带的发育过程划分为四个阶段:萌芽阶段(深部变形阶段)、R型剪切断裂发育阶段、P型剪切断裂与Y型剪切断裂发育阶段、走滑带贯穿阶段(Y型剪切断裂成熟阶段)。分析表明,塔中地区西部与阿满过渡带的板内走滑断裂带经历这四期的断裂发育阶段。

小型走滑断裂带以雁列(斜列)断裂组合而成,断裂带初期发育雁列断裂(图5-52a)。分析表明,大型走滑断层一般由2~5段组成,叠覆部位集中了主要的应变和变形。而叠覆区宽度和长度也出现多个阶段,很可能与走滑断层的阶段性生长叠加相关。大断裂带通常由沿断层走向的次平行孤立段、软连接叠覆区和硬连接复杂连接区。除了孤立断层本身的生长符合安德森机制外，走滑断层生长的主要机制可能主要来自断层段的连接生长（Walsh 等，1991；Kim 等，2005；Fossen 等，2016），这与地震破裂过程一致，取决于分段强度和断层成熟度（Manighetti 等，2007；Michell 等，2009）。此外，连接过程对长度/位移比起着重要作用，因为裂缝重叠和连接可以使裂缝长度加倍。

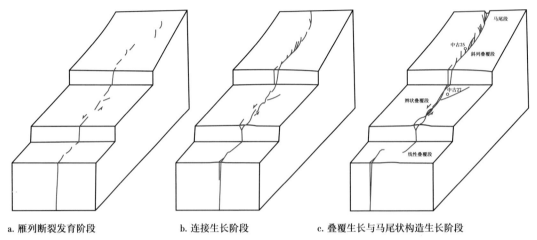

a. 雁列断裂发育阶段　　　　　b. 连接生长阶段　　　　　c. 叠覆生长与马尾状构造生长阶段

图 5-52　塔中西区走滑断裂生长发育模式图

随着断裂分段的尾端扩展与相互趋近，断裂间发生相互作用时，会沿这些破裂产生连接作用（Faulkner 等，2011）。环阿满地区主干走滑断裂带一般由 3~5 段组成，通过连接生长形成长度超过 50km 的走滑断裂带。走滑断裂的分段连接造成断裂带长度倍增，但位移量却很少增长，造成断裂位移—长度关系不符合幂律分布规律。这种模式下次级断裂走向也多与最大主应力方向一致，但变形与位移通常集中在断裂连接部位。不同于哈拉哈塘地区变形与应变集中在硬连接的叠覆区（图 5-50f），阿满过渡带断裂叠覆少、变形强度弱，同时横向上的位移量不受限制，没有特别强烈的局化作用。此外，有些走滑断裂带出现多个马尾状构造，并形成次级断裂，可能是断裂尾端扩张的多段断裂连接生长的结果。这类尾端连接生长也符合断裂尾端相互作用模式（Faulkner 等，2011），其变形发生在断裂尾端连接部位，并通过断裂尾端的强烈相互作用，形成强变形叠覆区（图 5-52）。

统计分析表明，环阿满走滑断裂带水平位移小，位移与变形主要集中在叠覆区并不断增长，形成强烈的局化作用，以调节断裂带的变形，不同于一般的断裂弱化机制（Torger 等，2014）。在此基础上，走滑断裂实现长度的不断增长，并保持较小的水平位移，形成"小位移"长断裂带，不同于其他地区断裂的位移—长度的幂律分布关系（Torabi 等，2011）。值得注意的是，非安德森破裂也受先期安德森破裂的影响，二者也可以同时发育，从而造成断裂的复杂分布。不同于哈拉哈塘地区的共轭剪切，阿满过渡带走滑断裂为单剪变形，以连接生长机制为主，局化作用较弱（图 5-53）。

综上所述，环阿满走滑断裂系统的板块动力学机制为中奥陶世末期原特提斯洋闭合产生的近南北向远程挤压应力场，基底结构与构造岩相差异等先存构造影响走滑断裂带的南北分区。在先期安德森破裂机制的基础上，走滑断裂以连接生长为主，并伴随断裂尾端扩张与相互作用等非安德森破裂机制生长；塔北共轭走滑断裂通过相继滑动机制调节相互截

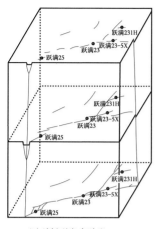
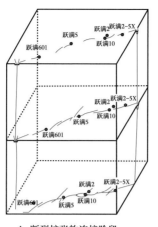
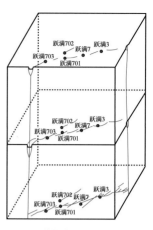

a. 雁列断裂发育阶段   b. 断裂扩张软连接阶段   c. 马尾状构造与硬连接阶段

图 5-53 跃满走滑断裂连接生长模式图

切部位的变形，并通过叠覆区的强烈局化作用调节主要位移与变形，塔中走滑断裂尾端窄深地堑与逆冲带走滑段积聚了更多的走滑变形与应变量。塔里木克拉通盆地内走滑断裂通过连接生长为主的多种非安德森破裂机制形成不断连接加长的"小位移"长断裂带，并受控于区域与局部应力场、先存基底构造与岩相差异，造成了走滑断裂的多样性。

第六章　断控油气勘探与开发

塔里木盆地超深断控油气地质理论技术创新，突破了深度 8000m 的油气勘探禁区，发现了台盆区走滑断裂带十亿吨级超深断控大油田，业已建成 200 万吨级富满油田，打造了超深勘探开发示范工程，对类似油气田勘探开发具有指导意义。

第一节　走滑断裂带断控油气藏评价技术方法

一、走滑断层带断控缝洞型储层刻画技术

由于塔里木盆地台盆区地表多为沙漠，碳酸盐岩油气藏埋藏深、储集体规模小，常规地震资料信噪比低，难以有效刻画微小走滑断裂及其相关缝洞体储层，因此开展了高密度地震采集攻关（江同文等，2021）。针对表层沙丘厚度大且疏松、地震波吸收衰减严重、碳酸盐岩内幕信噪比低的问题，以及不同表层条件下深部缝洞型碳酸盐岩的特征，深入开展不同观测系统、不同激发、接收实验，实现了地震采集设计由窄方位向宽方位、由低密度向较高密度转变。同时，完善并形成了基于碳酸盐岩缝洞叠前成像观测系统设计技术、经济技术一体化的宽方位+高密度采集系列技术，有效压制了干扰，大幅提高了地震资料信噪比及分辨率，奠定了走滑断裂断控油气藏描述的资料基础。

（一）储层地震相识别预测技术

YM 区块碳酸盐岩储层主要为洞穴型、孔洞型、裂缝—孔洞型和裂缝型储层。在地震上储层主要表现为"串珠状"反射、片状反射、杂乱反射（图 6-1）。为了能精细刻画不同反射特征的储层范围，采用振幅变化率属性、相干属性等属性相结合来识别和刻画"串珠"状、片状、杂乱反射的空间分布范围。

1. "串珠"状反射

"串珠"状反射是 YM 区块奥陶系溶洞型储层在地震剖面上的一种响应特征，常规地震剖面上"串珠"反射清楚，但"串珠"边界难以识别。对比发现，最有效、最敏感的振幅类属性是振幅变化率属性，该属性可以有效地检测"串珠"反射在三维空间的能量包络面（图 6-1），振幅变化率属性可以很好地识别剖面上的"串珠"反射特征，相干能量属性也能识别出"串珠"，但效果没有前者效果明显。

2. 片状反射

片状反射是指发育在奥陶系一间房组顶面附近具有片状特征的强能量地震反射，这种反射特征常见于断裂附近，是岩溶储层连片发育的响应。为描述这种具有片状特征的强能量地震反射，采用了不同的地震属性，并从不同角度描述片状反射所反映的储层特征，采

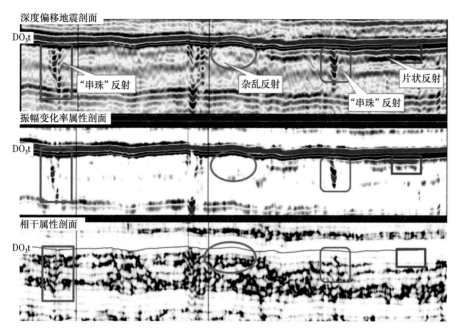

图 6-1　YM 区块储层地震特征振幅变化率、相干属性剖面（D 指示地震层位）

用的属性包括：描述储层连片发育的非连续性属性特征、描述强能量的地震反射特征。
（1）采用相干技术提取连片反射能量属性。片状反射以连续性反射为特征，同相轴振幅强，
连片发育，在相干剖面上表现为高相干特征。相对于"串珠"反射，尽管也是强反射，但
并不是连片发育。（2）振幅变化率属性。片状反射是以中等能量为特征岩溶储层，振幅变
化率属性用以刻画能量反射特征。

3. 杂乱状反射

碳酸盐岩单个储集体规模较小且不连续分布时，在地震叠后数据体上表现为杂乱状反
射特征。地震杂乱反射会使地震反射的振幅和反射结构变化较快，因此描述杂乱反射的地
震属性需要能够反映地震反射振幅的变化，同时还能描述局部地层产状的变化。对地震属
性的分析研究表明，与不规则杂乱反射相关的几何属性主要为地震非连续属性。杂乱反射
程度越高，非连续性越强。杂乱反射在相干剖面上表现为低相干特征，地层越杂乱，相干
值越低（图 6-1）。

4. 储层地震相门槛值分析

为了准确地刻画出"串珠"状、片状、杂乱反射的空间范围，在利用属性定性识别
"串珠"状、片状、杂乱状这三类地震反射的同时，还需要确定一个定量刻画出不同反射
特征空间范围的门槛值，这样才能满足储量精细定量刻画的要求。

利用振幅变化率属性、相干属性及地震相波形聚类属性三种属性来进行交会分析，其
中用聚类属性来定性识别"串珠"状反射、片状反射、杂乱状反射的范围，用振幅变化率
属性和相干属性来确定这三类地震相刻画的门槛值。图 6-2 是分相后各个相的相干和振幅
变化率属性交会图版，图中红色代表"串珠"状反射分布的属性值范围，深绿色代表片状

反射分布的属性值范围，蓝色代表杂乱状反射分布的属性值范围。从图 6-2 中可以看出，"串珠"状反射可以直接利用振幅变化率属性识别，在振幅变化率值大于 3500 时，均为"串珠"状反射。片状反射是强连续性的地震反射特征，其振幅大部分比强"串珠"状反射弱，因此它的准确刻画需要相干属性和振幅变化率属性共同约束。片状反射处在低振幅高相干区域，振幅变化率值小于 3500，相干值大于 122。杂乱反射处在低相干值、低振幅区域，振幅变化率值小于 3500，相干值小于 122。

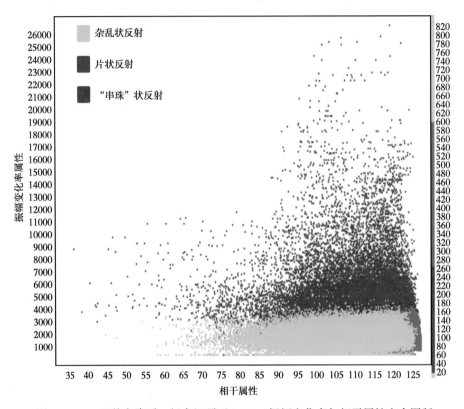

图 6-2　YM 区块奥陶系一间房组顶面 0~70m 振幅变化率与相干属性交会图版

通过多属性结合，精细刻画出了 YM 区块奥陶系一间房组以下 0~70m 储层地震相分布特征（图 6-3），"串珠"状反射主要发育在工区中部，呈北东向、北西向条带状分布；片状反射较少，主要分布在 YM4 井北部、YM6 井西南部；杂乱反射主要分布在"串珠"状反射周缘，沿走滑断裂带呈条带状分布。

(二)井震联合波阻抗反演技术

地震测井联合波阻抗反演技术可以充分利用地质资料、测井资料、钻井资料提供的构造、层位、岩性、物性等信息，将常规的地震反射振幅的变化，转换成波阻抗信息，以此来反映地层的岩性、物性等信息提高地震资料对储层的识别能力。

YM 三维地震覆盖次数达 192 次，横纵比 0.75，三维地震资料品质相对较高。地震叠前深度偏移处理攻关成果资料（主要为深度偏移比例至时间域地震资料）信噪比较高、断层偏移成像准确、"串珠"状反射偏移归位好、保真性好，为波阻抗反演提供了数据基础，

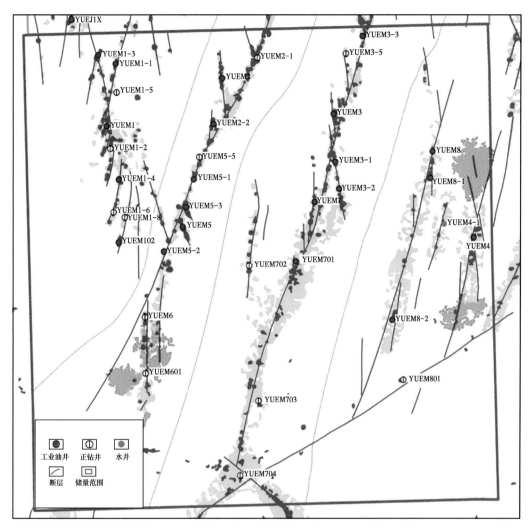

图 6-3　YM 区块奥陶系—间房组顶面以下 0~70m 储层地震相平面图

且区内大量钻井具备完善的测井资料，钻井约束的碳酸盐岩波阻抗反演具备可行性。

由于该区储层类型多样，空间非均质性强，地震资料主频较低，利用常规地震属性技术、常规叠后反演技术不能充分刻画储层空间展布规律。因此，针对该区复杂的地质条件、地震条件和测井条件，首先从资料质控入手，然后开展测井多井一致性处理和岩石物理分析、道集优化和部分叠加、叠后确定性反演、地质统计学反演，最后得到三维储层孔隙度数据体，结合生产进行评价并客观描述碳酸盐岩储层展布特征。

本次工区储层预测是应用岩石物理分析技术、确定性反演技术及 StatMod MC 地质统计学反演技术，定量刻画了一间房组储层分布，实践证明，该方法技术可操作性强，切实有效，主要表现在以下方面：

（1）储层预测与实钻井基本一致。图 6-4 为 YM3 井井震标定图，反演孔洞型储层预测厚度为 24.2m，预测孔隙度 5.2% 左右，7199~7216m 井段测井解释的孔洞型储层 7.5m，测井解释孔隙度 6.4%。反演预测 YM3 井下部还发育洞穴型储层厚度 20.2m，预测孔隙度 29.3%，本井实钻在井底发生放空，放空长度 1.47m，后强钻 11m 完钻，常规测试获得成功，反演孔隙度及厚度同实钻结果基本一致。

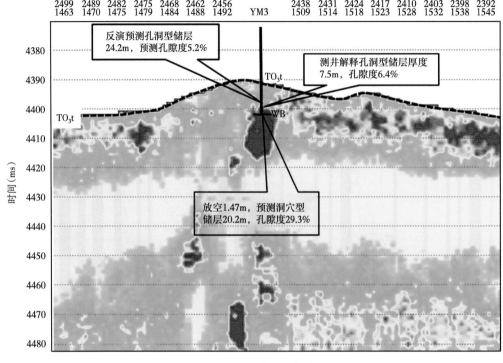

图 6-4　YM3 井井—震标定图

（2）定量预测未钻至或未测井储层参数与动态资料吻合性好。截至 2020 年底 YM 区块已完钻 22 口井，仅 YM2 井、YM1—3 井钻揭一间房组 82m 和 86.7m，其他井均仅钻遇一间房组 20~45m 左右。该区钻揭储层厚度小，钻遇储层以裂缝—孔洞型储层为主，物性较差，难以形成高产高效井，不能客观反映储层在纵向上的真实分布特征。

从反演剖面来看，洞穴型储层主要在一间房组以下 30~70m，YM1 井、YM3 井均在井底发生放空 2m 左右，表明其底部有更好的储层。对于未钻穿 70m 的井，主要通过结合反演孔隙度剖面，预测井点未钻遇段储层参数。图 6-5 为 YM5 井井—震标定图，该井钻揭一间房组 25m，测井解释仅发育 3m 厚的孔洞型储层，井筒储层欠发育，但酸压施工表明该井很好地沟通了储层，3mm 油嘴，油压 39.96MPa，日产油 60.69m³，日产气 13233m³，不含水。投入试采后的油压、产量一直很稳定，表明该井储层很发育，反演预测出该井井底之下发育洞穴型储层 22m，孔隙度 38%，与生产情况具有很好的吻合性。

本区储层类型多样、成因复杂，以后期溶蚀孔洞和构造裂缝为主。储层发育程度与层系、岩性、沉积相带、构造曲率、断裂等因素息息相关。通过多种地震储层预测技术的综合分析研究，并结合测井、钻井、地质等资料分析，本区一间房组储层发育，集中分布在一间房组顶面以下 0~120m 范围内，空间上既存在一定的连通性，又具有典型的非均质特

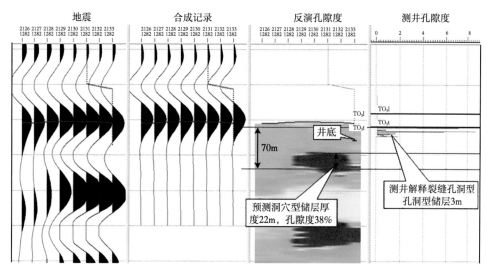

图 6-5　YM5 井井—震标定图

点。储层类型多样，既发育洞穴型储层，又发育孔洞型和裂缝型储层，地震剖面上位于储层顶面以下 0~26ms 范围。

　　洞穴型储层在地震叠后剖面和反演剖面上普遍呈"串珠"状或片状，垂向上主要发育于一间房组，具有多期、多层发育的特征。洞穴型储层是本区最优质的储层类型，孔隙度不小于 5.2%，储渗性能优越。据统计，本区有 14 口针对"串珠"状相钻探的井在钻井过程中常出现漏失和放空现象，试油及开采效果良好。

　　裂缝型储层和孔洞型储层在本区广泛发育，在地震剖面上"串珠"状相、片状相、杂乱相三种地震相中均有反映，且以片状相和杂乱相为主，反演剖面上呈条带状或层状展布。该类储层是本区主要储层类型，孔隙度不小于 1.8%，但低于洞穴型储层，储渗能力较强，钻井过程中常出现漏失现象，邻区 HA7—H14 井、HA13—4 井、金跃 5H 井、哈得 27 井等井钻探片状、杂乱反射类型也获得高产且试采效果好。

　　YM 区块整体处于层间岩溶区，受断裂叠加改造明显，平面上储层物性表现为沿走滑断裂带发育、远离断裂带储层物性变差（图 6-6），主要受近北东向、北西向走滑断裂控制，沿北东向断裂尤为发育。储层总体厚度范围为 0~50m，整体表现为靠近断裂储层发育最厚、远离断裂储层变薄的特征，其中 YM4 井区储层较厚、物性较好，主要与该井区片状相、杂乱相发育有关。

（三）相控缝洞型储层反演技术

　　常规声波反演的方法原理和反演技术以层状介质为基础，其研究目标多是层状储层（印兴耀，2010）。缝洞型碳酸盐岩储层具有非规则形态、非均匀分布的特征，常规声波反演技术有其不适应之处。为了解决这一问题，在缝洞型碳酸盐岩地震反演过程中使用了缝洞体相控建模技术，可用多次迭代建模刻画复杂形状。碳酸盐岩低频模型建立的方法分为三个步骤：（1）建立地层格架生成初始模型，该模型假设碳酸盐岩目的层为全石灰岩基质，石灰岩基质阻抗为 $1.68×10^4[(m/s)\cdot(g/cm^3)]$，称该全基质模型为"白板"；（2）利用初始

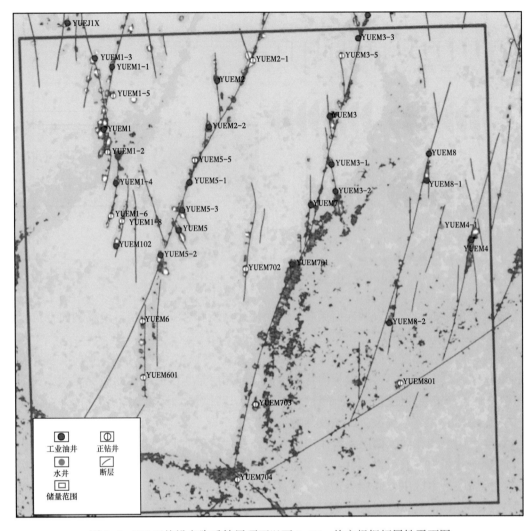

图 6-6　YM 区块沿奥陶系储层顶面以下 0~70m 均方根振幅属性平面图

"白板"模型作为低频模型做叠后稀疏脉冲反演，反演结果中选取合适的储层阈值，对其保留，将高于该阈值的非储层区域再次赋值基质阻抗；(3) 多次迭代生成一个有低阻储层的模型，作为最终"相控"低频模型 (图 6-7)，参与地质统计学反演。该方法采用低频趋势反演模型，补偿了井—震联合反演中的低频信息，解决了碳酸盐岩反演模型化问题，提高了碳酸盐岩缝洞型储层强非均质条件下的反演可靠性和精度。

　　在走滑断裂精细解释基础上，开展多种地震属性进行走滑断裂带缝洞体储层的识别与刻画，确定储集体的平面分布范围，然后运用叠后/叠前波阻抗反演技术及岩石物理分析建模技术对缝洞体进行三维立体雕刻，确定缝洞体储层的空间分布与体积，以及缝洞体之间的连通关系。在储层反演方面，根据碳酸盐岩非均质不规则等油气藏特点，在宽方位和高密度三维地震勘探的基础上，紧抓断裂、裂缝预测的关键难题，不断深化地质认识，形成了以振幅、频率、阻抗、相干技术等叠后预测技术，发展了相控反演等技术 (图 6-8)。

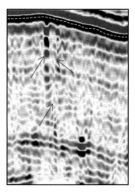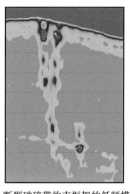

a. 常规地震剖面　　　　b. 常规低频模型　　　c. 断裂破碎带约束框架的低频模型　　　d. 最终反演结果

图 6-7　塔河南相控波阻抗反演效果图

通过走滑断裂带缝洞体储层识别技术的优选应用，储层钻遇率提高到 95% 以上，钻井成功率也大幅提升。

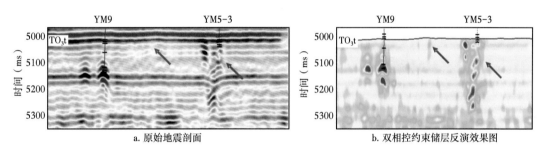

a. 原始地震剖面　　　　　　　　　　　　b. 双相控约束储层反演效果图

图 6-8　原始地震剖面与双相控（地震相与沉积相）约束储层反演效果图

(四) 相对阻抗限制反射强度法

经过井—震联合分析，利用井点信息对溶洞地震敏感参数进行分析、筛选，最后确定采用了反射强度和相对阻抗属性联合进行溶洞体静态地震雕刻的相对阻抗限制反射强度法。该方法适用于任意单一岩性基质中的异常地质体地震识别，其优势在于，雕刻的溶洞规模和顶（底）深度更加真实、准确。

为了验证雕刻方法的正确性，通过建立溶洞模型进行了正演验证。根据地下实际情况，分别建立了溶洞靠近顶界面和溶洞远离顶界面两个地质模型，每个地质模型均分为溶洞内完全充填和未充填两种极限情况。

对实际地震数据按照以上流程进行雕刻计算，得到地震雕刻结果，并通过对工区内典型井的统计，得到地震雕刻异常区内最大值与最小值统计图（图 6-9）。通过分析，确定雕刻结果值不小于 9 的为洞穴相，雕刻结果值在 4~9 之间的为片状反射相和杂乱状反射相。

不同类型储层地震相雕刻结果的三维显示如图 6-10 所示。把之前溶洞相雕刻结果与断裂—裂缝相叠加，便组成了缝洞单元雕刻结果，从而形成缝洞单元雕刻结果与测井数据叠加后的三维立体雕刻图（图 6-10），为断裂带缝洞体储层雕刻提供了技术支撑。

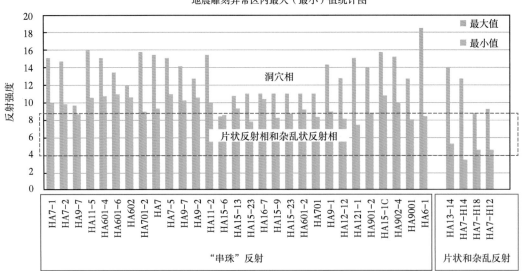

图 6-9　地震雕刻异常区内最大最小值统计与不同类型储层地震相门槛值确定

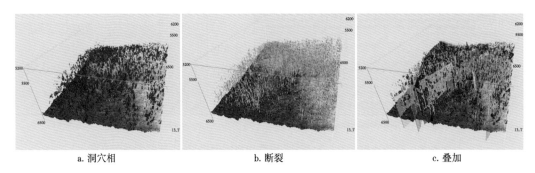

a. 洞穴相　　　　　　　　b. 断裂　　　　　　　　c. 叠加

图 6-10　哈 6 井区洞穴相、断裂（片状反射相和杂乱状反射相）
及其叠加的断裂缝洞体雕刻立体图

（五）缝洞体量化雕刻评价技术

通过对地震敏感属性体、地震测井联合波阻抗反演体及地震相约束下的缝洞储层建模方法进行体积量化雕刻攻关，计算出不同储层类型的有效储集空间，分储层类型雕刻计算含油面积、有效厚度、平均孔隙度等关键参数，实现计算储量，具体流程如图 6-11 所示。

1. 缝洞体三维几何形态雕刻

碳酸盐岩缝洞体储层是一系列成因相同、空间分布一体的洞穴、孔洞和裂缝的集合体，在叠加偏移地震数据体上对应"串珠"状反射相、片状反射相、杂乱状反射相等地震响应特征。其中"串珠"状反射代表洞穴型储层，片状反射、杂乱状反射主要以孔洞型储层、裂缝—孔洞型储层为主。利用地震资料上不同类型储层地震相特征，确定缝洞储层量化雕刻范围，在地震相轮廓范围的约束下使缝洞体量化描述更合理且准确。

根据储层预测对碳酸盐岩缝洞储层不同地震相的刻画，针对主要为点状或者团块状强振幅的"串珠"状反射储层，利用反射强度属性雕刻其空间展布轮廓范围（图 6-12）。针对地震特征为连续中强反射的片状反射储层，采用振幅变化率属性来雕刻片状反射空间轮

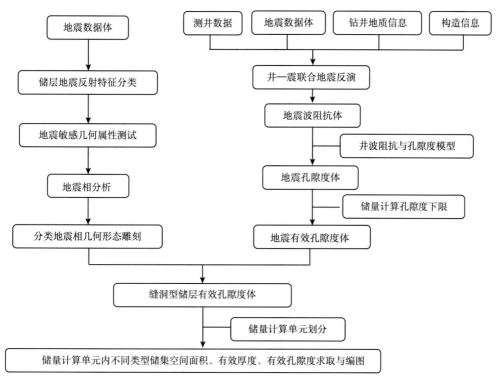

图 6-11　地震属性体与地震反演体相结合的储层雕刻流程

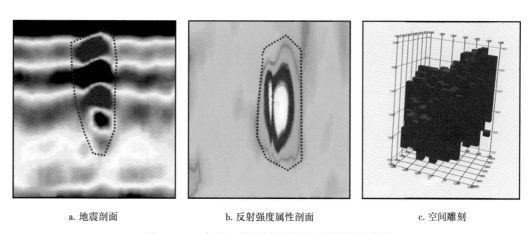

a. 地震剖面　　　　　　b. 反射强度属性剖面　　　　　　c. 空间雕刻

图 6-12　"串珠"状反射地震相空间雕刻示意图

廓范围。对于地震特征表现为不连续、杂乱反射的储层，采用相干属性来雕刻杂乱反射空间的展布范围。穹隆背斜根据手工精细解释较好地刻画其范围，而裂缝地震相主要利用 AFE 等裂缝预测技术进行有效刻画，是确定裂缝型储层含油面积的主要方法（图 6-13）。

利用三维可视化技术，通过对缝洞体的识别和雕刻缝洞体的空间形态（图 6-14），描述缝洞型储层在空间的几何形态和区域上的分布趋势，支撑了走滑断裂带的井位部署和储量研究。

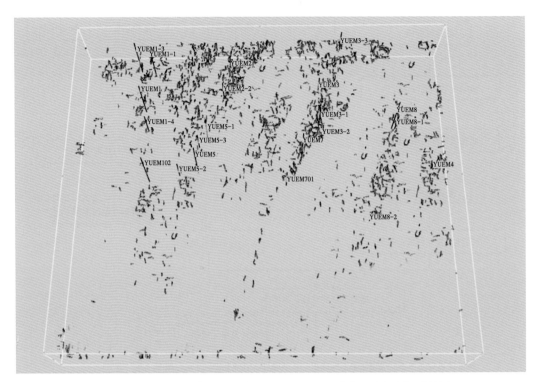

图 6-13　YM 区块奥陶系一间房组顶面 0~26ms 裂缝地震相空间雕刻图

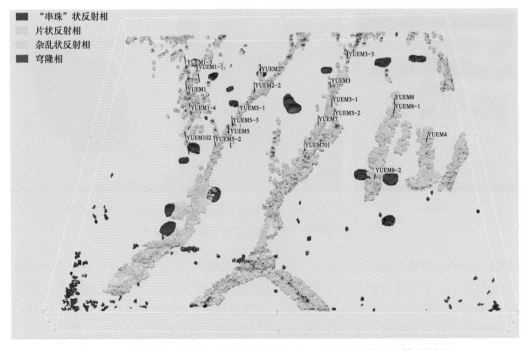

图 6-14　YM 区块奥陶系一间房组顶面 0~26ms 缝洞几何结构立体雕刻图

2. 缝洞体储层有效空间雕刻

波阻抗反演虽然可以刻画出缝洞体储层的空间形态，但还不能确定单个缝洞体的有效储集空间。由于碳酸盐岩存在裂缝型、孔洞型、裂缝—孔洞型、洞穴型等多种类型储层，空间分布复杂，储层内充填情况也不一样，刻画的每个缝洞体都是不同类型储层的组合体，只有计算出各个缝洞体的孔隙度，才能准确地计算它们的有效储集空间。因此计算碳酸盐岩缝洞储层的孔隙度，也是碳酸盐岩缝洞储层定量刻画最关键的一步。通过测井解释孔隙度与测井波阻抗曲线进行交会，得到孔隙度与波阻抗相互转换的关系，进而得到孔隙度数据体。

有了孔隙度属性体后，在储层地震相轮廓范围的约束下，就可以从孔隙度模型中计算的总孔隙度中扣除小于有效孔隙度下限的部分，得到缝洞连通体的有效孔隙度模型（图6-15）。由于缝洞连通体储层是以缝洞连通体内的有效网格为单位，可以通过积分法求取有效体积，单个有效网格的有效储集空间等于单个有效网格体积乘以相对应的有效孔隙度，缝洞连通体的有效储集空间等于缝洞连通体内所有有效网格的有效储集空间之和，区块内有效储集空间等于区块内所有缝洞连通体的有效储集空间之和。

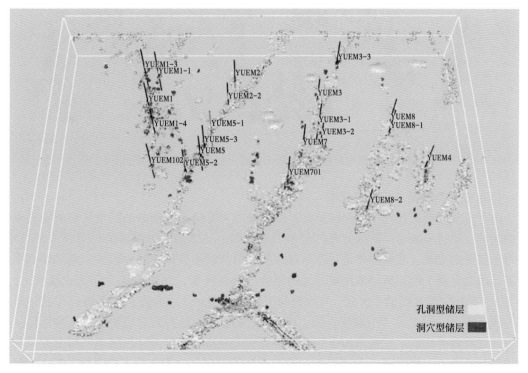

图6-15　YM区块奥陶系洞穴型与孔洞型储层立体雕刻融合图

缝洞体雕刻在利用地震体几何属性信息进行地震地质建模的基础上，结合单井测井相建模、构造信息、反演波组抗信息，求取缝洞连通体有效孔隙度地质模型，然后雕刻有效孔隙度体，计算出有效储集空间。通过井区的实钻对比分析表明，大型缝洞体储层基本沿断层破碎带分布，其形成和分布与断层破碎带密切相关（图6-16）。大型缝洞体主要分布在断层破碎带的内带，在外带也有分布，其外边界与断层破碎带的边界大体一致，具有很好的对应关系，可以用来划分断层破碎带的分布。

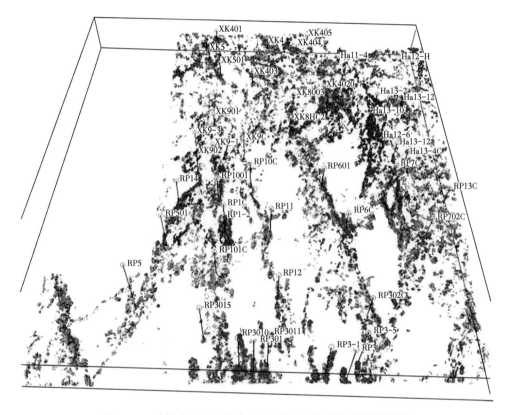

图6-16　哈拉哈塘地区奥陶系一间房组顶储层缝洞体雕刻图

（六）走滑断裂带井位优选技术

由于走滑断裂断控油气藏超深复杂，少量高效井支撑了大部分的产量，是效益勘探开发的基础。通过不断总结勘探开发井位部署的经验，研发高效井布井的针对性方法技术，取得了显著的成效。在缝洞体量化雕刻基础上，根据断层破碎带的分段性、连通性与平面边界等因素开展了断层破碎带油藏单元的划分与择优评价，发现大量的有效油藏单元（图6-17），为井位部署提供了依据，有效提高了钻井成功率。结合走滑断层破碎带的地质结构与成藏特征，提出了"正地貌、长'串珠'、主断裂"的高效井位特征和评价依据，有效提高了高效井比例。在强非均质性走滑断裂带碳酸盐岩井位设计过程中，每个井点与井型设计都可能不一样，建立了"一井一工程"的设计理念，为超深走滑断裂带复杂油气藏控投降本打下地质源头基础。

（七）走滑断层带钻井完井技术

针对复杂的走滑断层破碎带结构造成的钻井完井技术难题，在大斜度+水平井钻井技术与分段酸化压裂改造技术方面取得重要进展（江同文等，2021）。

1. 大斜度+水平井钻井技术

由于走滑断裂带碳酸盐岩储层的非均质性极强，油气分布在一系列有间隔的缝洞体

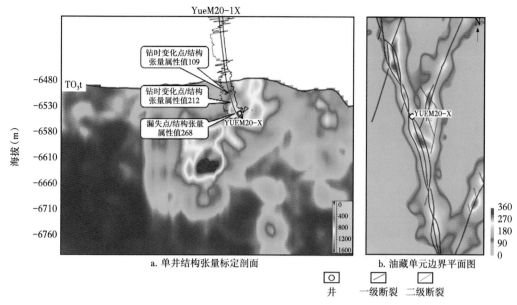

图6-17 富满油田走滑断裂带单井结构张量标定剖面及油藏单元边界平面图

中，因此利用水平井、大斜度井钻穿多套缝洞体储层是提高产量的有效方法。为保障钻探顺利进行，创新了精准储集体标定与水平井轨迹设计调整技术，结合储层的认识确定了水平井轨迹优化原则。针对断控油气藏地质模型与钻完井工程技术挑战，系统开展了碳酸盐岩水平井精准地质导向理论研究、技术攻关与现场试验，夯实了导向地质基础，创新了超深水平井与大斜度井随钻精准地质导向技术，推进了走滑断裂断控碳酸盐岩油气藏的效益勘探开发。

2. 超深碳酸盐岩储层改造技术

由于断裂带碳酸盐岩储层非均质性强、缝洞连通性差，部分钻井须经过储层改造才能获得工业油气流。但由于缝洞系统复杂、埋藏深（大于7000m）、温度高（高达180℃）的特点，给储层改造带来了巨大挑战。通过不断的攻关，集成形成了适用的超深碳酸盐岩水平井分段酸压技术与配套的工艺。通过碳酸盐岩储层酸化压裂方法技术的应用，单井产能提高数倍，为高效勘探开发走滑断裂断控油气藏提供了技术手段。通过不断总结高产高效井特征，优选适用技术，形成了高效布井方法技术。通过方法技术的实施，富满油田的储层预测吻合率由80%提升至95%以上，新井成功率从75%提升至95%，高效井比例从28%提升至65%。

二、走滑断裂带断控油气藏勘探开发技术

塔里木盆地走滑断裂带的井主要集中在奥陶系碳酸盐岩中，针对碳酸盐岩单井日产量下降快、见水快等生产问题，提出勘探优选高产井点—评价培植高产井组—开发建立高产井区—勘探开发一体化推动碳酸盐岩油气效益开发的总体思路，集成创新断控油气藏评价与开发技术，打造了超深走滑断裂断控碳酸盐岩油气藏开发的典范。

(一)断控油气藏评价技术与方法

开发地质研究方面突破了勘探阶段建立的大型准层状油气藏理论模型,通过转变碳酸盐岩研究思路和流程,实现了以构造圈闭为基本单元向以缝洞单元为基本单元转变。遵循碳酸盐岩油藏的特点,以提高钻井成功率为目标,改变过去区带、圈闭、油藏三级研究层次,建立了缝洞带—缝洞系统—缝洞体(缝洞单元)三级描述评价体系,由以往地震资料解释作构造图、圈闭图转变为缝洞单元、缝洞系统的三维空间雕刻,建立了缝洞体量化雕刻技术体系,摒弃了传统井网部署的理念,明确了围绕断层破碎带钻探缝洞体"甜点"的井位部署原则。

勘探早期重在不同缝洞带的整体优选预探,勘探发现之后重在评价富油气的缝洞系统,查明油气最富集的"甜点",为开发前期介入与建设高产稳产井组夯实基础。油气藏评价有了较深入认识后,通过完善缝洞系统划分和评价,根据不同缝洞系统的特点制定差异化的开发对策。缝洞单元相当于一个小油藏,是开发的基本单元,随着油藏动(静)态资料的不断丰富,开展缝洞单元的精细描述,确立以缝洞单元(缝洞体)为基本开发单元的油藏管理方式。

在油气藏评价过程中,评价思路从以区块(或油气藏)为评价单元转到以断层破碎带为评价单元,进行逐条断裂评价、逐段滚动开发,建立了碳酸盐岩油气藏评价单元、储量单元与油气藏单元的三级评价体系(图6-18;江同文等,2021)。通过同一区块内不同断裂找准富集带,在同一断裂带找准富集段,在同一油气藏单元内研究确定"主干油源断裂+正地貌+油柱高度大(长'串珠')"的高效井定井方法,形成定带、定段、定井的高效井部署思路,提高了钻井成功率与高效井比率。富满油田2018年以来完钻35口,钻井成功率达100%,日产油量超过100t的井达到29口。

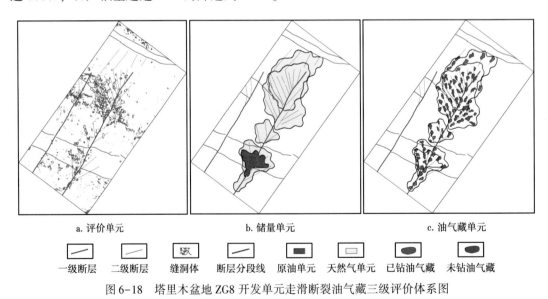

| a. 评价单元 | b. 储量单元 | c. 油气藏单元 |

| 一级断层 | 二级断层 | 缝洞体 | 断层分段线 | 原油单元 | 天然气单元 | 已钻油气藏 | 未钻油气藏 |

图 6-18 塔里木盆地 ZG8 开发单元走滑断裂油气藏三级评价体系图

(二)缝洞型油气藏烃类检测技术

通过研究地层介质对地震波的吸收性可能判识地下缝洞体的含油气性,并形成了多种方法技术（王招明等，2012）。

1. 主频迁移判别法

该方法是基于当地震波穿越含油气层时，会产生高频损失现象，通过标准化表现为高频降、低频增强的现象，出现地震时频体由高频向低频迁移。实际操作中以离散傅立叶变换（DFT）将时间域的数据变换为频率域的频率道集，通过纵向对比不同频率的能量来分析由于油气吸收衰减引起的高频向低频迁移的现象。其中离散振幅频率道集技术（VVD）是基于储层中的流体会导致地震信号的衰减，也会导致垂向地震波信号能量的缺失，随着信号能量的缺失，信号的频率也会下降，即地震信号衰减越严重，信号频率响应越低（胡太平等，2011）。

2. 能量比值判别法

油气储层是典型的双相介质，即由固相的具有孔隙的岩石骨架和孔隙中所充填的流相的油（气、水）所组成。不同性质的流体，第二纵波的特征会有差异。研究发现，当流体为油气时，地震记录上具有更为明显的"低频共振、高频衰减"动力学特征，可以用来判识目的层段内含油气性。按照所用方法的不同，其进行油气检测又可分为最大能量累加法（CM）与多相介质检测法（DHAF）油气检测。

3. 多参数综合判别法（MDI）

缝洞系统充满天然气后，对地震波有更大的能量衰减和高频吸收作用，MDI方法可以选用低频能量、平均频率、吸收系数三种属性进行油气检测。

4. 基于时频分析的频谱分解（WVD）技术

WVD技术主要是在传统的傅立叶变换和小波变换的基础上进行了改进，将地震资料处理中分频处理的思路应用到油气检测中（王招明等，2012；陈猛等，2016）。针对目的层段提取的地震子波，首先利用频谱分析的方法确定出地震子波的有效频段，然后设计模型，对地震子波进行分频处理并对其结果进行叠加，再分别求取地震子波的能量在高低频段的分布情况，最后根据能量在高低频段的分布情况来识别地下的含油气情况。含油气地震分频能量曲线特征表现为低频段能量强、高频段能量弱。

5. 分频融合（PCA-RGB）技术

马乾等（2018）提出了一种分频段PCA-RGB融合技术，首先利用广义S变化对地震数据分频，再对高、中、低瞬时谱数据分别做主成分分析，依次选取第一主成分映射到RGB三原色上做融合显示。该方法较分频段升余弦窗RGB融合和PCA-RGB融合效果更明显，可以区分干层、水层和油层。

6. 叠前AVO烃类检测

振幅随炮检距的变化（AVO）可能反映的地下岩性及孔隙流体的性质。塔里木盆地奥陶系碳酸盐岩大型缝洞体储层被不同的流体及泥质充填后，储层的地震响应呈"串珠"状反射，但储层的AVO响应不同。通过正演可以判识储层充填不同流体的AVO响应，从而确定AVO异常的类型，然后进行AVO属性反演（P、G等属性）预测不同的流体（鲜强等，2017）。

这些方法在大型缝洞体储层中烃类检测取得良好的效果（图6-19），成为井位部署的重要方法技术。但由于地下地质条件极为复杂，不同方法技术均有一定的局限性，实际工作中需要结合精细的油藏地质模型，进行综合判识。

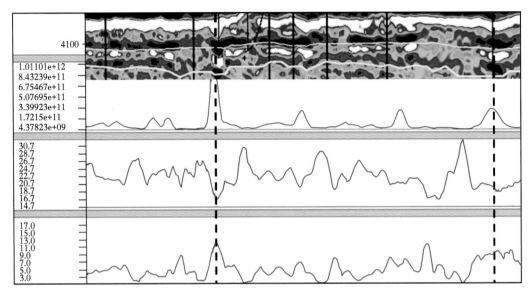

图6-19　塔中地区某井MDI烃类检测成果图

(三)走滑断裂带高效井部井技术

1."三界"圈闭立体刻画技术

通过建立走滑断裂断控油气藏模式，制订围绕断层破碎带寻找"甜点"的勘探部署思路。通过集成断层破碎带的立体刻画与断层破碎带缝洞体储层雕刻技术，形成断层破碎带圈闭平面边界、纵向顶界和底界的描述方法技术。通过走滑断层破碎带圈闭的划分与评价(图6-17)，发现了大量的有效圈闭，为井位部署提供了依据，有效提高了钻井成功率。

2.断控缝洞型油藏立体井网设计方法技术

碳酸盐岩断层破碎带油气藏中油气分布变化大，缝洞体"甜点"是高效井的主要部署对象。因此，遵循碳酸盐岩油藏的特点，以提高钻井成功率为目标，改变过去区带、圈闭、油藏三级研究层次，建立了缝洞带—缝洞系统—缝洞体(缝洞单元)三级描述评价体系，由以往据地震资料解释作构造图、圈闭图转变为缝洞单元、缝洞系统的三维空间雕刻，建立了缝洞体量化雕刻技术体系。根据断层破碎带的分段性、连通性与平面边界等划分断裂带评价单元的划分，择优评价，建立了不同于传统井网部署的理念，形成了不规则井网部署原则与方法。

3."四定+四选"井位部署方法技术

结合走滑断层破碎带的地质结构与成藏特征，研究厘定了通过断裂带评价定富集带，通过同一断裂带分段评价定富集段，通过缝洞雕刻的正地貌长"串珠"定高效井，通过断层破碎带建模定井型的四定方法技术，为复杂断层破碎带井位优选提供了评价方法与规范。同时，不同于常规油气藏的均匀井网设计，在强非均质性走滑断裂带碳酸盐岩井位设计过程中，每个井点与井型设计都可能不一样，根据断层破碎带的油藏地质模型建立了"选位置、选靶点、选靶层、选靶向"的井型设计四选方法与原则。通过不断总结高产高效井特征，优选适用技术，形成了高效布井方法技术。

通过此方法技术的实施，富满油田的新井成功率从 75% 提升至 95%，高效井比例从 28% 提升至 65%。

(四)断层破碎带水平井开发技术

由于走滑断裂存在大漏后易喷的情况，而且部分区块高含硫化氢，在后期试油及完井工作都有巨大的井控安全风险。在前期超深碳酸盐岩水平井钻井技术的基础上，针对碳酸盐岩断层破碎带复杂的内部结构与渗流特征，通过技术攻关，形成了穿断层破碎带的大斜度+水平井的钻井技术，发展完善了精细控压钻井技术，实现了贯穿断裂带多套缝洞体油层的目标，同时实现了穿断裂带安全快速钻进。

由于碳酸盐岩的非均质性极强，油气分布在一系列有间隔的缝洞体中，因此利用水平井钻穿多套缝洞体储层是提高产量的一种非常有效的方法。为保障钻探顺利进行，创新了精准储集体标定与水平井轨迹设计调整技术，结合储层的认识确定了水平井轨迹优化原则：

(1)A 点裂缝孔洞型，B 点缝洞型；

(2)近小断层远大断层；

(3)轨迹则随时根据深度误差、油气显示和产能要求及时调整轨迹。

为了实现钻井地下靶点的精准导航，探索引入了随钻地震导向钻井（SGD）技术，利用 VSP 随钻测井实时动态监测结果约束井旁三维地震数据，快速修正速度模型和各向异性参数，实现快速深度偏移处理，指导钻头轨迹，显著提高了深层碳酸盐岩钻井中靶率（江同文等，2021）。

(五)水平井缝洞型储层分段改造

鉴于大位移水平井可钻揭多个缝洞储集单元，而每个缝洞储集单元的规模、储层的物性、偏离井眼的距离各不相同，故采用了分段改造技术。由于水平井常规酸压改造目的性不明确，酸压裂缝对储层的沟通程度有限，水平井产能得不到充分发挥。

通过地质、地震、测试资料对储层进行改造前的综合评估，确定走滑断裂带不同类型储层的改造方案，集成发展包括综合地质评估技术、分段改造工艺与技术。通过攻关与应用，实现了沟通多套缝洞体系，单井产能得到数倍提高，并有效控制了产量的递减速度，达到了高效开发断控碳酸盐岩缝洞型复杂油气藏的目的。通过水平井分段酸压技术从水平井分段方法优化和水平井分段改造工具配套两个层面开展技术攻关，攻克了塔里木深层碳酸盐岩水平井改造后稳产难的问题，有力支撑了塔里木深层碳酸盐岩油气藏的高效开发。

(六)断控缝洞型油气藏高效开采

针对断裂带油气产量不稳定、递减率高的难题，创新形成产量增量—压降损耗速度拐点法、产量—动态储量数学关系法、类比产能试井法等方法，综合确定合理工作制度，优化单井产能并进行分类管理，确保长期稳定生产。

创新利用奥陶系油气藏上部非目的层巨大的承压水层直接作为自流注水水源，研发了一套能应用于陆上油气田的自流注水新技术，解决了大沙漠区碳酸盐岩油气藏注水开发提高采收率的难题。同时，开展了一系列注水与注气开采的试验与实践，并已初见成效，为进一步高效开发提供了基础。

总之，通过油气藏评价与开发方法技术的进步，实现了塔里木盆地超深层走滑断裂断控碳酸盐岩油气藏的效益评价与开发。

（七）断控油气藏勘探开发一体化

针对塔里木复杂油气藏的开发，通过转变勘探开发生产组织模式，由勘探开发接力式的传统工作方式转变为勘探开发相融合的一体化工作模式。

以强化勘探开发整体规划部署，勘探开发一体化整体评价为出发点，弱化井别，牢固树立"探井就是开发井、开发井在某种程度上也可以起到探井作用"的理念。确立了探井的任务是"打认识、打类型、验技术、定井型、拿产量"，开发井的任务"获得高产、深化认识"的指导思想。勘探依靠连片大面积三维地震勘探、缝洞刻画发现富集区，开发在富集区集中建产。

以实现碳酸盐岩上产增储、实现规模与效益勘探开发为目标任务，强化一体化组织，形成了超深复杂碳酸盐岩油气藏勘探开发统一的科研与生产组织机构。通过实践探索，形成了具有塔里木特色的"六个一体化"融合式工作架构，即组织结构一体化、投资部署一体化、科研生产一体化、生产组织一体化、工程地质一体化、地面地下一体化。确立了"四提高"的开发工作目标：提高超深缝洞型碳酸盐岩钻井成功率、提高单井产量、提高采收率、提高钻井速度。通过不断实践，在科研方面，形成了碳酸盐岩"产—学—研"跨专业一体化研究组织模式，开展井位研究、随钻跟踪、方案编制、开发技术研究、措施研究等全生命周期油藏研究工作。在现场生产方面，组建了勘探开发一体化项目经理部，组织井位部署、钻完井实施、随钻跟踪与生产决策、试采、地面建设、油气井开发管理等一体化施工作业。加强了科研生产无缝融合，通过一起办公、一起研究、一起决策，科研认识紧跟生产，实现了井位部署一体化、钻完井实施一体化、油藏管理一体化。通过管理组织的创新，使得早期评价认为没有储量规模、缺乏经济效益的坳陷区超深（大于7000m）碳酸盐岩实现了效益勘探开发，开拓了超深走滑断裂断控碳酸盐岩油气藏勘探开发新领域。

第二节　走滑断裂带断控油气藏勘探开发成效

大型走滑断裂带常见于板块边缘，但在克拉通板块内部少见。走滑断裂带成藏地质条件复杂，超深层（大于6000m）下古生界走滑断裂断控油气藏勘探难度极大，缺少可借鉴的成功勘探实例。

一、走滑断裂带断控油气藏勘探历程

自1984年沙参2井发现以来，塔里木盆地下古生界碳酸盐岩经历潜山构造（1984—2002年）—礁滩相控（1997—2010年）—层间岩溶（2007—2016年）—断控缝洞体（2010年至今）等四阶段的油气勘探历程。由于埋深大、地质与地表条件复杂，缺乏可借鉴的勘探经验与理论技术，一般认为走滑断裂带难以形成大油气田，且缺乏经济效益，走滑断裂带的勘探也经历多阶段逐步认识—实践—再认识的探索过程。

（一）钻探礁滩体，兼顾走滑断裂带首获战略突破

虽然早期的二维地震与三维地震资料不能识别塔中—塔北下古生界走滑断层，但2003

年以来塔中大沙漠地区三维地震勘探攻关取得重大进展（李明杰等，2006），并发现了大型的北东向走滑断层。为探索塔中Ⅰ号构造带上奥陶统良里塔格组台缘礁滩体含油气性，沿走滑断裂带部署了比东部礁滩体低了800m以上的塔中82井（图6-20）。

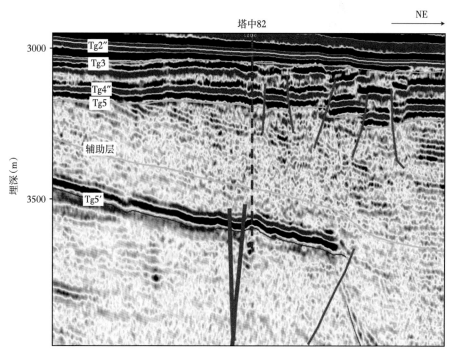

图6-20 过塔中82井南北向过井地震剖面 inline476

[Tg5′为上奥陶统良里塔格组顶面；塔中82井紧邻走滑断层，并具有"串珠"状强反射]

塔中82井虽位于台缘相带，但具有"近断裂、正地貌、有串珠"的特点。该井钻遇了礁滩体，但基质储层致密（孔隙度小于3%，渗透率小于0.5mD），礁滩体常规测试仅获得少量的油气，没有形成工业产能。2005年对5440~5487m井段酸化压裂，12.7mm油嘴产油485m³/d、产气72.7×10⁴m³/d，礁滩体勘探首获日产超千吨井，并发现塔中台缘礁滩体是整体含油气的亿吨级大油气田，被AAPG评为2005年度全球重大发现之一。尽管当时以礁滩体相控油气藏地质理论为指导，建立礁滩体相控准层状大油气藏模型，但礁滩体储层低孔隙度、低渗透率，研究认为走滑断裂带控制的大型缝洞体储层是高产的主控因素，塔中82井是塔里木盆地走滑断裂带油气勘探的里程碑。虽然已认识到断裂对油气的富集与产出具有重要的作用，但大多研究认为礁滩体才能形成规模储层，走滑断裂带难以形成规模油气聚集，礁滩体"相控"油气藏是当时油气勘探的主体指导思想。

（二）风化壳"甜点"勘探，发现塔中鹰山组风化壳走滑断裂带油气更富集

2006年，塔中83井兼探下奥陶统鹰山组风化壳获得重大突破，通过老井复查与成藏地质研究，形成鹰山组"复式成藏、连片含气"的认识，开始整体部署寻找风化壳岩溶储层控制的大气田。由于地震资料差、储层预测难，在整体部署、分步实施过程中，制订了"局部缝洞富集、择优钻探"井位部署原则，重点钻探"串珠"状缝洞体储层"甜点"。

2007 年，沿走滑断裂带部署的中古 5 井、中古 7 井等井在下奥陶统鹰山组获高产油气流，随后在中古 8 井、中古 10 井等走滑断裂带获得新发现，证实走滑断裂带富集油气，能形成大油气田。当时勘探主要针对层间岩溶储层，并构建了大型准层状碳酸盐岩内幕风化壳气藏模式。但很多远离断裂带的岩溶缝洞体含水率高，而走滑断裂带缝洞体"甜点"是高效井的主要分布区。2010 年以来，通过走滑断裂的研究与重新认识，逐渐认识到走滑断裂带不仅油气富集，而且具有控储作用，开始建立走滑断裂断控油气藏模式，并逐步围绕走滑断裂带"甜点"缝洞体开展评价与开发。

通过"储层控油、断裂富集"的认识深化，逐步建立走滑断裂带差异富集的油气藏模式，在塔中上奥陶统礁滩体与下奥陶统风化壳探明我国最大的碳酸盐岩凝析气田——塔中 I 号凝析气田，累计探明天然气地质储量 $3900×10^8 m^3$、石油地质储量 $2.8×10^8 t$（数据截至 2020 年）。

（三）构建层间岩溶与走滑断裂共控油藏模型，发现哈拉哈塘大油田

在塔北古隆起斜坡勘探开发过程中，2006 年在轮南东部内幕奥陶系一间房组滩相石灰岩储层部署的轮古 35 井获得新发现，后期的钻探与研究表明油气主要分布在南北向的走滑断裂带附近（陈志勇等，2008）。2007 年，塔北南坡哈拉哈塘地区哈 6 井在奥陶系内幕获油气显示后，部署新三维地震勘探发现共轭走滑断裂带，沿走滑断裂带部署相继成功。

前期一般是认为哈拉哈塘地区油气储层与分布主要受控于层间岩溶作用，走滑断裂对碳酸盐岩具有建设性改造作用，油气勘探主要以礁滩体与风化壳的准层状"相控"油气藏模式进行部署。通过重新认识与油气藏评价开发，发现礁滩型与风化壳型油气藏中高产高效井多沿走滑断裂带分布，逐渐认识到走滑断裂对碳酸盐岩储层的建设性作用巨大，对油气富集具有重要控制作用，建立了层间岩溶与走滑断裂二元控制的"断+溶"油藏模型。从而掀起了走滑断裂带寻找大油气田的高潮，发现并控制了 $5×10^8 t$ 级的哈拉哈塘油田。

（四）突破"古隆起控油"，突破石油勘探 7000m"深度死亡线"，发现走滑断裂断控超深大油气田

随着断层破碎带与断溶体等断裂控储控储研究认识的进步，开始了针对不同地区走滑断裂带的几何学、运动学和动力学的研究，并逐步系统化走滑断裂控油理论认识。在断控碳酸盐岩油气藏认识指导下，勘探领域从隆起、斜坡向坳陷延伸，研究方向从潜山岩溶、礁滩岩溶、层间岩溶向以断控岩溶为主的碳酸盐岩油气藏转变。开始向坳陷区开展大规模勘探，并不断获得新发现。

2009 年，哈得 23 井在远离古隆起的坳陷区获得新发现，开始了突破"古隆起找油"的局限。2011 年，热普 3 等井突破石油勘探 7000m"深度死亡线"，掀起了向埋深大于 7000m 的坳陷"禁区"的大规模勘探。2014 年以来，位于阿满过渡带（或顺托果勒低隆）的中国石油矿权所属地的富满地区与中国石化矿权所属地的顺北区块同时开展了以走滑断裂断控油气藏为目标的科技攻关与勘探开发实践，逐步向南部的跃进、跃满、顺北、富源等区块扩展，并不断取得新发现。2020 年，轮探 1 井（完钻井深 8882m）钻探深度逼近 9000m（亚洲第一深井轮探 1 井钻深达 8882m），并在下奥陶统—下寒武统获重要发现，纵向油气赋存地层厚度逾 3000m。2020 年，北部坳陷中间部位的满深 1 井在埋深 7535m 的奥陶系一间房组碳酸盐岩获得重大突破，表明塔北隆起、塔中隆起之间坳陷区超深层（埋深

大于7000m)整体含油气,形成塔中—塔北形成连片含油气的环阿满走滑断裂断控大油气区(图6-21)。

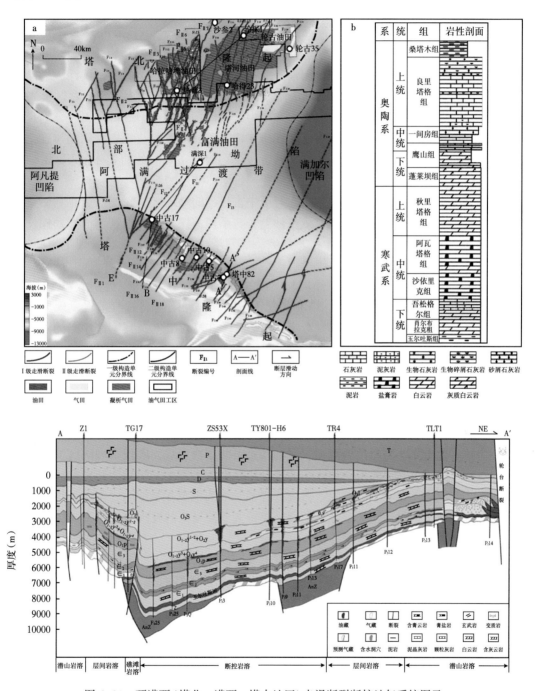

图6-21 环满西(塔北—满西—塔中地区)走滑断裂断控油气系统图示

总之,塔里木盆地下古生界海相碳酸盐岩断控油气藏勘探经历10余年的逐步探索,在礁滩兼探—风化壳"甜点"—"断+溶"共控—断裂控油等勘探思路指导下,不断取得新的突破，逐步发现了塔北—塔中走滑断裂断控特大型油气田，引领了深层—超深层复杂断控碳酸盐岩油气藏的勘探。

二、断控缝洞型油气藏勘探开发成效

(一)突破古隆起控油地质理论，发现全球最大超深断控大油田

塔里木盆地下古生界寒武系—奥陶系碳酸盐岩油气资源丰富，但由于埋深大，储层与油气成藏极为复杂，自 1984 年以来经历了三十余年的艰辛探索过程，在台盆区奥陶系碳酸盐岩发现了轮南—塔河风化壳型大油田和塔中礁滩体—风化壳型凝析气田，分别是中国最大的海相碳酸盐岩油田与凝析气田。前期研究建立了奥陶系碳酸盐岩风化壳与礁滩体的大型准层状油气藏模型，总结归纳了"古隆起控油、斜坡富集"的油气分布规律，油气勘探的主要对象是古隆起斜坡的风化壳岩溶储层与礁滩体储层。

早期勘探实践表明，离开塔北古隆起与塔中古隆起的坳陷区超深层缺乏有利储集相带与风化壳岩溶储层，或是油气运聚成藏条件差，一系列预探井相继失利，油气勘探发现集中在塔北古隆起南斜坡与塔中古隆起北斜坡。尽管塔中地区 2003 年已发现走滑断裂带，2005 年在走滑断裂带的塔中 82 井获得重大突破，但缺少可借鉴的地质理论与勘探技术，一般认为走滑断裂带难以形成规模储层与大油气田，对其勘探潜力与经济效益一直存疑，未引起足够重视。直至 2010 年来，塔北隆起南坡—北部坳陷阿满过渡带也发现大型走滑断裂带，明确塔里木盆地内部广泛发育走滑断裂，并在哈拉哈塘及其南部坳陷的阿满过渡带沿一系列走滑断裂带的奥陶系碳酸盐岩获高产油气流。尤其是位于塔里木盆地北部坳陷的满深 1 井在奥陶系一间房组获得重大突破，发现了走滑断层断控大油田，开辟了环阿满走滑断裂断控油气系统。满深 1 井奥陶系碳酸盐岩埋深接近 8000m 的储集体，以次生复杂的缝洞储层为主，勘探开发面临一系列世界级难题。钻探结果表明，在埋深 7535m 的奥陶系一间房组测试折算日产油量 624m³、日产气量 $37.13×10^4m^3$。满深 1 井的成功钻探，是以断裂为核心的碳酸盐岩断控岩溶油气藏勘探思路的成功实践，实现了坳陷区油气勘探的突破，对整个塔里木盆地深层—超深层油气勘探具有重大意义。同时"断裂控油"的实践和满深 1 井的成功，突破了传统的"古隆起控油"和石油勘探 7000m"深度死亡线"的理论认识，也为塔里木盆地超深层走滑断裂断控特大型油气田的发现奠定了基础，推动了超深走滑断裂断控大油气田的发现。

综合分析，塔里木盆地走滑断裂带油气勘探开发主要取得了如下成果：

(1)发现了面积达 $9×10^4km^2$ 的环阿满走滑断裂断控油气系统，油气资源量达 $50×10^8t$ 油当量，成为塔里木盆地油气增储上产的重点领域；

(2)建立走滑断裂断控油气藏模型，突破了传统的"古隆起控油"和石油勘探 7000m "深度死亡线"的理论认识；

(3)形成了适用于塔里木盆地的超深走滑断裂断控油气藏勘探的方法技术；

(4)沿环阿满走滑断裂带探明油气地质储量超 $10×10^8t$ 的油气当量，控制油气地质储量达 $20×10^8t$ 油当量，成为全球最大的超深走滑断裂断控大油气田；

(5)近十年来塔里木油田公司碳酸盐岩钻井成功率从 73% 增长到 88%，高效井比例由 28% 增长到 45%，实现了超深复杂断控油气藏的效益勘探。

(二)突破准层状油藏理论模型，实现超深断控油气藏效益开发

自 20 世纪 80 年代碳酸盐岩油气藏发现以来，开展了多轮次的油气藏评价与开发攻关研究。初期以构造油气藏的理论模型开展油气藏评价，但油气发现少、探明难。2000 年以来，在轮南—塔河地区、塔中地区开展了岩溶储层与礁滩体储层的研究，以储层控油的大型"准层状"油气藏理论模型指导了碳酸盐岩油气藏的评价与开发，通过技术进步探明了大量的油气资源，并逐步开展了开发试验与建产。但是，古老碳酸盐岩以石灰岩储层为主，非均质性极强，大面积特低孔隙度(小于5%)、特低渗透率(小于0.5mD)的基质储层不能形成工业产能，油气主要来自局部的大型缝洞体储层，具有局部断控"甜点"富集的特点。油气水产出变化大，普遍出现油水同出或气水同出的现象，出水井点的分布不受局部构造位置高低的控制，但也不同于常规的地层岩性油气藏，缺少统一的油水界面。碳酸盐岩油气产量有较稳定的、缓慢下降的，也有周期性变化的、产量忽高忽低的。在生产过程中油气的初始产量高，但多数井产量递减快、稳产难，早期富油气区块的高效井比率也不足 35%，自然递减率大于 20%，油气藏开发难度极大，缺乏经济效益。"十二五"以来，针对塔中地区超深复杂碳酸盐岩油气田开展了一系列攻关评价与开发研究与实践，研发了碳酸盐岩断层破碎带及其目标刻画技术，突破了传统的"相控"层状油藏理论模型，揭示了超深层碳酸盐岩断层破碎带油气差异富集规律，支撑了超深层复杂碳酸盐岩油气藏的效益开发。

通过走滑断裂断控油气藏理论认识的突破，塔里木盆地超深层走滑断裂断控油气藏评价与开发取得重大成效。

(1)构建了断控油气藏模式，突破了传统的"古隆起控油"与"相控"准层状油气藏理论，指出纵向断穿寒武系、平面延伸到生油气坳陷的断裂是更优的烃源断裂控制了油气的运聚与富集，发现与落实了 70 条主干走滑断裂带，开辟了面积达 $9 \times 10^4 km^2$ 的环阿满走滑断裂断控油气藏的增储上产新领域。

(2)形成"断层破碎带差异富集"的评价与开发部署指导思想，制订了围绕断层破碎带寻找"甜点"的 3 级评价部署体系，高效井比例由 28% 增长到 45%，使塔里木盆地超深层断控碳酸盐岩油气效益开发成为可能。

(3)集成形成了适用于油气藏评价与开发配套方法技术系列，使塔里木盆地碳酸盐岩钻井成功率从 73% 增长到 88%，塔中隆起西部地区钻井成功率达到 92%，坳陷部位的富满地区钻井成功率超过 95%。

(4)2013 年以来，哈拉哈塘地区高效井比例提高约 20%，碳酸盐岩新建产能达 $200 \times 10^4 t/a$；2019—2020 年，富满地区高效井比例达 75%，平均单井原油产能 75t/d，新建产能达 $200 \times 10^4 t/d$，成为塔里木盆地碳酸盐岩油气藏效益开发的典范；塔中隆起稳步新建天然气年产能 $10 \times 10^8 m^3$。塔里木油田海相碳酸盐岩油气藏开发开始进入快速增长期，油气年产量当量增加到近 $400 \times 10^4 t$，预计"十四五"末油气年产量当量可达到 $800 \times 10^4 t$。

三、走滑断裂带断控油气藏勘探启示

塔里木盆地超深走滑断裂断控油气藏的勘探经历艰辛探索历程，对类似复杂油气藏的勘探具有启示意义。

（一）坚持探索是超深复杂油气藏勘探大发现的前提

走滑断裂构造复杂，并断至地表，往往具有破坏作用，发现的油气资源大大少于伸展断裂构造与逆冲断裂构造；且超深层储层更致密，此前全球尚未发现 7000m 以深的走滑断裂断控大油气田。塔里木盆地走滑断裂断控油气藏的勘探突破了早期的三大勘探禁区：一是坳陷区走滑断裂断控大油气田的勘探禁区；二是 7000m 以深的石油勘探禁区；三是高效勘探开发的禁区。

由于坳陷区超深层走滑断裂带储层致密，自 2005 年沿走滑断裂带部署的塔中 82 井（千吨井）突破以来，关于走滑断裂带是否能形成规模储层与大油气田一直存疑。尽管迄今也有"断+相""断+溶"二元控储，以及"断裂+烃源岩+储层"三元控藏的不同认识，但一直在进行相关的地质研究与勘探探索，虽然很多钻探未能证实是走滑断裂控储控藏的断控油气藏，但通过断续的以风化壳与礁滩体为主的兼顾走滑断裂带的探索，在塔中地区鹰山组、轮东斜坡区等超深层走滑断裂带不断获得突破。通过哈拉哈塘地区的勘探开发，以及塔中油气田、塔河油田的重新认识，证实走滑断裂控制了油气的富集，进而突破北部坳陷富满、顺北地区走滑断裂断控大油气田的勘探禁区。

研究一般认为超深层以天然气勘探为主，塔里木盆地 7000m 以深一直是石油勘探的禁区。但是，在塔北南斜坡勘探过程中，随着深度的增加气油比并没有出现显著的增长。同时，基于塔里木盆地低古地温梯度与晚期快速深埋的特点，研究认为可能有超深层大油田。因此，石油勘探坚持不断向 7000m 以深逼近，并在哈拉哈塘地区突破深度 7000m 这一石油勘探的禁区。之后，轮探 1 井在 8400m 仍获得可动油流，表明 8000m 以深仍有石油勘探的潜力。

由于超深层走滑断裂带难以形成大规模优质储层，早期获得的油气井可能高产，但难以稳产，高效井比率低于 25%，缺乏经济效益，制约了勘探开发的深入发展。哈拉哈塘走滑断裂带油藏开发过程中，发现油水关系复杂，经济效益低，一般认为其南部缺层间岩溶的坳陷区的效益更差。但通过坚持探索，富满油田的高效井比率高达 60% 以上，成为塔里木盆地经济效益最好的海相碳酸盐岩油田，表明 7000m 以深的复杂油藏仍有勘探开发价值。

（二）创新认识是坳陷区断控油气藏勘探大发现的重要基础

塔里木盆地下古生界碳酸盐岩基质孔隙度小于 3%、渗透率小于 1mD，风化壳与礁滩体油气藏都是后期次生孔隙，受控不整合暴露岩溶与礁滩体沉积相叠加岩溶作用，集中分布在古隆起斜坡部位。而坳陷区中—上奥陶统缺少礁滩体与风化壳，一般认为缺乏储层与油气富集条件。因此，长期以来主要围绕隆起部位的礁滩体与风化壳开展油气勘探。因此形成了"古隆起控油、斜坡富集"的基本地质认识，并建立了大型"准层状"的相控/溶控的规模储层与油气藏模式，在勘探实践中也取得良好的效果。

通过重新认识，礁滩体油气藏的高产井大多与断裂有关，断裂相关岩溶控制了礁滩储层中大型缝洞体的发育。同时，风化壳缝洞体储层较发育，但大多高效井主要沿断裂带分布。综合分析，环阿满走滑断裂系统对奥陶系碳酸盐岩储层与油气分布及其产出具有重要的控制作用，呈现明显"断控"特征，不同于风化壳与礁滩体控制的大型"准层状"油气藏及国内外常规"断控"油气藏。因此，通过不断创新走滑断裂控储控藏模型与油气富集规律的研究，逐步建立走滑断裂断控储层模型，突破了"古隆起控油"与"准层状"的相控规模储层理论模型，指导了走滑断裂断控油气藏的勘探。

总之，塔里木盆地海相碳酸盐岩的勘探经历潜山构造—礁滩相控—层间岩溶—断控缝洞体共四阶段的油气勘探历程，形成构造控油—储层控油—断裂控油等勘探指导思路，不断取得新的突破，在坳陷区发现典型的走滑断裂断控大油气田，引领了深层—超深层复杂海相碳酸盐岩的勘探。

（三）技术革新是断控油气藏大发现的关键

综合分析，塔里木盆地现有油气地质理论及认识、勘探开发技术难以准确地指导与预测超深层走滑断裂带油气分布，不足以支撑碳酸盐岩评价开发井位部署，造成储量动用难度大、采出程度低。

塔里木盆地超深层古老海相碳酸盐岩储层非均质性极强，油（气、水）分布异常复杂，面临储层预测难、井点优选难、油气稳产难的世界级难题。而超深层走滑断裂带油气地质条件更为复杂，全球未见相关成功案例的勘探技术报道。通过近十年的产—学—研攻关，形成了超深走滑断裂断控碳酸盐岩油气藏勘探的配套技术：

（1）超深层走滑断裂带碳酸盐岩高密度三维地震采集处理技术；

（2）板内弱走滑断裂与断层破碎带构造解析的方法技术；

（3）超深层走滑断层破碎带相关储层雕刻与评价的方法技术；

（3）超深层碳酸盐岩走滑断层破碎带高产稳产井布井技术；

（4）超深层碳酸盐岩走滑断层破碎带钻井技术；

（5）超深层碳酸盐岩走滑断层破碎带酸压改造配套技术。

实践证明，以"地震、钻井、试油"三大技术为核心的勘探配套技术进步，逐步突破了走滑断裂带碳酸盐岩井位优选难、稳产难、探明难等技术难关，支撑了走滑断裂断控特大型油气田的发现。

（四）勘探开发一体化是重要保障

由于超深走滑断裂断控碳酸盐岩油气藏极为复杂，勘探阶段少量的探井难以探明油气藏。而开发阶段对油气藏认识也不清楚，不能以常规的规则井网部署，需要借鉴勘探经验与技术布井。面对复杂的走滑断裂断控碳酸盐岩油气藏，勘探需要开发投入工作量加快认识油气藏、加快探明油气藏，同时开发增储上产需要勘探提供精细的油藏模型与高效井位。因此根据塔里木盆地勘探开发的实际情况，形成了开发早介入、勘探提供开发井、开发井探明油气藏、勘探开发井综合利用的立体勘探模式。

塔里木油田通过勘探开发一体化组织实施，加快了勘探开发进程，实现了复杂油气藏的效益勘探开发。

四、超深断控碳酸盐岩油气勘探领域

塔里木盆地台盆区已证实下寒武统主力烃源岩主要分布在北部坳陷的中部，而且与走滑断裂体系配置良好，形成寒武系多期供烃、走滑断裂垂向运聚、多层段复式聚集的环阿满走滑断裂断控复式成藏系统（邬光辉等，2016；王清华等，2021），成为塔里木盆地增储上产的重点领域。根据制约油气成藏的烃源岩、断裂与保存条件综合评价，明确了下一步的重点勘探方向。

(1) 阿满过渡带大型走滑断裂带中—上奥陶统碳酸盐岩是勘探的主攻方向。研究与勘探实践表明，大型走滑断裂带油气运移条件优越、油气充注程度高，而中—上奥陶统碳酸盐岩与上覆巨厚泥岩盖层组成良好的区域储—盖组合，而且大型走滑断裂带碳酸盐岩储层发育，构成"近源垂向运聚、断裂控储控藏"的油气藏模式。通过走滑断裂带的搜索与评价，仍具有十亿吨级的油气资源量有待探明，是当前勘探的主攻方向。

(2) 阿满过渡带深层寒武系—下奥陶统白云岩走滑断裂带是新发现的重点勘探方向。由于油气主要通过断裂从深部向上运移，在寒武系—下奥陶统碳酸盐岩有储盖组合的层段，尤其是中—上奥陶统比较致密的断裂带，是有利油气富集的部位。寒武系—下奥陶统已发现有多套白云岩含油气层段，储层比较发育，目前已具有向 8000m 以深勘探的技术条件，可能形成深部的大油气田勘探接替领域。

(3) 古隆起斜坡的寒武系盐下走滑断裂带是潜在的接替领域。中寒武统盐膏层与下寒武统白云岩储层构成了区域优质储—盖组合，目前已在多口井获得发现，是台盆区油气勘探的重点领域。由于环阿满走滑断裂相关储层发育，邻近生烃中心，通过储层勘探向断裂勘探的转变，可能在隆坳结合的构造低部位获得更大的突破。

(4) 小型断裂带与其他地区的走滑断裂带值得探索。塔北—塔中地区走滑断裂带碳酸盐岩平面上普遍含油气，在大型断裂带多已展开勘探的情况下，小型断裂带是进一步探索的有利方向。此外，阿满过渡带外围与其他地区也可能有大型的走滑断裂带发育，有待地震勘探与进一步的地质评价。

总之，塔里木盆地的实践开辟了超深走滑断裂断控油气藏的勘探开发新领域，已发现地质储量超十亿吨油当量的大油气田，外围、深层与小型断裂带还有巨大的勘探开发潜力。

参 考 文 献

陈猛，高莲花，党青宁，等. 2016. 一种高精度时频分析技术在碳酸盐岩烃类检测中的应用[J]. 复杂油气藏，9(1)：26-30.

陈永权，严威，韩长伟，等. 2015. 塔里木盆地寒武纪—早奥陶世构造古地理与岩相古地理格局再厘定—基于地震证据的新认识[J]. 天然气地球科学，26(10)：1831-1843.

陈志勇，李启明，钱玲，等. 2008. 轮南地区晚海西期构造变形与油气成藏[J]. 天然气地球科学(2)：193-197.

池国祥，卢焕章. 2008. 流体包裹体组合对测温数据有效性的制约及数据表达方法[J]. 岩石学报，24(9)：1945-1953.

崔晓玲，张晓宝，马素萍，等. 2013. 同沉积构造研究进展[J]. 天然气地球科学，24(4)：747-754.

邓尚，李慧莉，张仲培，等. 2018. 塔里木盆地顺北及邻区主干走滑断裂带差异活动特征及其与油气富集的关系[J]. 石油与天然气地质，39(5)：878-888.

丁长辉，单玄龙，李强，等. 2008. 塔里木盆地车尔臣断裂地质结构与构造演化[J]. 世界地质，27(1)：36-41.

杜金虎. 2010. 塔里木盆地寒武—奥陶系碳酸盐岩油气勘探[M]. 北京：石油工业出版社.

郭昆. 2016. 基于地震多属性预测碳酸盐岩地层滑脱破碎带[J]. 石化技术，23(4)：166.

韩剑发，苏洲，陈利新，等. 2019. 塔里木盆地台盆区走滑断裂控储控藏作用及勘探潜力[J]. 石油学报，40(11)：1296-1310

何碧竹，焦存礼，许志琴，等. 2011. 阿尔金—西昆仑加里东中晚期构造作用在塔里木盆地塘古兹巴斯凹陷中的响应[J]. 岩石学报，27(11)：3435-3448.

何登发，贾承造，李德生，等. 2005. 塔里木多旋回叠合盆地的形成与演化[J]. 石油与天然气地质，26(1)：64-77.

胡霭琴，张国新，陈义兵，等. 2001. 新疆大陆基底分区模式和主要地质事件的划分[J]. 新疆地质(1)：12-19.

胡太平，吉云刚，潘杨勇，等. 2011. 傅立叶频谱分解技术在塔中45井区油气勘探中的应用[J]. 新疆石油地质，32(3)：308-310.

贾承造，陈汉林，杨树锋，等. 2003. 库车坳陷晚白垩世隆升过程及其地质响应[J]. 石油学报(3)：1-5.

贾承造. 1997. 中国塔里木盆地构造特征与油气[M]. 北京：石油工业出版社.

贾承造. 2004. 塔里木盆地板块构造与大陆动力学[M]. 北京：石油工业出版社.

江同文，昌伦杰，邓兴梁，等. 2021. 断控碳酸盐岩油气藏开发地质认识与评价技术——以塔里木盆地为例[J]. 天然气工业，41(3)：1-9.

姜常义，穆艳梅，赵晓宁，等. 2001. 塔里木板块北缘活动陆缘型侵入岩带的岩石学与地球化学[J]. 中国区域地质，20(2)：158-163.

焦方正. 2017. 塔里木盆地顺托果勒地区北东向走滑断裂带的油气勘探意义[J]. 石油与天然气地质，38(5)：831-839.

李本亮，贾承造，庞雄奇，等. 2007. 环青藏高原盆山体系内前陆冲断构造变形的空间变化规律[J]. 地质学报(9)：1200-1207.

李海英，刘军，龚伟，等. 2020. 顺北地区走滑断裂与断溶体圈闭识别描述技术[J]. 中国石油勘探，25(3)：107-120.

李锦铁，王克卓，李亚萍，等. 2006. 天山山脉地貌特征、地壳组成与地质演化[J]. 地质通报，25(8)：895-909.

李明杰，胡少华，王庆果，等. 2006. 塔中地区走滑断裂体系的发现及其地质意义[J]. 石油地球物理勘探，41(1)：116-122

李明杰，郑孟林，冯朝荣，等. 2004. 塔中低凸起的结构特征及其演化[J]. 西安石油大学学报：自然科学版，19(4)：43-45.

李朋武，高锐，管烨，等. 2009. 古亚洲洋和古特提斯洋的闭合时代——论二叠纪末生物灭绝事件的构造起因[J]. 吉林大学学报(地球科学版)，39(3)：521-527.

李婷婷，侯思宇，马世忠，等. 2018. 断层识别方法综述及研究进展[J]. 地球物理学进展，33(4)：1507-1514.

刘昌伟，常祖峰，李春光，等. 2019. GPS约束下川滇地区下地壳拖曳作用及断裂活动性有限元模拟[J]. 地震研究，42(3)：385-392.

刘海涛，袁万明，田朋飞，等. 2012. 阿尔泰山南缘白垩纪以来的剥露历史和古地形恢复[J]. 岩石矿物学杂志，31(3)：412-424.

刘军，任丽丹，李宗杰，等. 2017. 塔里木盆地顺南地区深层碳酸盐岩断裂和裂缝地震识别与评价[J]. 石油与天然气地质，38(4)：703-710.

刘亚雷，胡秀芳，王道轩，等. 2012. 塔里木盆地三叠纪岩相古地理特征[J]. 断块油气田，19(6)：696-700.

罗春树，杨海军，蔡振忠，等. 2007. 塔中82井区优质储集层的控制因素[J]. 新疆石油地质(5)：589-591.

罗春树，杨海军，李江海，等. 2011. 塔中奥陶系优质储集层特征及断裂控制作用[J]. 石油勘探与开发，38(6)：716-724.

吕修祥，胡轩. 1997. 塔里木盆地塔中低凸起油气聚集与分布[J]. 石油与天然气地质，18(4)：288-293.

马德波，邬光辉，朱永峰，等. 2019. 塔里木盆地深层走滑断层分段特征及对油气富集的控制：以塔北地区哈拉哈塘油田奥陶系走滑断层为例[J]. 地学前缘，26(1)：225-237.

马德波，赵一民，张银涛，等. 2018. 最大似然属性在断裂识别中的应用——以塔里木盆地哈拉哈塘地区热瓦普区块奥陶系走滑断裂的识别为例[J]. 天然气地球科学，29(6)：817-825.

马乾. 2018. 川中深层碳酸盐岩储层含气性预测研究[D]. 成都：成都理工大学.

马青，马涛，杨海军，等. 2019. 塔里木盆地上泥盆统—下石炭统滨岸—混积陆棚三级层序发育特征[J]. 石油勘探与开发，46(4)：666-674.

马润则，刘援朝，刘家铎. 2003. 塔里木南缘浅变质岩形成时代及构造背景[J]. 新疆地质，21(1)：51-56.

能源，邬光辉，黄少英，等. 2016. 再论塔里木盆地古隆起的形成期与主控因素[J]. 天然气工业，36(4)：27-34.

庞雄奇，金之钧，姜振学，等. 2002. 叠合盆地油气资源评价问题及其研究意义[J]. 石油勘探与开发，29(1)：9-13.

庞雄奇，姜振学，等. 2012. 叠合盆地油气藏形成、演化与预测评价[J]. 地质学报，86(1)：1-10.

漆家福，张一伟，陆克政. 1995. 渤海湾盆地新生代构造演化[J]. 中国石油大学学报：自然科学版，(S1)：1-6.

任泓宇，傅恒，纪佳，等. 2017. 塔里木盆地西南地区与相邻中亚盆地白垩系—古近系沉积演化对比[J]. 沉积与特提斯地质，37(3)：103-112.

石峰. 2014. 南汀河断裂带构造地貌研究[D]. 北京：中国地震局地质研究所.

宋键. 2010. 喜马拉雅东构造结周边地区主要断裂现今运动特征与数值模拟研究[D]. 北京：中国地震局地质研究所.

汤良杰，漆立新，邱海峻，等. 2012. 塔里木盆地断裂构造分期差异活动及其变形机理[J]. 岩石学报，28

（8）：2569-2583.

田雷，崔海峰，刘军，等. 2018. 塔里木盆地早、中寒武世古地理与沉积演化[J]. 油与天然气地质，39
（5）：1011-1021.

万效国，邬光辉，谢恩，等. 2016. 塔里木盆地哈拉哈塘地区碳酸盐岩断层破碎带地震预测[J]. 石油与天
然气地质，37（5）：786-791.

王成善，郑和荣，冉波，等. 2010. 活动古地理重建的实践与思考——以青藏特提斯为例[J]. 沉积学报，
28（5）：849-860.

王洪浩，李江海，杨静懿，等. 2013. 塔里木陆块新元古代—早古生代古板块再造及漂移轨迹[J]. 地球科
学进展，28（6）：637-647.

王清华，杨海军，汪如军，等. 2021. 塔里木盆地超深层走滑断裂断控大油气田的勘探发现与技术创新
[J]. 中国石油勘探，26（4）：58-71.

王招明，杨海军，王清华，等. 2012. 塔中隆起海相碳酸盐岩特大型凝析气田地质理论与勘探技术[M].
北京：科学出版社.

王招明，张丽娟，杨海军. 2017. 超深缝洞型海相碳酸盐岩油气藏开发技术[M]. 北京：石油工业出版社.

王震，文欢，邓光校，等. 2019. 塔河油田碳酸盐岩断溶体刻画技术研究与应用[J]. 石油物探，58（1）：
149-154

魏国齐，贾承造. 1998. 塔里木盆地逆冲带构造特征与油气[J]. 石油学报（1）：21-27.

邬光辉，成丽芳，刘玉魁，等. 2011. 塔里木盆地寒武—奥陶系走滑断裂系统特征及其控油作用[J]. 新疆
石油地质，32（3）：240-243.

邬光辉，邓卫，黄少英，等. 2020. 塔里木盆地构造—古地理演化[J]. 地质科学，55（2）：305-321.

邬光辉，罗春树，胡太平，等. 2007. 褶皱相关断层——以库车坳陷新生界盐上构造层为例[J]. 地质科学，
（3）：496-505.

邬光辉，马兵山，韩剑发，等. 2021. 塔里木克拉通盆地中部走滑断裂形成与发育机制[J]. 石油勘探与开
发，48（3）：510-520.

邬光辉，庞雄奇，李启明，等. 2016. 克拉通碳酸盐岩构造与油气——以塔里木盆地为例[M]. 北京：科学
出版社.

邬光辉，李浩武，徐彦龙，等. 2012. 塔里木克拉通基底古隆起构造—热事件及其结构与演化[J]. 岩石学
报，28（8）：2435-2452.

吴才来，杨经绥，姚尚志，等. 2005. 北阿尔金巴什考供盆地南缘花岗杂岩体特征及锆石SHRIMP定年[J].
岩石学报，21（3）：846-858.

吴国干，李华启，初宝洁，等. 2002. 塔里木盆地东部大地构造演化与油气成藏[J]. 大地构造与成矿学，26
（3）：229-234.

鲜强，蔡志东，王祖君，等. 2017. AVO分析技术在塔中碳酸盐岩油气检测中的应用[J]. 物探化探计算技
术，39（2）：260-265.

肖阳，何文，罗慎超，等. 2018. 缝洞单元类型快速识别方法[J]. 油气地质与采收率，25（6）：120-126

肖阳，邬光辉，雷永良，等. 2017. 走滑断裂带贯穿过程与发育模式的物理模拟[J]. 石油勘探与开发，44
（3）：340-348.

许斌斌，张冬丽，张培震，等. 2019. 冲积扇河流阶地演化对走滑断裂断错位移的限定[J]. 地震地质，41
（3）：587-602.

许志琴，李海兵，杨经绥. 2006. 造山的高原——青藏高原巨型造山拼贴体和造山类型[J]. 地学前缘，13
（4）：1-17.

许志琴，李思田，张建新，等. 2011. 塔里木地块与古亚洲/特提斯构造体系的对接[J]. 岩石学报，27

　　（1）：1-22.

严俊君，王燮培. 1996. 关于扭动构造的鉴别问题［J］. 石油与天然气地质，17（1）：8-14.

杨凤英，沈春光，王彭，等. 2019. 塔中Ⅰ号气田超深碳酸盐岩缝洞型储层精细刻画研究［A］∥第31届全
　　国天然气学术年会［C］. 合肥.

杨海军，邬光辉，韩剑发，等. 2020. 塔里木克拉通内盆地走滑断层构造解析［J］. 地质科学，55（1）：1-
　　16.

杨树锋，陈汉林，董传万，等. 1996. 塔里木盆地二叠纪正长岩的发现及其地球动力学意义［J］. 地球化学，
　　25（2）：121-128.

印兴耀，张世鑫，张繁昌，等. 2010. 利用基于 Russell 近似的弹性波阻抗反演进行储层描述和流体识别
　　［J］. 石油地球物理勘探，45（3）：373-380.

余攀，彭兴和，曾维望. 2018. 基于断裂似然体属性精细识别小断裂构造［J］. 煤炭与化工，41（12）：59-
　　63.

张传林，李怀坤，王洪燕. 2012. 塔里木地块前寒武纪地质研究进展评述［J］. 地质论评，58（5）：923-936.

张传林，周刚，王洪燕，等. 2010. 塔里木和中亚造山带西段二叠纪大火成岩省的两类地幔源区［J］. 地质
　　通报，29（6）：779-794.

张光亚，刘伟，张磊，等. 2015. 塔里木克拉通寒武纪—奥陶纪原型盆地、岩相古地理与油气［J］. 地学前
　　缘，22（3）：269-276.

张惠良，张荣虎，李勇，等. 2006. 塔里木盆地群苦恰克地区泥盆系东河塘组下段储层特征及控制因素［J］.
　　新疆地质，24（4）：412-417.

张健，张传林，李怀坤，等. 2014. 再论塔里木北缘阿克苏蓝片岩的时代和成因环境：来自锆石 U-Pb 年
　　龄、Hf 同位素的新证据［J］. 岩石学报，30（11）：3357-3365.

张金亮，张鑫. 2007. 塔中地区志留系砂岩元素地球化学特征与物源判别意义［J］. 岩石学报，23（11）：
　　2990-3002.

张璐，何峰，陈晓智，等. 2020. 基于倾角导向滤波控制的似然属性方法在断裂识别中的定量表征［J］. 岩
　　性油气藏，32（2）：108-114.

张振生，李明杰，刘社平. 2002. 塔中低凸起的形成和演化［J］. 石油勘探与开发，29（1）：28-31.

张正阳. 2017. 可控金字塔方法在地质体识别中的应用研究［D］. 青岛：中国石油大学（华东）.

赵振明，李荣社，计文化，等. 2010. 志留纪昆仑山地区构造古地理环境及其成矿意义［J］. 中国地质，37
　　（5）：1284-1304.

赵宗举，吴兴宁，潘文庆，等. 2009. 塔里木盆地奥陶纪层序岩相古地理［J］. 沉积学报，27（5）：939-955.

甄宗玉，郑江峰，孙佳林，等. 2020. 基于最大似然属性的断层识别方法及应用［J］. 地球物理学进展，35
　　（1）：374-378.

周建勋，漆家福，童亨茂. 1999. 盆地构造研究中的砂箱模拟实验方法［M］. 北京：地震出版社.

周永胜，李建国，王绳祖. 2003. 用物理模拟实验研究走滑断裂和拉分盆地［J］. 地质力学学报，9（1）：1-
　　13.

Allen M B. 1990. Tectonics and magmatism of Western Junggar and the Tien Shan range, Xinjiang Province, NW
　　China［D］. Leicester：University of Leicester.

Atmaoui N, Kukowski N, Stöckhert B, et al. 2006. Initiation and development of pull-apart basins with Riedel
　　shear mechanism：Insights from scaled clay experiments［J］. International Journal of Earth Sciences, 95（2）：
　　225-238.

Aydin A, Berryman J G. 2010. Analysis of the growth of strike-slip faults using effective medium theory［J］. Jour-
　　nal of Structural Geology, 32（11）：1629-1642.

Aydin A, Nur A. 1982. Evolution of pull-apart basins and their scale independence [J]. Tectonics, 1(1): 91-105.

Aydin A, Schultz R A. 1990. Effect of mechanical interaction on the development of strike-slip faults with echelon patterns [J]. Journal of Structural Geology, 12(1): 123-129.

Bhatia M R, Crook K A W. 1986. Trace element characteristics of graywackes and tectonic setting discrimination of sedimentary basins [J]. Contributions to mineralogy and petrology, 92(2): 181-193.

Bhatia M R. 1983. Plate tectonics and geochemical composition of sandstones [J]. The Journal of Geology, 91(6): 611-627.

Blenkinsop T G. 2008. Relationships between faults, extension fractures and veins, and stress [J]. Journal of Structural Geology, 30(5): 622-632.

Burchfiel B C, Royden L H, Papanikolaou D, et al. 2018. Crustal development within a retreating subduction system: The Hellenides [J]. Geosphere, 14(3): 1119-1130.

Cartwright J A, Trudgill B D, Mansfield C S. 1995. Fault growth by segment linkage: an explanation for scatter in maximum displacement and trace length data from the Canyonlands Grabens of SE Utah [J]. Journal of structural Geology, 17(9): 1319-1326.

Cawood P A, Buchan C. 2007. Linking accretionary orogenesis with supercontinent assembly [J]. Earth-Science Reviews, 82(3-4): 217-256.

Cawood P A, Hawkesworth C J, Dhuime B. 2012. Detrital zircon record and tectonic setting [J]. Geology, 40(10): 875-878.

Cawood P A, Collins W J, et al. 2009. Accretionary orogens through Earth history [J]. Geological Society, London, Special Publications, 318(1): 1-36.

Chester F M, Chester J S. 2000. Stress and deformation along wavy frictional faults [J]. Journal of Geophysical Research: Solid Earth, 105(B10): 23421-23430.

Choi J H, Jin K, Enkhbayar D, et al. 2012. Rupture propagation inferred from damage patterns, slip distribution, and segmentation of the 1957 MW8.1 Gobi-Altay earthquake rupture along the Bogd fault, Mongolia [J]. Journal of Geophysical Research: Solid Earth, 117(B12).

Cloos H. 1928. Experimente zur inneren Tektonik [J]. Cetralblatt fur Mineralogie, 5: 609-621.

Collins W J, Belousova E A, Kemp A I S, et al. 2011. Two contrasting Phanerozoic orogenic systems revealed by hafnium isotope data [J]. Nature Geoscience, 4(5): 333-337.

Collins W J. 2002. Hot orogens, tectonic switching, and creation of continental crust [J]. Geology, 30(6): 535-538.

Cowie P A, Scholz C H. 1992. Displacement-length scaling relationship for faults: data synthesis and discussion [J]. Journal of Structural Geology, 14(10): 1149-1156.

Crider J G, Peacock D C P. 2004. Initiation of brittle faults in the upper crust: a review of field observations [J]. Journal of Structural Geology, 26(4): 691-707.

Cubas N, Maillot B, Barnes C, et al. 2010. Statistical analysis of an experimental compressional sand wedge [J]. Journal of Structural Geology, 32(6): 818-831.

Dahlstrom C D A. 1969. Balanced cross sections [J]. Canadian Journal of Earth Sciences, 6(4): 743-757.

Davatzes N C, Aydin A. 2003. The formation of conjugate normal fault systems in folded sandstone by sequential jointing and shearing, Waterpocket monocline, Utah [J]. Journal of Geophysical Research: Solid Earth, 108(B10).

Deng S, Li H, Zhang Z, et al. 2019. Structural characterization of intracratonic strike-slip faults in the central

Tarim Basin [J]. AAPG bulletin, 103 (1): 109-137.

Deng S, Li H L, Zhang Z P, et al. 2018. Characteristics of differential activities in major strike-slip fault zones and their control on hydrocarbon enrichment in Shunbei area and its surroundings, Tarim Basin [J]. Oil and Gas Geology, 39 (5): 878-888.

Dhuime B, Hawkesworth C, Cawood P. 2011. When continents formed [J]. Science, 331 (6014): 154-155.

Di Giuseppe E, Faccenna C, Funiciello F, et al. 2009. On the relation between trench migration, seafloor age, and the strength of the subducting lithosphere [J]. Lithosphere, 1 (2): 121-128.

Dong Y, He D, Sun S, et al. 2018. Subduction and accretionary tectonics of the East Kunlun orogen, western segment of the Central China Orogenic System [J]. Earth-Science Reviews, 186: 231-261.

Dooley T P, Schreurs G. 2012. Analogue modelling of intraplate strike-slip tectonics: A review and new experimental results [J]. Tectonophysics, 574: 1-71.

Faulds J E, Varga R J. 1998. The role of accommodation zones and transfer zones in the regional segmentation of extended terranes [J]. Geological Society of America Special Papers, 323: 1-45.

Faulkner D R, Jackson C A L, Lunn R J, et al. 2010. A review of recent developments concerning the structure, mechanics and fluid flow properties of fault zones [J]. Journal of Structural Geology, 32 (11): 1557-1575.

Faulkner D R, Mitchell T M, Jensen E, et al. 2011. Scaling of fault damage zones with displacement and the implications for fault growth processes [J]. Journal of Geophysical Research: Solid Earth, 116 (B5).

Ferrill David A, Morris Alan P, McGinnis Ronald N. 2009. Crossing conjugate normal faults in field exposures and seismic data (Article) [J]. AAPG Bulletin, 93 (11): 1471-1488

Fossen H, Rotevatn A. 2016. Fault linkage and relay structures in extensional settings—A review [J]. Earth-Science Reviews, 154: 14-28.

Fossen H, Schultz R A, Rundhovde E, et al. 2010. Fault linkage and graben stepovers in the Canyonlands (Utah) and the North Sea Viking Graben, with implications for hydrocarbon migration and accumulation [J]. AAPG bulletin, 94 (5): 597-613.

Ge R, Zhu W, Zheng B, et al. 2012. Early Pan-African magmatism in the Tarim Craton: insights from zircon U-Pb-Lu-Hf isotope and geochemistry of granitoids in the Korla area, NW China [J]. Precambrian Research, 212: 117-138.

Ge R, Zhu W, Wilde S A, et al. 2014. Neoproterozoic to Paleozoic long-lived accretionary orogeny in the northern Tarim Craton [J]. Tectonics, 33 (3): 302-329.

Ghosh N, Chattopadhyay A. 2008. The Initiation and Linkage of Surface Fractures above a Buried Strike-slip Fault: An Experimental Approach [J]. Journal of Earth System Science, 12.

Goldstein R H. 1994. Systematics of fluid inclusions in diagenetic minerals [J]. SEPM short course, 31: 199.

Goldstein R H, Samson I, Anderson A, et al. 2003. Petrographic analysis of fluid inclusions [J]. Fluid inclusions: Analysis and interpretation, 32: 9-53.

Griffin W L, Belousova E A, Walters S G, et al. 2006. Archaean and Proterozoic crustal evolution in the Eastern Succession of the Mt Isa district, Australia: U-Pb and Hf-isotope studies of detrital zircons [J]. Australian Journal of Earth Sciences, 53 (1): 125-149.

Griffith W A, Sanz P F, Pollard D D. 2009. Influence of outcrop scale fractures on the effective stiffness of fault damage zone rocks [J]. Pure and Applied Geophysics, 166 (10): 1595-1627.

Hale D. 2012. Fault surfaces and fault throws from 3D seismic images [M]//SEG Technical Program Expanded Abstracts. 2012. Society of Exploration Geophysicists, 1-6.

Han X, Deng S, Tang L, et al. 2017. Geometry, kinematics and displacement characteristics of strike-slip faults in the northern slope of Tazhong uplift in Tarim Basin: A study based on 3D seismic data [J]. Marine and Petroleum Geology, 88: 410-427.

Han Y, Zhao G. 2018. Final amalgamation of the Tianshan and Junggar orogenic collage in the southwestern Central Asian Orogenic Belt: Constraints on the closure of the Paleo-Asian Ocean [J]. Earth-Science Reviews, 186: 129-152.

Han Y, Zhao G, Cawood P A, et al. 2016. Tarim and North China cratons linked to northern Gondwana through switching accretionary tectonics and collisional orogenesis [J]. Geology, 44(2): 95-98.

Hansman R J, Albert R, Gerdes A, et al. 2018. Absolute ages of multiple generations of brittle structures by U-Pb dating of calcite [J]. Geology, 46(3): 207-210.

Harding T P. 1985. Seismic characteristics and identification of negative flower structures positive flower structures and positive structural inversion [J]. Geological Society of America Bulletin, 69(4): 1016-1058.

Harding T P. 1990. Identification of wrench faults using subsurface structural dta: criteria and pitfalls [J]. AAPG Bulletin, 74(10): 1590-1609.

Heron P J, 2019. Mantle plumes and mantle dynamics in the Wilson cycle [J]. Geological Society, London, Special Publications, 470(1): 87-103.

ISMAT Z. 2015. What can the dihedral angle of conjugate-faults tell us? [J]. Journal of Structural Geology, 73: 97-113.

Jiang Y H, Jia R Y, Liu Z, et al. 2013. Origin of Middle Triassic high-K calc-alkaline granitoids and their potassic microgranular enclaves from the western Kunlun orogen, northwest China: A record of the closure of Paleo-Tethys [J]. Lithos, 156: 13-30.

Kelly P G, Sanderson D J, Peacock D C P. 1998. Linkage and evolution of conjugate strike-slip fault zones in limestones of Somerset and Northumbria [J]. Journal of Structural Geology, 20(11): 1477-1493.

Kemp A I S, Hawkesworth C J, Collins W J, et al. 2009. Isotopic evidence for rapid continental growth in an extensional accretionary orogen: The Tasmanides, eastern Australia [J]. Earth and Planetary Science Letters, 284(3-4): 455-466.

Kim Y S, Andrews J R, Sanderson D J. 2000. Damage zones around strike-slip fault systems and strike-slip fault evolution, Crackington Haven, southwest England [J]. Geosciences Journal, 4(2): 53-72.

Kim Y S, Peacock D C P, Sanderson D J. 2003. Strike-slip faults and damage zones at Marsalforn, Gozo Island, Malta [J]. Journal of Structural Geology, 25: 793-812.

Kim Y S, Sanderson D J. 2006. Structural similarity and variety at the tips in a wide range of strike-slip faults: a review [J]. Terra Nova, 18(5): 330-344.

Kim Y S, Sanderson D J. 2005. The relationship between displacement and length of faults [J]. Earth-Science Reviews, 68(3-4): 317-334.

Kim Y S, Peacock D C P, Sanderson D J. 2004. Fault damage zones [J]. Journal of Structural Geology, 26(3): 503-517.

Kordi M. 2019. Sedimentary basin analysis of the Neo-Tethys and its hydrocarbon systems in the Southern Zagros fold-thrust belt and foreland basin [J]. Earth-Science Reviews, 191: 1-11.

Lallemand S, Heuret A, Faccenna C, et al. 2008. Subduction dynamics as revealed by trench migration [J]. Tectonics, 27(3).

Lan X, Lü X, Zhu Y, et al. 2015. The geometry and origin of strike-slip faults cutting the Tazhong low rise megaanticline (central uplift, Tarim Basin, China) and their control on hydrocarbon distribution in carbonate reservoirs [J]. Journal of Natural Gas Science and Engineering, 22: 633-645.

Leighton M W, Kolata P R, Oltz D F, et al. 1990. Interior Cratonic Basins [J]. AAPG Memoirs, 51: 681-708.

Levorsen A I. 2001. Geology of Petroleum [M]. (2nd Ed) Tulsa: The AAPG Foundation. 1-700.

Li C, Wang X, Li B, et al. 2013. Paleozoic fault systems of the Tazhong uplift, Tarim basin, China [J]. Marine and petroleum geology, 39(1): 48-58.

Qiming L, Guanghui W, Xiongqi P, et al. 2010. Hydrocarbon accumulation conditions of Ordovician carbonate in Tarim Basin [J]. Acta Geologica Sinica-English Edition, 84(5): 1180-1194.

Li S, Zhao S, Liu X, et al. 2018. Closure of the Proto-Tethys Ocean and Early Paleozoic amalgamation of micro-continental blocks in East Asia [J]. Earth-Science Reviews, 186: 37-75.

Li Z X, Bogdanova S V, Collins A S, et al. 2008. Assembly, configuration, and break-up history of Rodinia: a synthesis [J]. Precambrian research, 160(1-2): 179-210.

Li S M, A Amrani, X Q Pang, et al. 2015. Origin and quantitative source assessment of deep oils in the Tazhong Uplift, Tarim Basin: Organic Geochemistry, 78: 1-22.

Liu Z, Jiang Y H, Jia R Y, et al. 2015. Origin of Late Triassic high-K calc-alkaline granitoids and their potassic microgranular enclaves from the western Tibet Plateau, northwest China: Implications for Paleo-Tethys evolution [J]. Gondwana Research, 27(1): 326-341.

Liu Z, Jiang Y H, Jia R Y, et al. 2014. Origin of Middle Cambrian and Late Silurian potassic granitoids from the western Kunlun orogen, northwest China: a magmatic response to the Proto-Tethys evolution [J]. Mineralogy and Petrology, 108(1): 91-110.

Lu Z Y, Li Y T, Ye N, et al. 2020. Fluid Inclusions Record Hydrocarbon Charge History in the Shunbei Area, Tarim Basin, NW China [J]. Geofluids: 1-15.

MacDonald J M, Faithfull J W, Roberts N M W, et al. 2019. Clumped-isotope palaeothermometry and LA-ICP-MS U-Pb dating of lava-pile hydrothermal calcite veins [J]. Contributions to Mineralogy and Petrology, 174(7): 1-15.

Mandl G. 1988. Mechanics of tectonic faulting [M]. Amsterdam: Elsevier.

Mangenot X, Deçoninck J F, Bonifacie M, et al. 2019. Thermal and exhumation histories of the northern subalpine chains (Bauges and Bornes—France): Evidence from forward thermal modeling coupling clay mineral diagenesis, organic maturity and carbonate clumped isotope ($\Delta47$) data [J]. Basin Research, 31(2): 361-379.

Mangenot X, Gasparrini M, Rouchon V, et al. 2018. Basin-scale thermal and fluid flow histories revealed by carbonate clumped isotopes ($\Delta47$)-Middle Jurassic carbonates of the Paris Basin depocentre [J]. Sedimentology, 65(1): 123-150.

Manighetti I, Campillo M, Bouley S, et al. 2007. Earthquake scaling, fault segmentation, and structural maturity [J]. Earth and Planetary Science Letters, 253(3-4): 429-438.

McClay K R. 1990. Extensional fault systems in sedimentary basins: a review of analogue model studies [J]. Marine and petroleum Geology, 7(3): 206-233.

Mclennan S M. 1989. Rare earth elements in sedimentary rocks: influence of provenance and sedimentary processes [J]. Geochemistry and mineralogy of rare earth elements, 21: 170-200.

Mitchell T M, Faulkner D R. 2009. The nature and origin of off-fault damage surrounding strike-slip fault zones with a wide range of displacements: A field study from the Atacama fault system, northern Chile [J]. Journal of Structural Geology, 31(8): 802-816.

Morley C K. 2007. Development of crestal normal faults associated with deepwater fold growth [J]. Journal of Structural Geology, 29(7): 1148-1163

Morley C K, Nelson R A, Patton T L, et al. 1990. Transfer zones in the East African rift system and their relevance to hydrocarbon exploration in rifts [J]. AAPG bulletin, 74(8): 1234-1253.

Mullen E K, McCallum I S. 2014. Origin of basalts in a hot subduction setting: Petrological and geochemical insights from Mt. Baker, Northern Cascade Arc [J]. Journal of Petrology, 55(2): 241-281.

Naylor M A, Mandl G, Supesteijn C H K. 1986. Fault geometries in basement-induced wrench faulting under different initial stress states [J]. Journal of structural geology, 8(7): 737-752.

Nespoli M, Bonafede M, Belardinelli M. 2019. Modeling non-Andersonian fault growth following the energetic criterion: the creation of detachments and listric faults. Geophysical Research, 21: 1.

Nguyen N T, Wereley S T, Shaegh S A M. 2019. Fundamentals and applications of microfluidics [M]. Artech house.

Nuriel P, Craddock J, Kylander-Clark A R C, et al. 2019. Reactivation history of the North Anatolian fault zone based on calcite age-strain analyses [J]. Geology, 47(5): 465-469.

Nuriel P, Rosenbaum G, Uysal T I, et al. 2011. Formation of fault-related calcite precipitates and their implications for dating fault activity in the East Anatolian and Dead Sea fault zones [J]. Geological Society, London, Special Publications, 359(1): 229-248.

Nuriel P, Rosenbaum G, Zhao J X, et al. 2012. U-Th dating of striated fault planes [J]. Geology, 40(7): 647-650.

Nuriel P, Weinberger R, Kylander-Clark A R C, et al. 2017. The onset of the Dead Sea transform based on calcite age-strain analyses [J]. Geology, 45(7): 587-590.

Nuriel P, Wotzlaw J F, Ovtcharova M, et al. 2021. The use of ASH-15 flowstone as a matrix-matched reference material for laser-ablation U-Pb geochronology of calcite [J]. Geochronology, 3(1): 35-47.

Parrish R R, Parrish C M, Lasalle S. 2018. Vein calcite dating reveals Pyrenean orogen as cause of Paleogene deformation in southern England [J]. Journal of the Geological Society, 175(3): 425-442.

Paton C, Hellstrom J, Paul B, et al. 2011. Iolite: Freeware for the visualisation and processing of mass spectrometric data [J]. Journal of Analytical Atomic Spectrometry, 26(12): 2508-2518.

Peacock D C P, Anderson M W. 2012. The scaling of pull-aparts and implication for fluid flow in areas with strike-slip faults [J]. Journal of Petroleum Geology, 35(4): 389-399.

Peacock D C P, Nixon C W, Rotevatn A, et al. 2017. Interacting faults [J]. Journal of Structural Geology, 97: 1-22.

Peacock D C P. 2002. Propagation, interaction and linkage in normal fault systems [J]. Earth-Science Reviews, 58(1-2): 121-142.

Peacock D C P, Sanderson D J. 1991. Displacements, segment linkage and relay ramps in normal fault zones [J]. Journal of Structural Geology, 13: 721-733.

Pearce J A, Harris N B W, Tindle A G. 1984. Trace element discrimination diagrams for the tectonic interpretation of granitic rocks [J]. Journal of petrology, 25(4): 956-983.

Pennacchioni G, Mancktelow N S. 2013. Initiation and growth of strike-slip faults within intact metagranitoid (Neves area, eastern Alps, Italy) [J]. GSA Bulletin, 125(9-10): 1468-1483.

Petersson A, Scherstén A, Kemp A I S, et al. 2016. Zircon U-Pb-Hf evidence for subduction related crustal growth and reworking of Archaean crust within the Palaeoproterozoic Birimian terrane, West African Craton, SE Ghana [J]. Precambrian Research, 275: 286-309.

Reiners P W, Ehlers T A, Zeitler P K. 2005. Past, present, and future of thermochronology [J]. Reviews in Mineralogy and Geochemistry, 58(1): 1-18.

Riedel W. 1929. Zur Mechanik geologischer Brucherscheinungen ein Beitrag zum Problem der Fiederspatten [J].

Zentbl. Miner. Geol. Palaont. Abt., 1919(b): 354-368.

Ring U, Gerdes A. 2016. Kinematics of the Alpenrhein-Bodensee graben system in the Central Alps: Oligocene/Miocene transtension due to formation of the Western Alps arc [J]. Tectonics, 35(6): 1367-1391.

Roberts N M W, Rasbury E T, Parrish R R, et al. 2017. A calcite reference material for LA-ICP-MS U-Pb geochronology [J]. Geochemistry, Geophysics, Geosystems, 18(7): 2807-2814.

Roberts N M W, Walker R J. 2016. U-Pb geochronology of calcite-mineralized faults: Absolute timing of rift-related fault events on the northeast Atlantic margin [J]. Geology, 44(7): 531-534.

Roger Soliva, Antonio Benedicto. 2004. Geometry, scaling relations and spacing of vertically restricted normal faults [J]. Journal of Structural Geology, 27(2): 317-325

Rotevatn A, Bastesen E. 2012. Fault linkage and damage zone architecture in tight carbonate rocks in the Suez Rift (Egypt): implications for permeability structure along segmented normal faults [J]. Geological Society, London, Special Publications, 374(1): 79-95.

Savage H M, Brodsky E E. 2011. Collateral damage: Evolution with displacement of fracture distribution and secondary fault strands in fault damage zones [J]. Journal of Geophysical Research: Solid Earth, 116(B3).

Scholz C H. 2002. The Mechanics of Earthquakes and Faulting, second ed [M]. Cambridge University Press, Cambridge.

Simoncelli E P, Freeman W T. 1995. The steerable pyramid: a flexible architecture for multi-scale derivative computation [J]. 1995 International Conference on Image Processing, 3: 444-447.

Stern R J, Gerya T. 2018. Subduction initiation in nature and models: A review [J]. Tectonophysics, 746: 173-198.

Sylvester A G. 1988. Strike-slip faults [J]. Geological Society of America Bulletin, 100(11): 1666-1703.

Tagami T. 2012. Thermochronological investigation of fault zones [J]. Tectonophysics, 538-540: 67-85.

Tang Q, Zhang Z, Li C, et al. 2016. Neoproterozoic subduction-related basaltic magmatism in the northern margin of the Tarim Craton: Implications for Rodinia reconstruction [J]. Precambrian Research, 286: 370-378.

Taylor S R, McLennan S M. 1985. The continental crust: its composition and evolution [J]. London: Blackwell Scientific: 328.

Tchalenko J S. 1968. The evolution of kink-bands and the development of compression textures in sheared clays [J]. Tectonophysics, 6(2): 159-174.

Torabi A, Berg S S. 2011. Scaling of fault attributes: A review [J]. Marine and Petroleum Geology, 28(8): 1444-1460.

Torgersen E, Viola G. 2014. Structural and temporal evolution of a reactivated brittle-ductile fault-Part I: Fault architecture, strain localization mechanisms and deformation history [J]. Earth and Planetary Science Letters, 407: 205-220.

Uysal I T, Feng Y, Zhao J, et al. 2009. Hydrothermal CO_2 degassing in seismically active zones during the late Quaternary [J]. Chemical Geology, 265(3-4): 442-454.

Uysal I T, Feng Y, Zhao J, et al. 2007. U-series dating and geochemical tracing of late Quaternary travertine in co-seismic fissures [J]. Earth and Planetary Science Letters, 257(3-4): 450-462.

Vendeville B, Cobbold P R, Davy P, et al. 1987. Physical models of extensional tectonics at various scales [J]. Geological Society, London, Special Publications, 28(1): 95-107.

Walsh J J, Bailey W R, Childs C, et al. 2003. Formation of segmented normal faults: a 3-D perspective [J]. Journal of Structural Geology, 25(8): 1251-1262.

Walsh J J, Watterson J. 1991. Geometric and kinematic coherence and scale effects in normal fault systems [J].

Geological Society, London, Special Publications, 56(1): 193-203.

Wang C M, Tang H S, Zheng Y, et al. 2019. Early Paleozoic magmatism and metallogeny related to Proto-Tethys subduction: Insights from volcanic rocks in the northeastern Altyn Mountains, NW China [J]. Gondwana Research, 75: 134-153.

Wang P, Zhao G, Han Y, et al. 2020. Timing of the final closure of the Proto-Tethys Ocean: Constraints from provenance of early Paleozoic sedimentary rocks in West Kunlun, NW China [J]. Gondwana Research, 84: 151-162.

Whalen J B, Hildebrand R S. 2019. Trace element discrimination of arc, slab failure, and A-type granitic rocks [J]. Lithos, 348-349.

Wilcox R E, Harding T P, Seely D R. 1973. Basic wrench tectonics [J]. American Association of Petroleum Geologists Bulletin, 57: 74-96.

Willemse E J M, Peacock D C P, Aydin A. 1997. Nucleation and growth of strike-slip faults in limestones from Somerset, UK [J]. Journal of Structural Geology, 19(12): 1461-1477.

Wilson J E, Goodwin L B, Lewis C J. 2003. Deformation bands in nonwelded ignimbrites: Petrophysical controls on fault-zone deformation and evidence of preferential fluid flow [J]. Geology, 31(10): 837-840.

Woodcock N H, Schubert V. 1994. Continental strike-slip tectonics [C]. In: Hancock PL (Ed.), Continental Deformation. Pergamon Press, Oxford, 1994: 251-263.

Woodhead J D, Hellstrom J, Hergt J M, et al. 2007. Isotopic and elemental imaging of geological materials by laser ablation inductively coupled plasma-mass spectrometry [J]. Geostandards and Geoanalytical Research, 31(4): 331-343.

Wu G H, Kim Y S, Su Z, et al. 2020. Segment interaction and linkage evolution in a conjugate strike-slip fault system from the Tarim Basin [J]. Marine and Petroleum Geology, 112: 104054.

Wu G H, Xiao Y, He J Y, et al. 2019. Geochronology and geochemistry of the late Neoproterozoic A-type granitic clasts in the southwestern Tarim Craton: petrogenesis and tectonic implications [J]. International Geology Review, 61(3): 280-295.

Wu G H, Yang H J, He S, et al. 2016. Effects of structural segmentation and faulting on carbonate reservoir properties: A case study from the Central Uplift of the Tarim Basin, China [J]. Marine and Petroleum Geology, 71: 183-197.

Wu G H, Yang S, Meert G, et al. 2020. Two phases of Paleoproterozoic orogenesis in the Tarim Craton: Implications for continental amalgamation to Columbia assembly [J]. Gondwana Research, 83: 201-216.

Wu G H, Yang S, Nance R D, et al. 2021. Switching from advancing to retreating subduction in the Neoproterozoic Tarim Craton, NW China: implications for Rodinia breakup [J]. Geoscience Frontier, 12(1): 161-171.

Wu G H, Yuan Y J, Huang S Y, et al. 2018. The dihedral angle and intersection processes of a conjugate strike-slip fault system in the Tarim Basin, NW China [J]. Acta Geologica Sinica, 92(1): 74-88.

Xia L, Li X. 2019. Basalt geochemistry as a diagnostic indicator of tectonic setting [J]. Gondwana research, 65: 43-67.

Xiao W J, Windley B F, Chen H L, et al. 2002. Carboniferous-Triassic subduction and accretion in the western Kunlun, China: Implications for the collisional and accretionary tectonics of the northern Tibetan Plateau [J]. Geology, 30(4): 295-298.

Xiao W J, Windley B F, Liu D Y, et al. 2005. Accretionary tectonics of the Western Kunlun Orogen, China: a Paleozoic-Early Mesozoic, long-lived active continental margin with implications for the growth of Southern Eurasia [J]. The Journal of Geology, 113(6): 687-705.

Xiao Y, Wu G, Vandyk T M, et al. 2019. Geochronological and geochemical constraints on Late Cryogenian to

Early Ediacaran magmatic rocks on the northern Tarim Craton: implications for tectonic setting and affinity with Gondwana [J]. International Geology Review, 61(17): 2100–2117.

Xu B, Xiao S, Zou H, et al. 2009. SHRIMP zircon U–Pb age constraints on Neoproterozoic Quruqtagh diamictites in NW China [J]. Precambrian Research, 168(3–4): 247–258.

Xu B, Zou H, Chen Y, et al. 2013. The Sugetbrak basalts from northwestern Tarim Block of northwest China: Geochronology, geochemistry and implications for Rodinia breakup and ice age in the Late Neoproterozoic [J]. Precambrian Research, 236: 214–226.

Xu Y G, Wei X, Luo Z Y, et al. 2014. The Early Permian Tarim Large Igneous Province: main characteristics and a plume incubation model [J]. Lithos, 204: 20–35.

Yang H, Wu G, Kusky T M, et al. 2018. Paleoproterozoic assembly of the North and South Tarim terranes: New insights from deep seismic profiles and Precambrian granite cores [J]. Precambrian Research, 305: 151–165.

Yang P, Wu G, Nurield P, et al. 2021. In situ LA–ICPMS U–Pb dating and geochemical characterization of fault-zone calcite in the central Tarim Basin, northwest China: Implications for fluid circulation and fault reactivation [J]. Chemical Geology, 120125

Ye H M, Li X H, Li Z X, et al. 2008. Age and origin of the high Ba–Sr granitoids from northern Qinghai–Tibet plateau: implications for the early Paleozoic tectonic evolution of the Western Kunlun orogenic belt [J]. Gondwana Res, 13(126): 138.

Yin A, Dang Y Q, Wang L C, et al. 2008. Cenozoic tectonic evolution of Qaidam basin and its surrounding regions (Part 1): The southern Qilian Shan–Nan Shan thrust belt and northern Qaidam basin [J]. Geological Society of America Bulletin, 120(7–8): 813–846.

Yuan C, Sun M, Zhou M, et al. 2002. Tectonic evolution of the West Kunlun: geochronologic and geochemical constraints from Kudi Granitoids [J]. International Geology Review, 44(7): 653–669.

Neng Y, Yang H J, D X L. 2018. Structural patterns of fault damage zones in carbonate rocks and their influences on petroleum accumulation in Tazhong Paleo–uplift, Tarim Basin, NW China [J]. Petroleum Exploration and Development, 45(1): 43–54.

Zhang C L, Li Z X, Li X H, et al. 2009. Neoproterozoic mafic dyke swarms at the northern margin of the Tarim Block, NW China: age, geochemistry, petrogenesis and tectonic implications [J]. Journal of Asian Earth Sciences, 35(2): 167–179.

Zhang C L, Lu S N, Yu H F, et al. 2007. Tectonic evolution of the Western Kunlun orogenic belt in northern Qinghai–Tibet Plateau: Evidence from zircon SHRIMP and LA–ICP–MS U–Pb geochronology [J]. Science in China Series D: Earth Sciences, 50(6): 825–835.

Zhang C L, Santosh M, Zhu Q B, et al. 2015. The Gondwana connection of South China: evidence from monazite and zircon geochronology in the Cathaysia Block [J]. Gondwana Research, 28(3): 1137–1151.

Zhang C L, Zou H B, Li H K et al. 2013. Tectonic framework and evolution of the Tarim block in NW China [J]. Gondwana Research, 23(4): 1306–1315.

Zhang C L, Zou H B, Ye X T, et al. 2019. Tectonic evolution of the West Kunlun Orogenic Belt along the northern margin of the Tibetan Plateau: Implications for the assembly of the Tarim terrane to Gondwana [J]. Geoscience Frontiers, 10(3): 973–988.

Zhang N, Dang Z, Huang C, et al. 2018. The dominant driving force for supercontinent breakup: Plume push or subduction retreat? [J]. Geoscience Frontiers, 9(4): 997–1007.

Zhang Z Y. 2017. Application of Steerable Pyramid Method in Geological Body Identification [D]. Qingdao: China University of Petroleum (East China).

Zhang C L, Zou H B, Ye X T, et al. 2018. Timing of subduction initiation in the Proto-Tethys Ocean: Evidence from the Cambrian gabbros from the NE Pamir Plateau [J]. Lithos, 314: 40-51.

Zhang H S, Ji W H, Ma Z P, et al. 2020. Geochronology and geochemical study of the Cambrian andesite in Tianshuihai Terrane: Implications for the evolution of the Proto-Tethys Ocean in the West Kunlun-Karakoram Orogenic Belt [J]. Acta Petrologica Sinica, 36 (1): 257-278.

Zhang Q, Wu Z, Chen X, et al. 2019. Proto-Tethys oceanic slab break-off: Insights from early Paleozoic magmatic diversity in the West Kunlun Orogen, NW Tibetan Plateau [J]. Lithos, 346-347.

Zhao J, Xia Q, Collerson K D. 2001. Timing and duration of the Last Interglacial inferred from high resolution U-series chronology of stalagmite growth in Southern Hemisphere [J]. Earth and Planetary Science Letters, 184 (3-4): 635-644.

Zhao J, Yu K, Feng Y. 2009. High-precision ^{238}U-^{234}U-^{230}Th disequilibrium dating of the recent past: a review [J]. Quaternary Geochronology, 4 (5): 423-433.

Zhong L, Wang B, de Jong K, et al. 2019. Deformed continental arc sequences in the South Tianshan: New constraints on the Early Paleozoic accretionary tectonics of the Central Asian Orogenic Belt [J]. Tectonophysics, 768: 228169.

Zhu G, Liu W, Wu G, et al. 2021. Geochemistry and U-Pb-Hf detrital zircon geochronology of metamorphic rocks in terranes of the West Kunlun Orogen: Protracted subduction in the northernmost Proto-Tethys Ocean [J]. Precambrian Research, 363: 106344.

Zhu J, Li Q, Wang Z, et al. 2016. Magmatism and tectonic implications of Early Cambrian granitoid plutons in Tianshuihai Terrane of the western Kunlun Orogenic Belt, Northwest China [J]. Northwestern Geology, 49 (4): 1-18.

Zhu, W B, Zheng, B H, Shu, L S, et al. 2011. Neoproterozoic tectonic evolution of the Precambrian Aksu blueschist terrane, northwestern Tarim, China: insights from LA-ICP-MS zircon U-Pb ages and geochemical data. Precambrian Res. 185, 215-230.